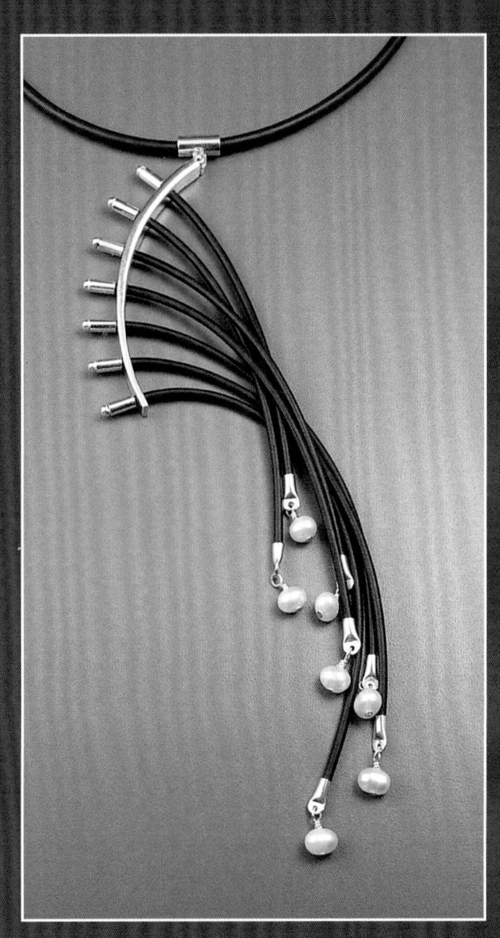

汤姆・麦卡锡，茱莉亚的项链，2002
30cm × 7.6cm × 6.0cm，925 银、珍珠、橡胶；
锻造工艺、焊接工艺
艺术家拍摄

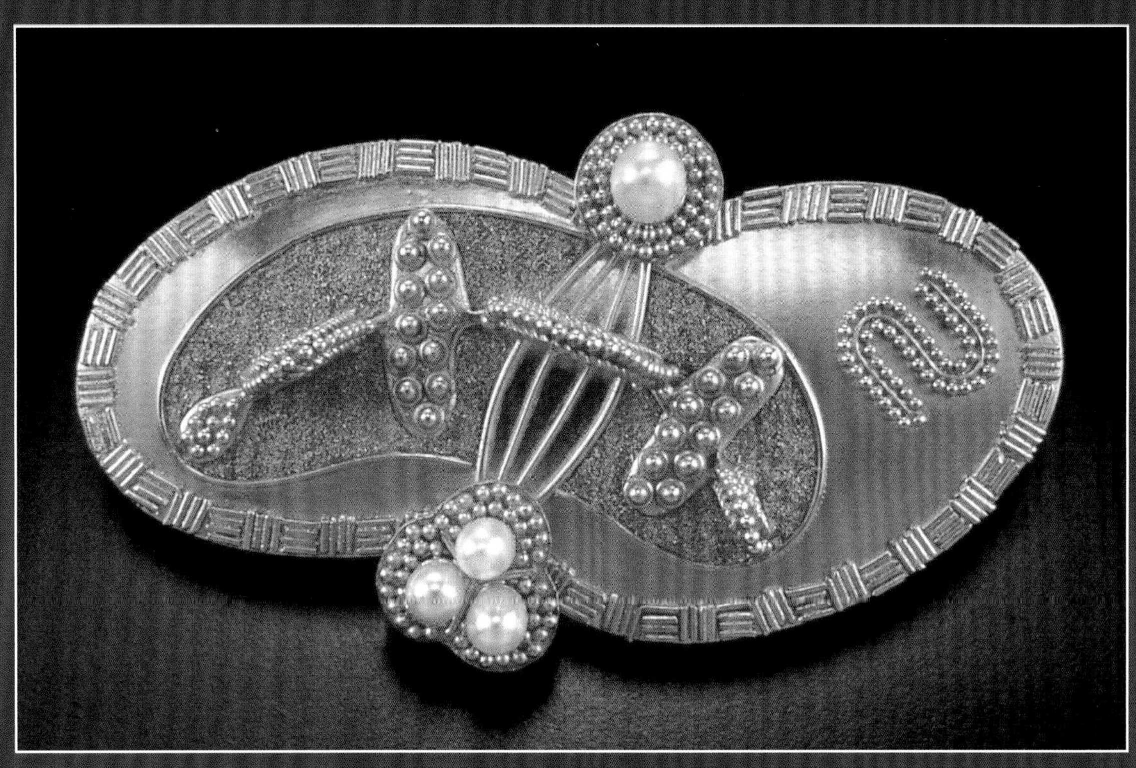

道格拉斯·哈林，跷跷板，2000
3.8cm × 6.4cm × 1.3cm，22K 金、珍珠；金珠粒工艺
汤姆·米尔斯拍摄

珠　宝

——跟大师学习首饰制作

［美］彭兰德手工艺术学校　编
颜如玉　章　程　吕中泉　译

上海科学技术出版社

图书在版编目（CIP）数据

珠宝 : 跟大师学习首饰制作 / 美国彭兰德手工艺术学校编 ; 颜如玉, 章程, 吕中泉译. -- 上海 : 上海科学技术出版社, 2021.10
（灵感工匠系列）
书名原文: The Penland Book Of Jewelry——Master Classes in Jewelry Techniques
ISBN 978-7-5478-5470-9

Ⅰ. ①珠… Ⅱ. ①美… ②颜… ③章… ④吕… Ⅲ. ①首饰—制作 Ⅳ. ①TS934.3

中国版本图书馆CIP数据核字(2021)第194452号

珠宝——跟大师学习首饰制作

[美] 彭兰德手工艺术学校 编

颜如玉 章 程 吕中泉 译

上海世纪出版（集团）有限公司
上 海 科 学 技 术 出 版 社 出版、发行
（上海钦州南路 71 号 邮政编码 200235 www.sstp.cn）
上海中华商务联合印刷有限公司印刷
开本 889 × 1194 1/16 印张 15
字数 430 千字
2021 年 10 月第 1 版 2021 年 10 月第 1 次印刷
ISBN 978-7-5478-5470-9/J · 62
定价：248.00 元

玛丽莲・达・席尔瓦，色彩篮子，2004
20.3cm × 15.2cm × 7.6cm，铜、青铜、木、石膏糊、彩色铅笔、环氧树脂
M. 李・法则瑞拍摄。私人收藏

译者序

感谢上海科学技术出版社的信任，我和我的团队可以翻译这样一本优秀的手工艺著作。从事金工首饰创作与教学工作多年，如果让我推荐3本书，这本书就是其中之一。另外两本分别是赵丹绮老师的《玩金术》和欧皮·乌切特的《金属工艺首饰概念与技术》。

如果你是现代艺术的倾慕者，那么你可以在这本书里看到充满故事的金属首饰作品；如果你是金工首饰艺术的初学者，想要了解金工首饰艺术家怎样工作，那么你可以在这本书里找到答案；如果你是一位首饰专业从业者，那么你可以在这本书里看到艺术家多年的创作心得和工艺总结。这是一本开放、多元并充满分享精神的优秀著述。

在书中，玛丽莲·达·席尔瓦以独特的彩铅着色技术为金属材料色彩表达开辟了新道路，约翰·科斯韦尔介绍了金属锤锻工艺的各种可能性。重点推荐杰米·佩里瑟，他讲述了金属材料基本属性和贵金属合金调配工艺中所存在的问题，为读者打开理性认知金属材料的大门，为学习者今后独立开展工艺研究奠定了材料学基

础。罗伯·杰克逊的作品是我的最爱，其深重的历史感强烈地震撼着我。他为我们演示了材料与创作理念的联结，以及他解决问题的具体范式。希瑟·怀特·范·斯托克对生命和自然的感悟让人钦佩，她的创作理念是如此完整，表达又是如此轻松从容。她的作品是人类生命的痕迹，也是将生命融入自然的诗歌。扬·鲍姆专注于匣盒类佩戴首饰。她深谙此类首饰历史，从护身符元素和心理构建的角度寻求灵感进行创作，开辟了属于自己的道路。汤姆·麦卡锡具有扎实的金工首饰工艺技巧，并且他对于混凝土、鹅卵石等新材料的开拓让人钦佩，尤其是他将这些新材料与珍珠、钻石等传统珠宝相结合，设计作品让人耳目一新。玛利亚·菲利普斯关注生命的循环和自然规律的变化，而她所擅长的电解铸造工艺就是一个作品生长、联结的过程，所以理念和工艺完美统一于她创作的作品中。玛丽·安·谢尔将自己热爱的绘画和金属腐蚀工艺相结合走出了一条专属的创意之路。道格拉斯·哈林在我眼里是一位从古代穿越回来的匠人骑士，他的工艺是如此传统而精湛，而设计风格又具有当代风貌。他用自己的实践经历告诉我们，历史上的经典手工艺永远不会过时，过时的只是那些守旧的观念。

我们生活在科技革命精进、现代化生产繁盛的时代。现实已经把以手工艺为代表的“本地生活”撕碎，我们从家乡走向世界，从批量产品中选择，以自己中意的搭配来装点个性化的灵魂。那些重复清代手工艺模式的手艺注定无法走入当代人的内心。手艺在中国当代生活中的缺失让人扼腕痛心。

金属作为一种艺术表现材料古已有之，其非凡的造型能力所带来的艺术表现力和功能性让其他艺术材料难以比拟。但是在历史上，手工艺术随着精神生活不断深入，被强分尊卑，成为形而上的艺术和形而下的工艺。这也是中国目前设计教育中设计与实践脱节的根源。此书中的大多数作品形成于 20 世纪八九十年代和 21 世纪初，彼时正值西方第二次现代手工艺运动中工作室运动成熟时期。而中国当代手工金属工艺艺术教育在大学里成为本科专业也不过二十几年。我希望看到这本书的同学们可以放下形而上的文人身段，勇敢地开展工艺实践，像书中的各位艺术家一样走出一条自己的创作之路。

感谢颜如玉老师和章程老师对本书的重要帮助。感谢王波女士和周凤君女士从英语专业的角度校准语句准确性。随后我从工艺的角度对书中案例进行实践与文字校准，以确保案例现实可行。感谢郭新老师给我的支持和帮助。虽然全力以赴但是难免有疏漏错误之处，如有发现请及时联系指正。

吕中泉

2021 年秋于上海美术学院

序　言

《珠宝》是彭兰德手工艺术学校与 Lark Books 合作出版系列图书的第 3 本。彭兰德手工艺术学校在工艺美术教育领域一直保持领导地位，拥有超过 75 年的悠久历史，而 Lark Books 是美国工艺技术书籍方面数一数二的出版商，这两个机构都在北卡罗来纳州南阿巴拉契亚地区。这套图书汇集了他们最宝贵的资源——彭兰德手工艺术学校全体优秀的艺术家教师队伍和 Lark Books 多年来的出版经验，Lark Books 出版的图书引导并鼓励着艺术家们，给予其灵感。

本书有以下期许：让读者深入了解杰出从业艺术家的创作工艺，提供详细的技术信息并展示一系列当代材料和技法。为此，本书内的每一位艺术家都被要求写一篇文章，涵盖的内容包括他们的成长历程、教育背景、灵感来源。技术是本书的重点内容，文中主要以艺术家的作品为例对相关技术进行详细说明，书中的“手工演示”部分会逐步示范特殊工艺的演进过程，而“艺术品画廊”部分则展示了相关艺术家有相当影响力的作品。我们希望此书无论是从工艺领域或是从灵感启发方面都能帮助到对当代艺术珠宝抱有热忱的朋友们。

彭兰德手工艺术学校始于 1929 年，当时只是一个从事手工编织教学的暑期训练班。然而，出于对其他工艺类学科教学的广泛兴趣，加上越来越多的相关设备与人员的加入，彭兰德手工艺术学校在 1933 年成立了一个新的专业，即珠宝制作。学校建立在一个以出产大量半成品宝石而闻名的地方，刚办学时珠宝课程还包括宝石切割与宝石鉴定。20 世纪 40 年代后期，学校陆续开

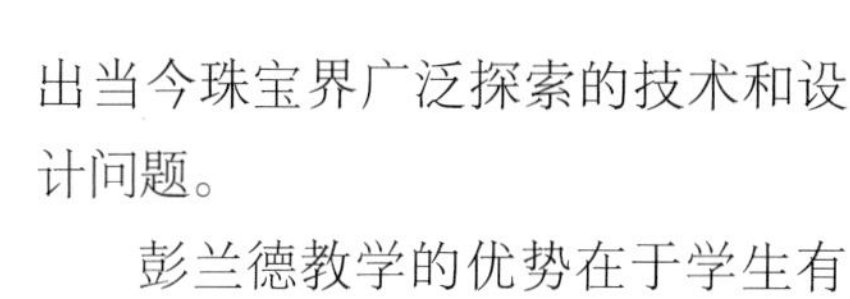

设锻造、开模、编织、切割、焊接、装饰、金银珠宝设计、宝石镶嵌、金属腐蚀、宝石鉴定、珐琅彩课程。20 世纪 60 年代开始，专门制作手工锻造器皿的生产企业渐渐消失。即便如此，这项工艺一直在学校的初级金属教学中拥有一席之地。在第二次世界大战期间由于材料短缺等原因，学院还开设过锡杯（罐）艺术品制作课程，最近这项课程在学校也得以恢复。

今天的珠宝专业课程设置更加多样化，包括浮雕、银器、小型雕塑、综合材料、阳极氧化、模具成型、失蜡铸造、机器批量化、珠宝设计和概念导向等。本书专注于珠宝制作，遴选了一批艺术家，他们都是彭兰德手工艺术学校的老师。他们的作品不仅体现了工艺的多样性，同时也呈现出当今珠宝界广泛探索的技术和设计问题。

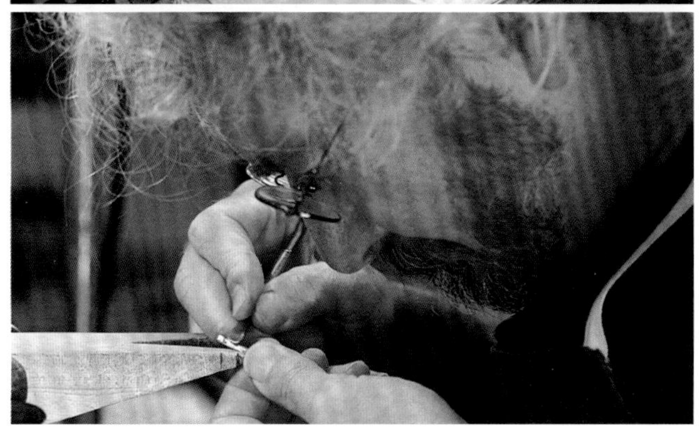

彭兰德教学的优势在于学生有机会同时获得非定期授课的全职工作室艺术家和大学教师的指导，这些艺术家一般不会有固定的教学时段，而大学教师一般都可以对报名课程的学生进行授课与答疑。彭兰德手工艺术学校提供 10 种不同的媒体教学课程，所有学生都可以通过不同的教学媒介得到同等效果的学习体验。令人兴奋的是在彭兰德经常可以看到一个装帧师与一个珠宝设计师合作一本书籍的封面设计，书上搭配一个漂亮的银质搭扣，或是一个经验丰富的珠宝工作者正试图学习如何将彩绘玻璃珠子融入自己的作品中。在彭兰德我们希望不同年龄、背景和经验水平的学生可以一起努力、共同探索他们的梦想与激情。我希望，彭兰德的教学理念中所传递的激情与精神可以在读者翻阅此书的过程中一同被体会与感受到。

感谢为此书做出贡献的艺术家们，感谢他们愿意分享专业知识，感谢他们精心创作杰出作品。艺术家们已经通过创作与教学在专业领域中做出了贡献，本书希望将这些贡献发扬光大。还要感谢彭兰德手工艺术学校的项目负责人达娜·摩尔、卡罗尔·泰勒、玛尔特·黎·文、克里斯蒂，以及 Lark Books 的其他工作人员，是他们的共同努力才最终完成了这本佳作。特别感谢 Lark Books 的创始人和前总裁罗博·普勒，因为有他，这一系列书的编著与出版才得以实现。

我相信《珠宝——跟大师学习首饰制作》将成为您创作的重要资源并将为您的专业实践和探索提供新的方向。

Jean W. McLaughlin
简·麦克劳林
彭兰德手工艺术学校校长

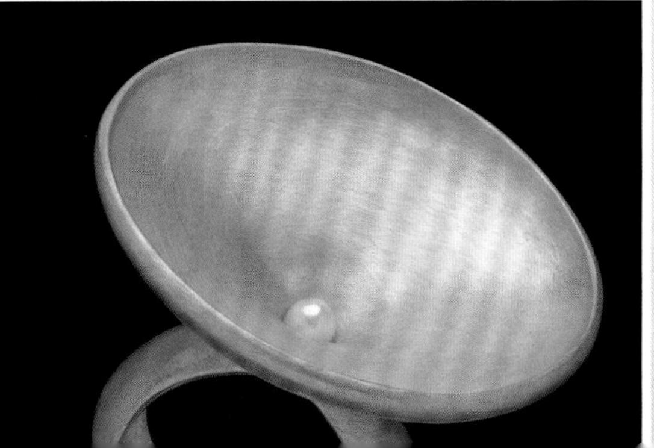

目　录

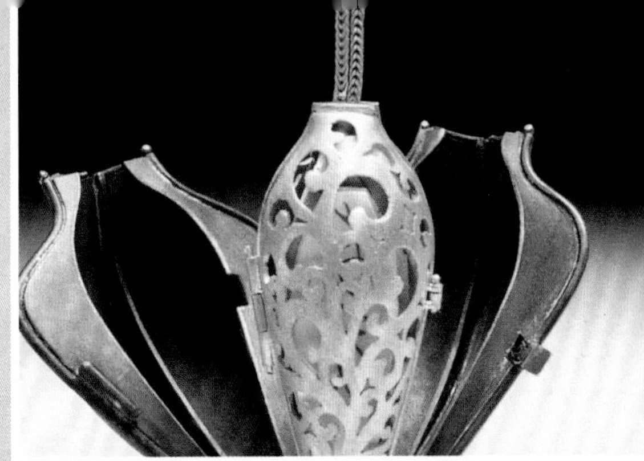
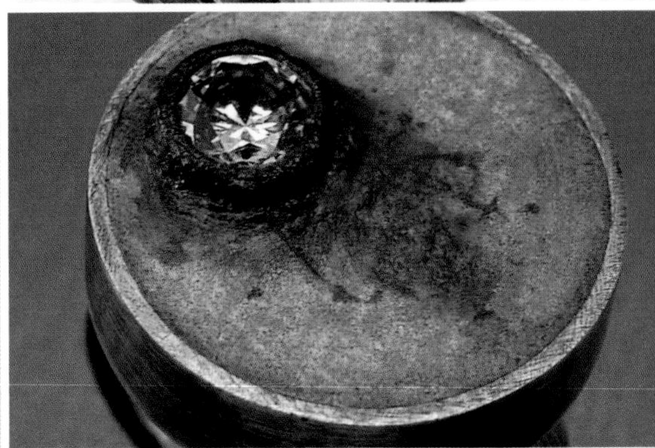

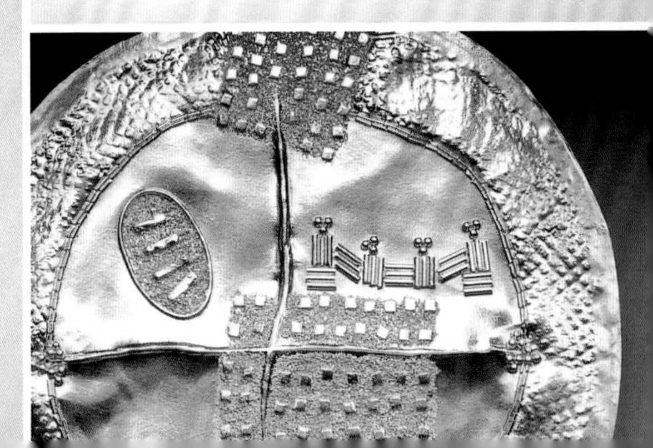

MARILYN DA SILVA
玛丽莲·达·席尔瓦

玛丽莲·达·席尔瓦非常喜欢讲故事，她经常从花鸟相关的题材中选取元素，然后巧妙地使用金属造型、上色，把故事用作品的形式呈现出来。玛丽莲是一位真正的先驱者，她设计并改进了石膏和彩色铅笔在金属表面上色的可能性，这种特别的视觉语言让她在首饰造型设计方面得以发展出无限的想象力。

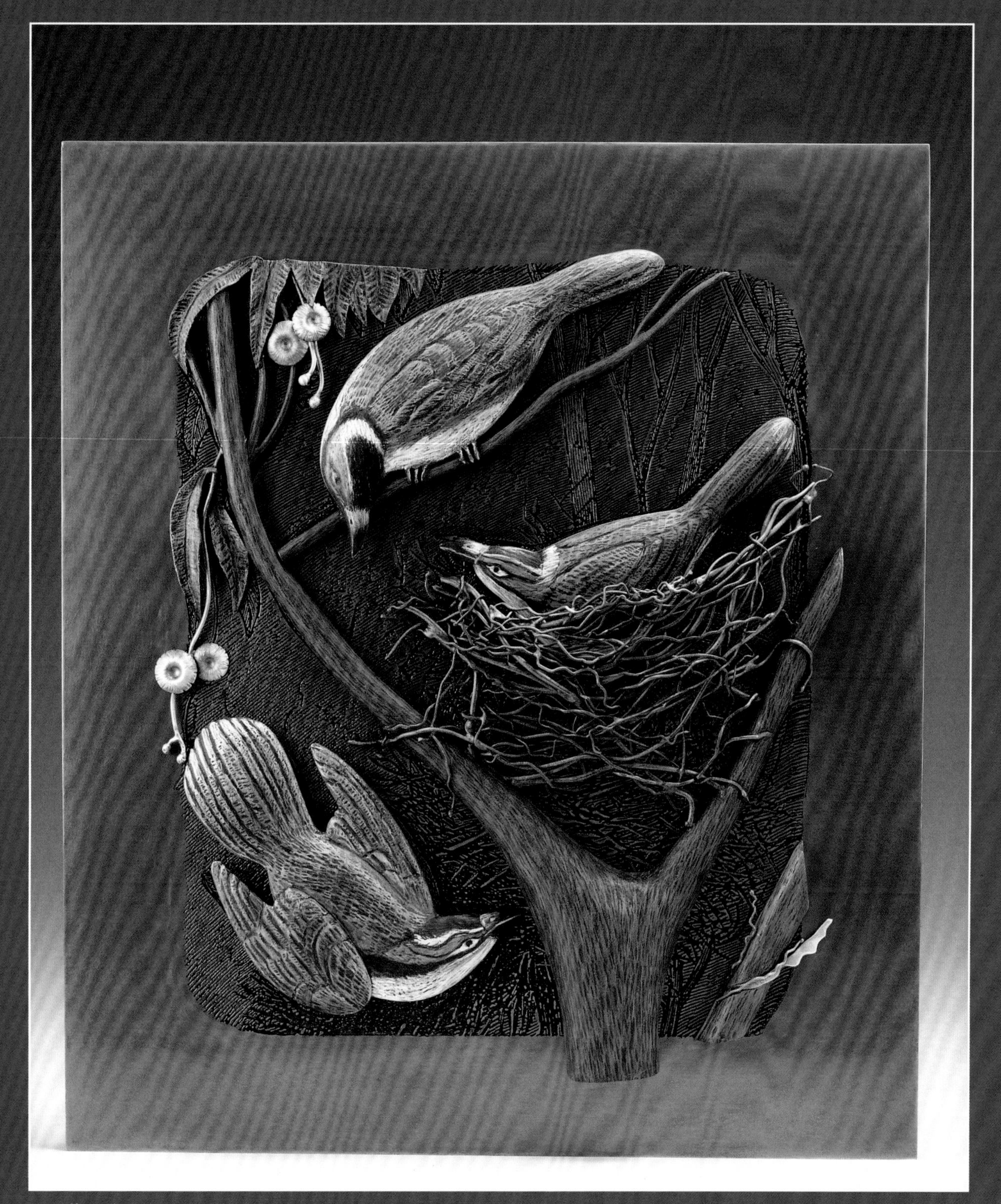

玛丽莲·达·席尔瓦，第二自然：家庭，2004
组装在蚀刻板上的三个独立胸针，33.0cm×30.5cm×2.5cm，铜、925 银、石膏、彩色铅笔、打印机墨水、磁铁
M. 李·法则瑞拍摄。私人收藏

锦上添花

金属上色就好比在蛋糕上撒糖霜。我在制作作品时就像是在搅拌面糊、烘烤蛋糕——它必须看起来不错，而且味道也很好。应用石膏粉和彩色铅笔上色来增强装饰效果就像给一个蛋糕上一层美味的糖霜一样，这感觉太棒了！

色彩和绘画对我来说一直很重要，因此我不得不研究一种方法将它们都融入我的金属作品中。在过去的 17 年里，我采用石膏和彩色铅笔给铜板上色的工艺，创作出了非常鲜活的金属表面图案。我认为这些作品是立体的绘画作品：作品的形态和色彩通过空间移动创造出视觉与概念的新层次。虽然多年来我的作品一直是以叙事形式为主，然而在设计时，空间构成以及形态和概念等问题依然是要考虑的重要因素。作品故事通过象征主义和现代符号来传递信息，每一件作品就像是将故事情节凝固在一刹那般惟妙惟肖。

玛丽莲·达·席尔瓦，超越Ⅳ，1990
25.4cm×20.3cm×25.4cm，铜、青铜、打底漆、石膏、彩色铅笔、涂料、箔
照片由艺术家提供

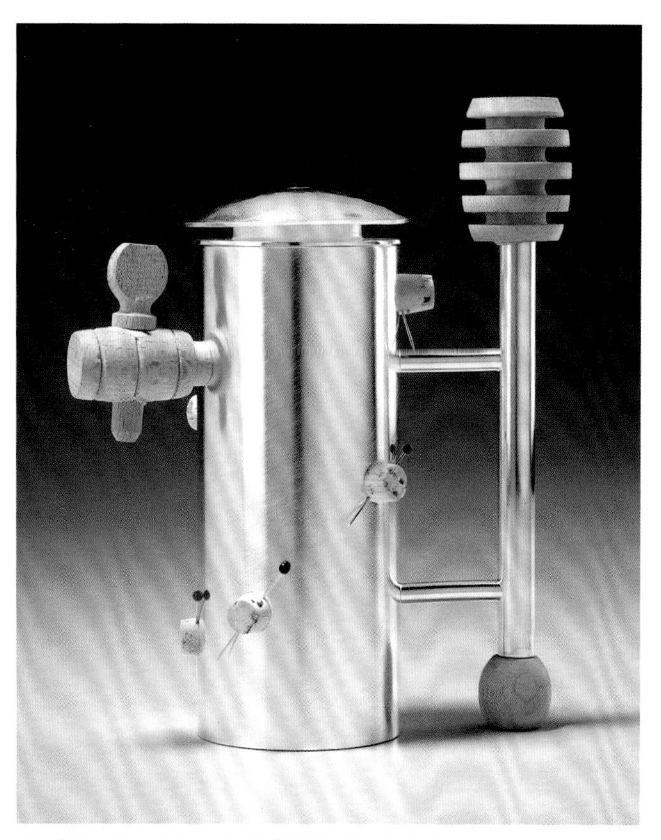

玛丽莲·达·席尔瓦，受尊重的茶：自助Ⅱ，2003
15.5cm×10.0cm×12.5cm，925 银、软木塞、蜂蜜搅拌棒、彩色圆头大头针
M. 李·法则瑞拍摄。私人收藏

我在印第安纳州布卢明顿市的印第安纳大学攻读研究生期间掌握了锻造工艺，在那里我很幸运遇到阿尔玛·艾克曼（Alma Eikerman），她是第二次世界大战后期的杰出金属工艺教师之一，启发了几代金属艺术家，后来她成为我的导师。在研究生院的学习经历教会我以全新、截然不同的视角看待周围的事物。阿尔玛鼓励我去研究、旅行、创造，才能达到作为艺术家和教师的最高标准。我至今感谢她的启发和智慧。我生命中另一个"色彩斑斓"的人物是我的丈夫杰克·达·席尔瓦（Jack da Silva），他也是个才华横溢的金工匠人，不断在事业上给予我支持和鼓励。与他共同分享制作、研究和教学的乐趣是非常鼓舞人心的。

开拓新方法

第一次在金属上使用颜色是在读研期间，通过电炉加热铜器，使颜色呈现出亮橙色、粉色、红色和紫色。尽管我十分喜欢这些丰富的颜色，但氧化层很脆弱、不易保存的特性让人感到失望。每当开始处理这些器皿，瑰丽的色彩就会随之消失。用蜡封收尾会减弱甚至完全消除鲜亮的光泽，于是我放弃了这种给铜上色的热处理方式。

经过研究与实验，我最终找到了一个替代方法，就像打开了一片新天地，它逐渐成为我作品的标签。1987年，我开始使用彩色铅笔和石膏（石膏是传统打底材料，用在油画的画布上）。用化学染色的方式在当年是十分流行的，有时候得到的效果也十分惊艳，但我不愿意为此承担健康风险。

用这种全新工艺创作的第一组作品名为“超越”。这系列铜质作品结构简单，并且器型较大。先覆盖一层颜料底漆，然后再覆盖一层白色石膏，最后在上面使用彩色铅笔。石膏为金属表面丰富的表达提供了巨大的可能性。我经常用塑料叉子在石膏层上做纹理，等到石膏层完全干燥后用彩铅上色，再用软布和蜡油或者鞋刷进行抛光，把最表层、突起的彩铅涂层磨除，露出些许石膏，这种方法应用在大型器皿上动态效果非常好。有时候我还在这些作品中加入不同的材料，如木材、钢或金属箔。

1991年，我受到德国法兰克福工艺博物馆邀请，参加了一次巡回展览——“当武器融入珠宝”珠宝展。经过酝酿和几个月的绘画与制作，我创作了七个较大的帽针，每个尺寸在25.4 ~ 30.5cm，名为《魔鬼花园》。在这些作品上，荆棘被固定在一根细丝形成的篱笆上，左右摇曳，帽尖一端如同钢针插在用木材与回收铅块做成的基座上，刺向一个红色的点。作品用铜和不锈钢制成，每一个作品都装饰有生锈的尖刺、钉子和针。这件作品对我来说意义重大，因为那些更加柔和深沉的暗色区域标志着我在金属着色方面进入了一个新的转折点。

自那时起，我决定不再使用颜料作底漆。将石膏直接应用于金属表面，用硫磺对金属氧化处理后，通过在白色石膏中加丙烯酸漆的方式实现将石膏与金属的铜锈进行配色，这种做法使得石膏与深色金属融合时更为相配。我的下一个发现是使用黑石膏，它使我更容易实

玛丽莲·达·席尔瓦，魔鬼花园（七个帽针，配底座），1991
33.0cm×40.6cm×10.2cm，铜、青铜、铁、木、铅、石膏、彩铅
M. 李·法则瑞拍摄。加利福尼亚奥克兰博物馆提供

玛丽莲·达·席尔瓦，不匹配的一对，1996
单件尺寸，7.6cm×10.2cm×5.1cm，铜、青铜、石膏、彩色铅笔
菲利普·科恩拍摄。私人收藏

玛丽莲·达·席尔瓦，我生活的故事，卷Ⅲ，2001
17.8cm×33.0cm×27.9cm，铜、青铜、925银、木、石膏、彩色铅笔
M. 李·法则瑞拍摄。马萨诸塞州剑桥美孚利亚美术馆提供

玛丽莲·达·席尔瓦，看不见我，2002
15.2cm×33.0cm×27.9cm，铜、青铜、925银、木、石膏糊、彩色铅笔
M. 李·法则瑞拍摄。马萨诸塞州剑桥美孚利亚美术馆提供

现我想要的深背景底色。现在石膏有多样的颜色可供选择，包括灰色、未漂白的钛白色、熟褐色、蓝色，甚至透明色。我个人最喜欢的是熟褐色，它与经过硫磺氧化处理过的铜色很相配。当把较深色的石膏应用于经过锻造肌理并喷砂处理的金属表面上时，石膏会保留在肌理的缝隙间。当用彩铅在金属表面上色时，缝隙处仍可见深色底层，从而创造出我所期望的对比效果，效果可参考作品《不匹配的一对Ⅰ》。

有时候，我会特意把作品分成好几个部分，分别上色后再进行组装，我一般用铆接或者螺纹连接等冷连接技术来实现作品组装。我的一些大型的艺术作品，如在《我生活的故事：卷Ⅲ》《看不见我》《关于生存的问题》等作品，上面小鸟的部分都是可以拆卸的，书顶上的那些小部件通常用螺钉固定。在组装前把每个部件都先上好颜色可以使整个创作过程轻松许多，用这样的方法可以保证用厚铜板制成的书皮十分平整，如果是直接把小单元的部件焊接到大块金属板上时很容易造成金属板变形。

我用同样的“分层”方式制作了一套《花、学习、胸针Ⅰ～Ⅲ》系列作品。螺钉在每朵花的中心，我在每朵铜制花瓣的中心位置钻孔，待上色后进行组装。而作为背针的纯银框架也同样用螺钉将之前的花瓣固定连接起来，用带螺纹的半球形组件把整个作品固定在一起。这些胸针创作事实上是为创作一件更大的《色彩篮子》作品而做的实验性、阶段性准备。

当受邀参加2001年冠饰珠宝展时我十分兴奋，终

玛丽莲·达·席尔瓦，花、学习、胸针Ⅰ～Ⅲ（三枚胸针），2004
单件尺寸，7.6cm×7.6cm，925银、铜、石膏、彩色铅笔
M. 李·法则瑞拍摄。私人收藏

玛丽莲·达·席尔瓦，有关生存的问题，2002
17.8cm × 34.3cm × 27.9cm，铜、青铜、木、石膏、彩色铅笔
M. 李·法则瑞拍摄。私人收藏

于有机会做一件可以佩戴在头上的作品了。在作品《贝娅·弗洛尔Ⅰ》中可以看到小朵的喇叭花儿缠绕在一起形成了一个头饰，其中花、茎、叶的部分都由金属铜制成，技法上依然使用石膏和彩色铅笔着色，作品中一只蜂鸟躲在花朵中，喙上有弹簧，可以随着佩戴者的移动而上下颤动，这件作品在英国伦敦的维多利亚和阿尔伯特博物馆展出。我还做了第二个头饰《贝娅·弗洛尔Ⅱ》，这件作品描绘的是蓟花丛和附在花丛上的小蜂鸟的画面。

在创作《第二自然：家庭》和《第二自然：窝》的时候，我的灵感来自一些旧时鸟类主题的版画作品。我用蚀刻法在 14.0gauge* 的铜板上描绘了一幅完整的鸟类生活画面。两三只可拆卸的小鸟胸针用磁铁附着在每块板上。胸针主体是铜制的，背面使用了 925 银，镶有背针。当佩戴一只或几只胸针时，鸟的蚀刻图案仍然可以保证胸针背景的完整性。之后我又为底板重新设计制作了一些关键性元素，如树枝和鸟巢，这些图像让整件作品更为生动。蚀刻板用打印机墨水着墨使整件作品显得更为深邃。这两件作品都定制了浅玻璃盒方便展示。

玛丽莲·达·席尔瓦，色彩篮子，2004
20.3cm × 15.2cm × 7.6cm，铜、青铜、木、石膏糊、彩色铅笔、环氧树脂
M. 李·法则瑞拍摄。私人收藏

玛丽莲·达·席尔瓦，贝娅·弗洛尔Ⅰ（头冠），2001
10.2cm × 20.3cm × 17.8cm，铜、青铜、木、石膏、彩色铅笔
M. 李·法则瑞拍摄。私人收藏

* 编者注：gauge 是源于北美的一种长度计量单位，其与公制长度计量单位换算见后附录。

配方

当作品中所有部件完成造型后，先在需要涂抹石膏的金属表面进行喷砂处理。喷砂时，喷嘴离作品至少需要保持 20.3 ~ 25.4cm 的距离，在进行硫磺氧化处理前需要注意把焊接处进行镀铜处理。在把硫磺跟水混合时，我偏好使用中等强度的溶液，用钢丝绒沾硫磺水涂抹金属表面有助于硫磺涂层均匀上色，在金属表面达到理想的氧化程度后，就可以对金属件进行完全干燥处理。

按金属表面的大小选择适当尺寸的涂刷涂抹石膏是非常重要的。当然，质量好的涂刷也难免在金属表面留下些许刷痕。使用石膏液前，记得将其摇匀，如果石膏液体浓度过高过稠，可以用水稀释。

有时需要涂不止一层石膏。涂好石膏后，如果用彩铅绘画效果不理想，就需要再涂一层石膏，但是要十分小心，不要涂抹过厚，因为这样容易覆盖掉金属表面原有的肌理纹样。但如果出现涂抹过厚的情况时，可以用喷砂机清除该区域的图层，并重新擦涂硫磺、上石膏液，这里要记住一定要等到石膏层完全干燥后，才能使用彩色铅笔或者其他介质继续上色。

在完成作品造型后，可以在进行金属上色前先尝试画一个效果图，然后使用硫酸纸将其复刻下来以备反复利用，有时我会直接使用复印机做多个图片备份，这样就可以在实际上色前，尝试多种颜色搭配组合的可能性。对色彩理论的良好理解是十分有必要的，因为某些色彩搭配在一起会产生有趣的对比效果。

涂色时可以结合不同的色调叠加不同的颜色，但是如果彩铅涂得过于厚重而无法继续上色的话，可以在其表面薄薄地刷上一层松节油，用以混色（我喜欢无味的松节油）。如果松节油涂抹过多就容易溶解剥离原有的颜色。另外一种替代方法是先喷上一层固化液，再继续上色。

做金属着色可能需要几天的时间，特别是那些大型作品。创作一个作品时我会不时地停下来从各个角度去仔细观察它。上色时我更喜欢在自然光下进行，金属上色的创作方式还有利于在保持金属造型完整的同时，用不同的颜色来突出或强调一些重要区域。当颜色发生巨大变化时，通常这种变化多见于作品的金属丝或者金属件的边缘处。

技法的使用方法没有对与错，也没有既定的操作程序可以依照。有许多人对于这种非传统金属着色方法很感兴趣。在过去的很多年，我在美国和许多其他国家也都开展过此类短期培训，其中有一件事情我一直在提醒学生，这种工艺绝非是用来掩盖粗制的工艺和设计的，相反如果工艺不理想的情况下使用这种技法只会突出作品的工艺缺陷。

色彩一直是我作品的一部分。我创作的金属表面装饰方法已经发展了许多年，其灵活性也在不断变化和创新。金属上色与画画的技巧一样，都很个性化，对要尝试此工艺的人，建议在正式开始作业前先做一些个性化的试验。不能过分强调设计一个符合个人审美的上色技法有多重要，但这样做的确可以更好地表达个人的创作想法，也可以使作品更有感染力，以上就是我的创作分享。

玛丽莲·达·席尔瓦，贝娅·弗洛尔 II，2001
10.2cm × 20.3cm × 17.8cm，铜、青铜、木、石膏、彩色铅笔
M. 李·法则瑞拍摄。私人收藏

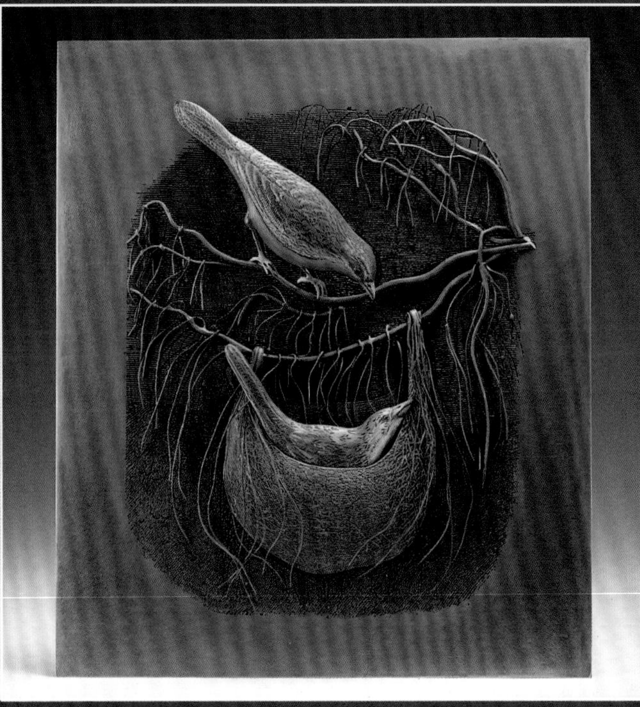

玛丽莲·达·席尔瓦，第二自然：家，2004
10.2cm×20.3cm×17.8cm，铜、青铜、木、石膏糊、彩色
由两个独立胸针组装在蚀刻板上而成，33.0cm×30.5cm×2.5cm，铜、925 银、石膏糊、彩色铅笔、打印机墨水、磁铁
M. 李·法则瑞拍摄。马萨诸塞州剑桥美孚利亚美术馆提供

玛丽莲·达·席尔瓦，收获付出：一生的处方（药盒），2004
23.3cm×27.9cm×15.2cm，铜、青铜、925 银、木、石膏、彩色铅笔
M. 李·法则瑞拍摄。私人收藏

手工演示

玛丽莲在设计制作《第二自然：家庭》的过程中运用了锻造、成型、錾刻、蚀刻等工艺技法。在手工演示的板块中，她会使用石膏和彩色铅笔来展现先进的金属上色技法。通过样板，玛丽莲还会展示一些金属纹理的处理技巧和金属着色方法。最后，玛丽莲会将小鸟胸针和蚀刻板进行组装完成作品创作。

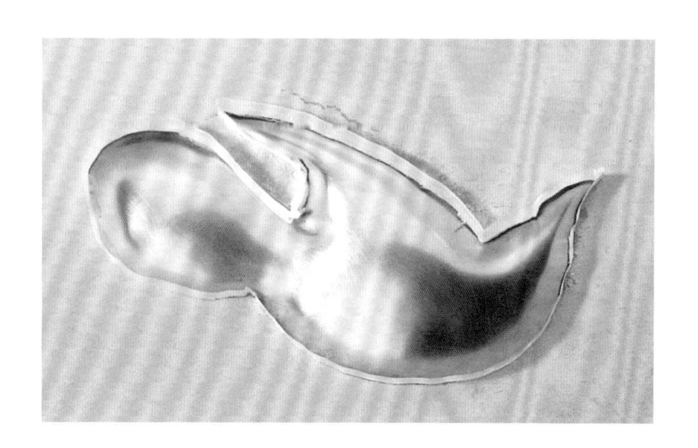

1 为每个小鸟胸针准备相应的模具。首先根据小鸟轮廓锯切出 1.3cm 厚的亚克力板，再通过液压机将亚克力模板压印在一块 22.0gauge 的铜板上。

2 使用錾刻的方式雕琢出小鸟的特征。在錾刻小鸟之前，先用油性细头记号笔在金属板上绘制完成大概图样，通常将金属板固定在沥青上。要注意，做錾刻时使用的小鸟压印图形是需要保留其外围轮廓的。

3 錾刻是一门传统的工艺技术，将沥青作为支撑固定材料放在圆形钢碗中以便作业。当加热沥青后，材料就会变软，把铜板压入其表面并固定在适当位置。如果从来没有使用过沥青，那么在第一次使用这种材料时最好先要看一下使用说明，因为在加热沥青时如果温度过高，沥青可能会被点燃，所以在加热时最好使用软火焰，或者使用小型火枪。应避免直接接触沥青，因为它在融化的时候会变得非常黏稠，也很烫手。建议按照图片中的示范，参考利用錾刻技艺慢慢在铜板上刻画出小鸟的翅膀、脚、鸟嘴和其他特征。

4 在刻画小鸟的羽毛纹理时可以使用錾锤轻轻敲打，这样做除了可以增强视觉感受外，形成的纹理样式还有利于后期上色。

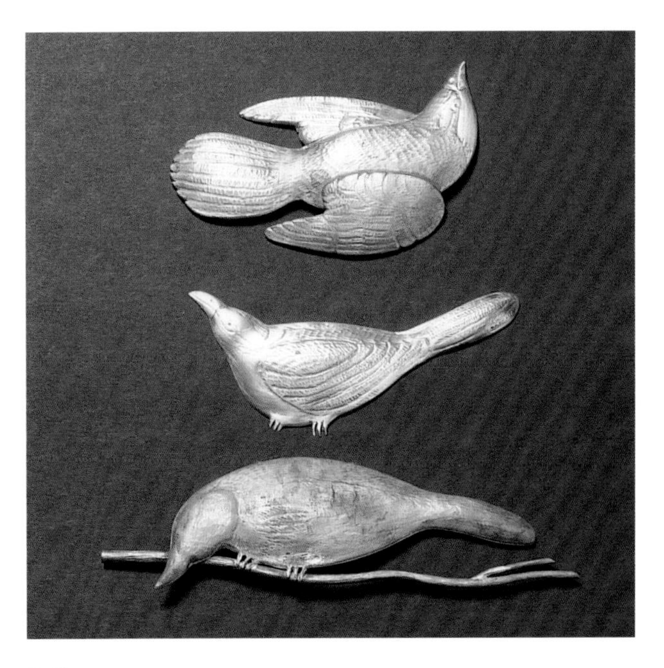

5 用金工锯将已经完成錾刻操作的小鸟图形进行锯切，然后将相匹配的 925 银片焊接到每只小鸟的背面（注意：由于胸针是中空样式，在背面需要钻几个孔洞以便排气）。将针脚安装到每个胸针的背面，进行清洁以备喷砂。

6 在树枝、叶子和鸟巢的背部有几处焊接完成的螺钉部件，这些部件将在作品完成着色处理后进行组装，蚀刻板上可以看到与之相对应的孔洞。小鸟胸针将通过磁铁吸附的方式安装在蚀刻底板上。

7 使用电路板热转印纸来蚀刻作品的背景板。通常金工匠人会使用这种方式进行金属背板腐蚀，由于这种纸张含有抗氯化铁腐蚀的抗蚀剂，金属板加热后，图像会被转印到金属板上。

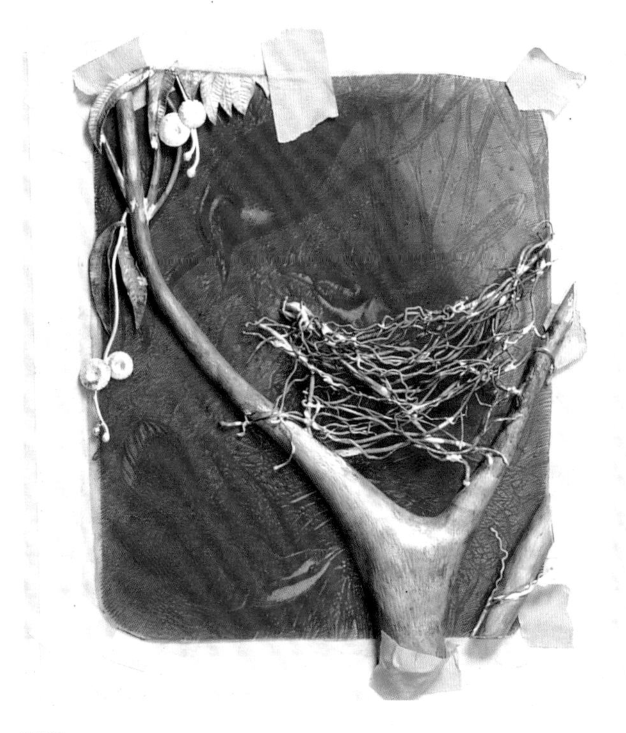

8 转印好图像后，将醋酸纸保留在金属表面可以保护蚀刻板，并且可以作为钻孔和确定其他部件位置的参考物。

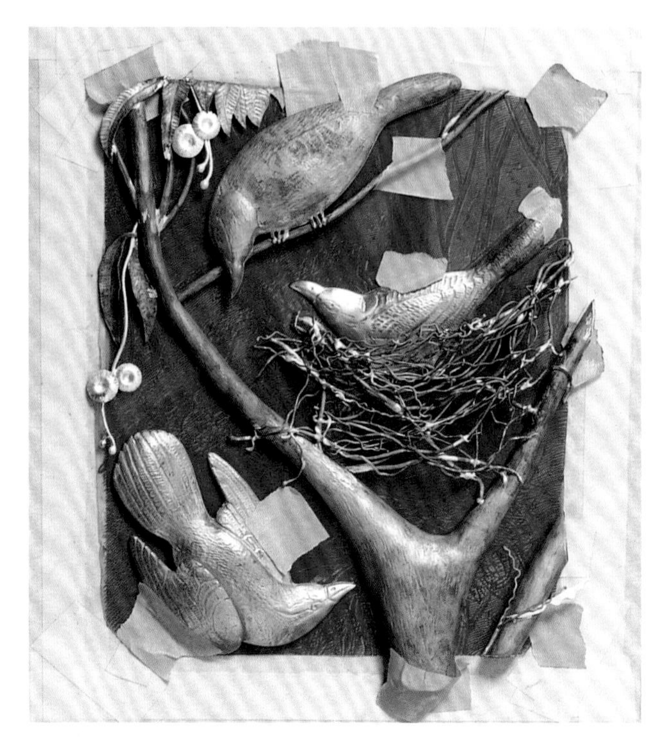

9 这层保护膜必不可少，需要用它来确定胸针在蚀刻板上的位置。

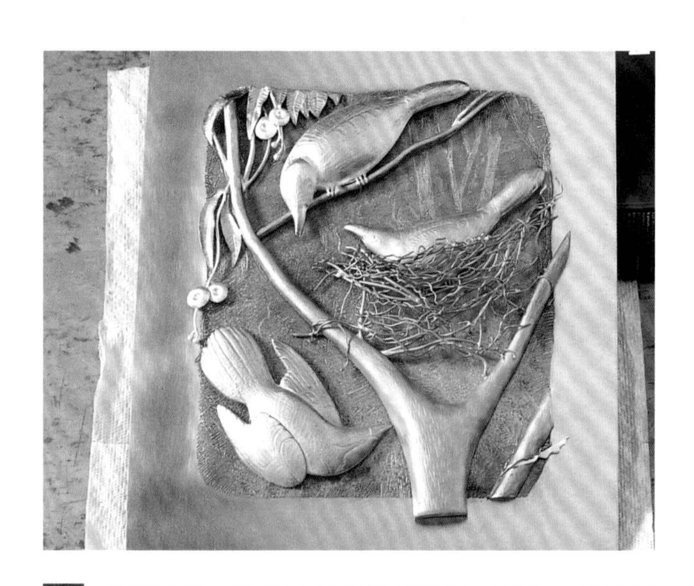

10 做到这里，除了去除保护层的蚀刻板外，其他所有部件都已经过喷砂处理，喷砂后的金属表面产生颗粒感，有助彩铅的颜色保留下来。这些金属部件在喷砂前必须完全干燥。图片上展示的所有金属件都已完成上述处理要求，可以随时用于上色了。

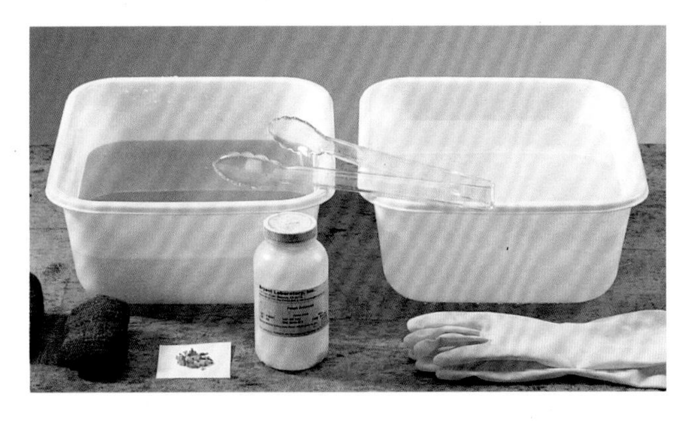

11 开始上色时，先要将硫磺涂在作品上，硫磺的使用方法又有许多种，我喜欢使用中强度的配方来进行着色处理，这样可以逐渐对铜片进行上色。当我对尺寸较大的部件进行着色时，我会准备两个大容器：一个是硫磺溶液（温水与硫磺块的混合液），另一个则是常温的自来水。硫磺混合液中的硫磺使用量可以在图片中的白纸上看到，大约 2.5mL（使用小的容器，硫磺的使用量也相应更少）。操作中还需要橡胶手套、非金属钳（木头或塑料钳）和钢丝绒。整个作业过程都应在通风良好的地方进行。

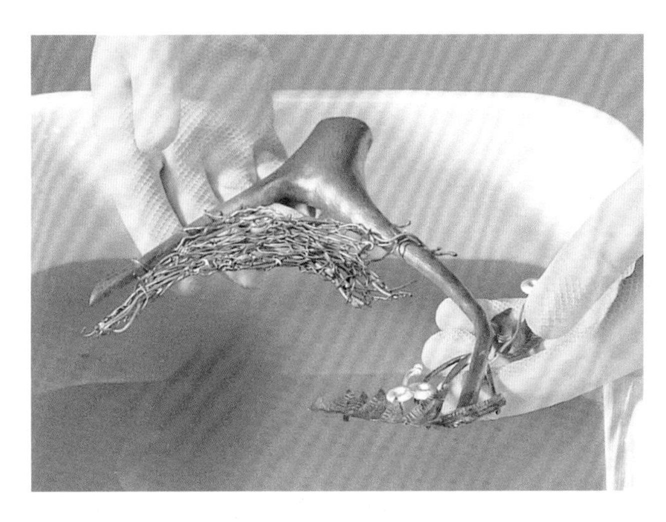

12 要着色的部件一定要保证没有油脂。浸泡金属时一定要注意只能触碰或抓取金属边缘进行作业（即便是使用橡皮手套抓取金属，也要注意有些橡胶手套也会在金属表面留下痕迹）。为了让金属件在同一时刻被溶液完全覆盖，要将其迅速地浸润于溶液中，然后在液体中稍加晃动。

13 将金属件从溶液中取出来，并查看其颜色变化。如果金属件的变色效果不明显，可以加入更多硫磺块。如果变色效果过强，则应该加入更多的水。

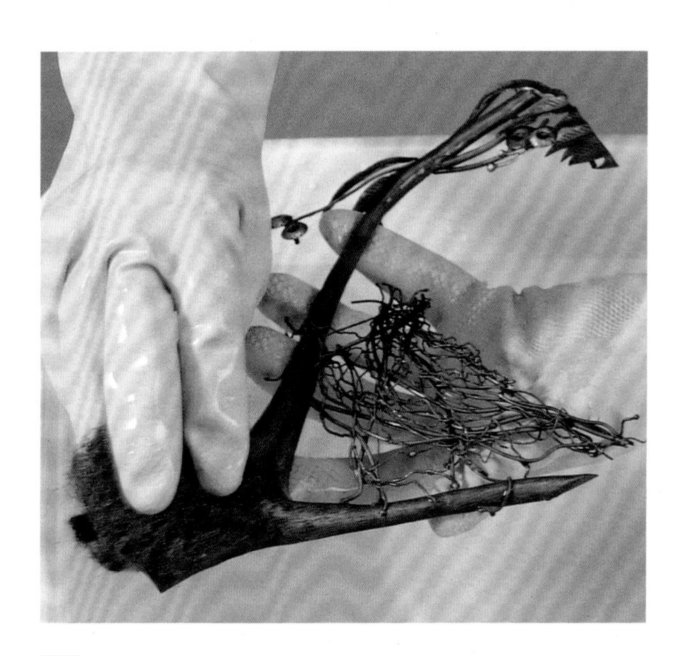

14 将金属片浸入冷水容器中以停止着色反应。用钢丝绒轻轻擦拭，使表层着色更为均匀，也可以擦亮那些染色较深的区域。这里要小心，如果不经常检查金属表面，钢丝绒可能会被夹在一些细微的地方而很快生成很小的锈迹，在进行下一项操作前就需要非常小心地用水反复冲洗金属表面。一旦达到所希望的氧化效果，金属片就可以拿去做干燥处理了。

15 石膏泥有许多不同的颜色，可以从艺术商店中购买得到。虽然应该根据不同需要选择使用不同颜色的石膏泥，但在大部分的作品中我更倾向于使用深色石膏。一旦石膏表面干燥，就可以准备使用彩色铅笔、油漆和粉笔等工具进行上色了。

石膏泥使用小贴士

- 不同的区域选择相适合的笔刷。
- 要使用品质较好的笔刷，可以获得更好的质地感受。
- 用少量的水调和石膏泥，使石膏泥更稀释。
- 石膏泥一定要均匀地涂抹在金属表面。
- 为了使金属表面质地更加细腻，可以使用多层石膏泥。但是一定要确定在当前石膏泥完全干燥的基础上才能再附叠一层。
- 把多余的石膏用小刷子清理干净。
- 石膏一定要完全干燥。如果可能的话，可以将部件安置在 18℃或温度更高的房间里干燥一夜，有时可能需要更长的时间。如果石膏不干燥或者金属表面无颗粒感，在涂色时铅笔会把石膏带起来。平滑的金属表面无法固定石膏或其他介质。

16 收集大量彩色铅笔。为了方便随时使用，可以把彩铅、各种型号的笔刷、铅笔刀等工具都放在一个带手柄的又大又坚固的篮子里。

17 篮子里还放置了几个杯子，每个杯子里放置了一种色调的彩色铅笔，当需要某一种特定色调进行创作时，这些杯子就会很有用。可以把整杯不同颜色的彩色铅笔都拿出来，这样做也方便进行清理。

18 在为成品着色前可以先画一张草图来确定究竟需要多少种颜色。

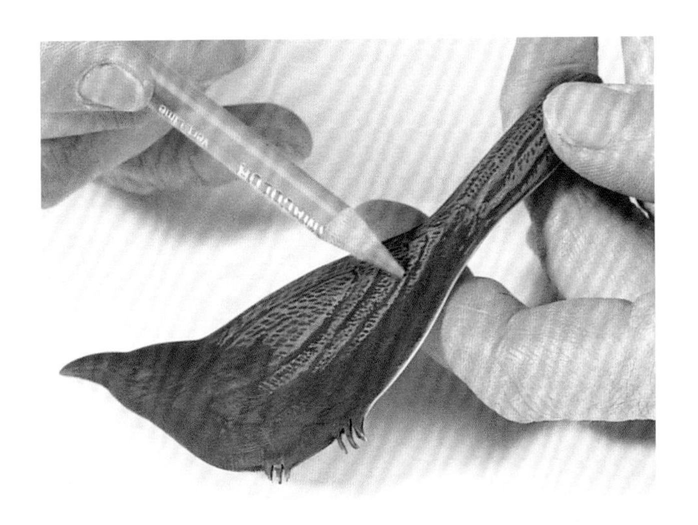

19 使用铅笔侧面而不是铅笔尖进行着色，先薄薄地在金属面上涂一层颜色。因为这次我选择了比较深的石膏层作底，用这种方法可以看清金属表面肌理质地配搭各种不同色调的彩铅上色后的视觉效果。我经常削铅笔，但要十分小心，因为彩铅的笔头很软，也很容易断裂。我喜欢用手持式铅笔刀，电动机械铅笔刀很容易产生浪费。如果需要不同的铅笔尖头，可以使用刻刀来削铅笔。

20 完成铅笔上色后，用笔刷涂抹一些松节油混色。这一步要特别小心，不能涂抹太多，否则可能会把表面的色彩一起涂抹掉。

21 成品需要放置在通风良好的地方，用丙烯酸喷雾剂按照说明书的指示进行封层。这些喷漆有哑光、半亚光或高光三种类型，我喜欢用哑光漆。注意，喷雾作业一定要控制在室温为21℃或以上的情况下进行，不然可能会出现喷雾剂不能固化的问题。

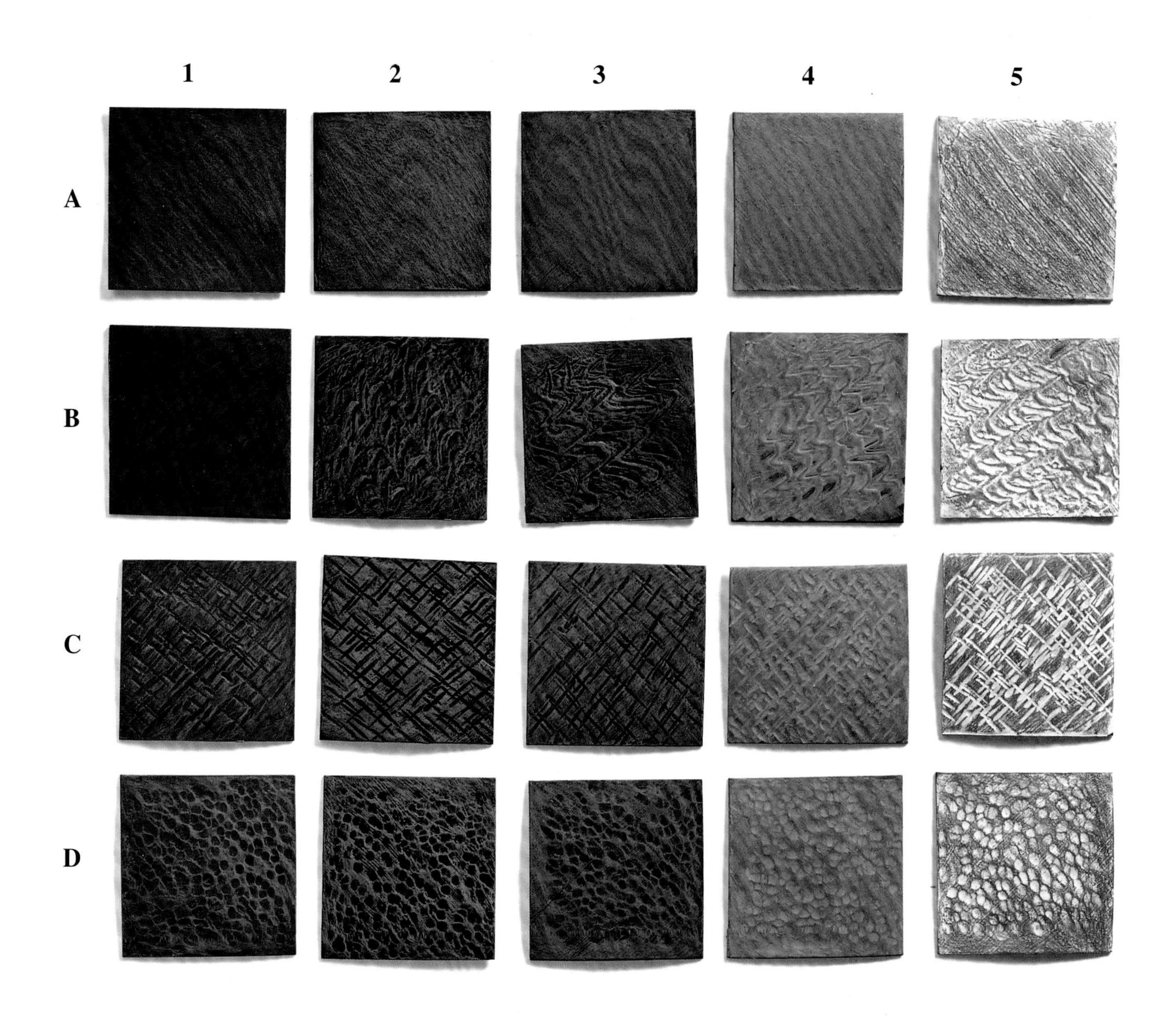

22 图中的这些样品显示不同颜色的石膏泥在金属表面产生的不同效果。每个样品都用相同色彩的铅笔、相同的顺序进行处理。在第1列中，样品上未使用石膏层。其他列都使用了单色石膏。而对同行的样本上都使用了相同的纹理处理方式。

样品图例

列	石膏泥选色	行	表面肌理处理方法
1	无	A	石膏泥刷在金属表面，刷痕清晰可见
2	黑	B	用塑料叉子上石膏泥
3	焦糖/琥珀色	C	用十字锤作金属表面肌理
4	灰	D	用圆头锤作金属表面肌理
5	白		

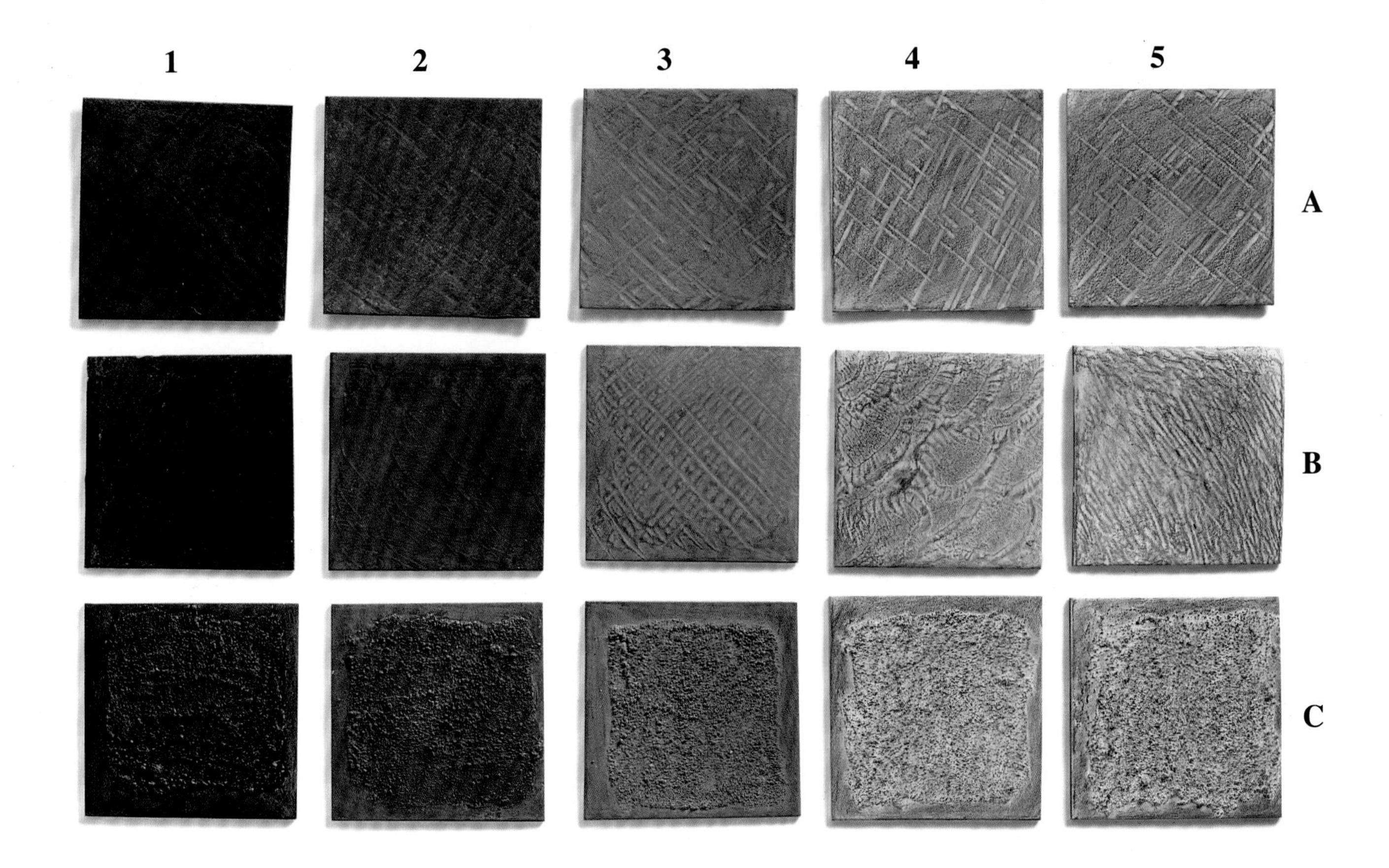

23 此表中展示了更多种石膏机理图例样式。每个金属方片上都使用了同样的颜色，并按照相同的顺序进行涂层。

样品图例	
行	表面肌理处理方法
A	用铁锤制作金属表面肌理
B	石膏泥直接涂抹形成表面肌理
C	石膏泥混合沙子形成表面肌理
列	石膏泥选色
1	黑
2	焦糖/琥珀色
3	灰
4	金属钛色
5	白

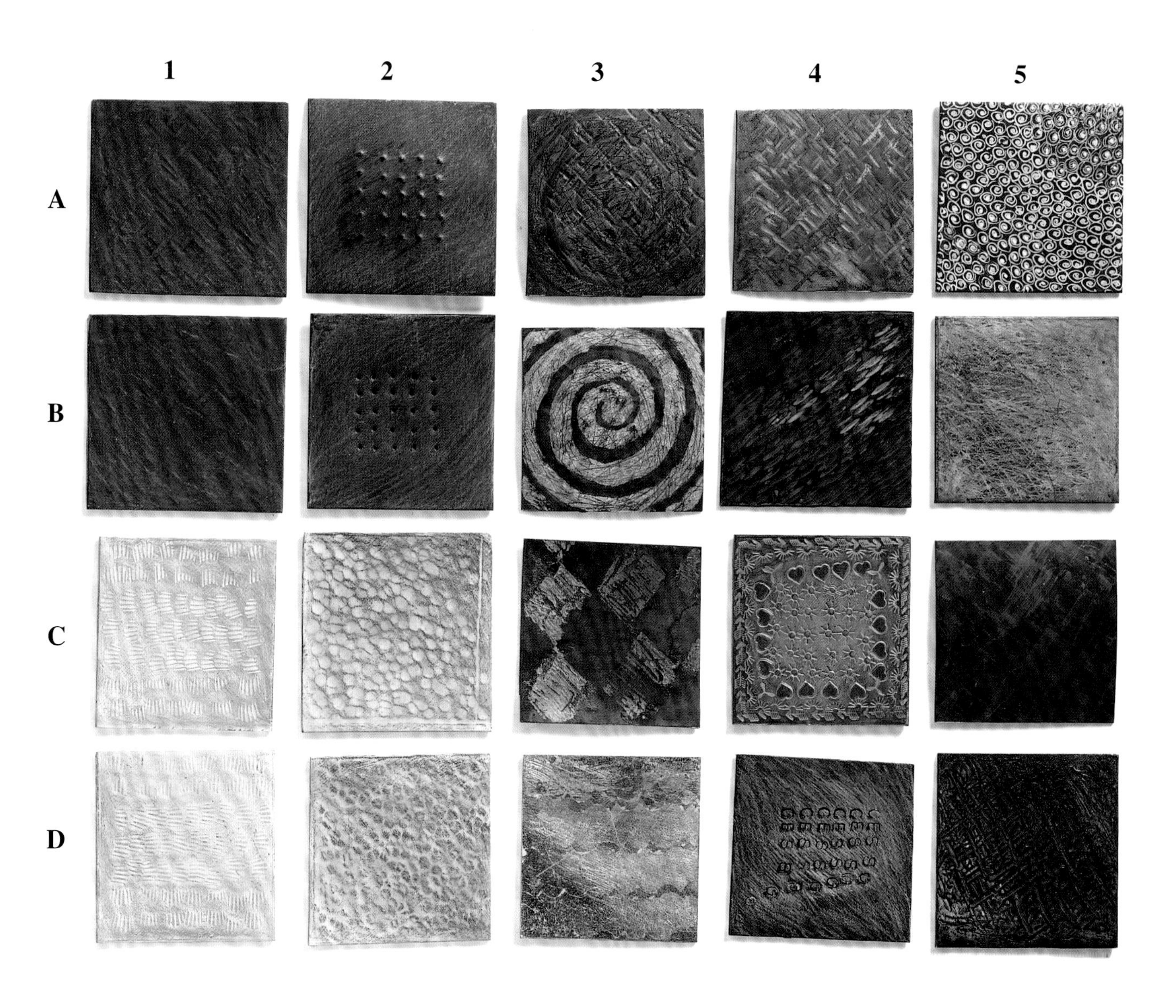

24 这些样品展示了多种介质，所有铜片都进行过喷砂处理，大部分做过铜氧化处理。

样品图例		
列	行	加工顺序
1	A	锤击金属表面制造肌理，上黑色石膏泥，用彩铅上色
1	B	在样例1A的基础上用滚筒压印纹理，上黑色石膏泥，用彩铅上色
1	C	压印纹理，上金属钛色石膏泥，用彩铅上色
1	D	在样例1C的基础上用滚筒压印纹理，上金属钛色石膏泥，用彩铅上色

（续表）

样品图例		
列	行	加工顺序
2	A	在样例2B的基础上用滚筒压印纹理，上黑色石膏泥，用彩铅上色
2	B	冲压纹理，上黑色石膏泥，用彩铅上色
2	C	锤击金属表面制造肌理，上金属钛色石膏泥，用彩铅上色
2	D	在样例3D的基础上用滚筒压印纹理，上金属钛色石膏泥，用彩铅上色
3	A	锤击金属表面制造肌理，上黑色石膏泥，用彩铅上色
3	B	锤击金属表面制造肌理，上黑色石膏泥，贴银箔，用彩铅上色
3	C	硫化处理，贴金箔
3	D	贴金箔
4	A	锤击金属表面制造肌理，上黑色石膏泥，用彩铅上色，表面喷砂处理
4	B	锤击金属表面制造肌理，上黑色石膏泥，用彩铅上色，表面喷砂处理，表面用铜绿硫磺处理表面
4	C	压印纹理，用彩铅上色
4	D	压印纹理，上黑色石膏泥，用彩铅上色
5	A	上黑色石膏泥，用中性笔上色
5	B	上黑色石膏泥，用中性笔上色
5	C	上黑色石膏泥，附上金色礼品纸，抛光
5	D	用叉子上黑色石膏泥，抛光

艺术家简介

玛丽莲·达·席尔瓦女士和她的丈夫杰克·达·席尔瓦住在加利福尼亚州的皮诺尔地区，自1987年以来，她在位于加利福尼亚州、奥克兰地的加利福尼亚艺术学院的珠宝和金属艺术系进行教学工作，她是一位教授，也是专业带头人。而在此之前，玛丽莲在俄亥俄州博林格林州立大学的珠宝设计和金属冶金专业担任副教授职务。

玛丽莲在印第安纳州的印第安纳州立大学珠宝与金工专业获得艺术硕士学位。她本科毕业于俄亥俄州博林格林州立大学的艺术教育学专业。玛丽莲在国际诸多大学有着广泛的教育演讲经验，并在彭兰德手工艺术学校、罗德岛艺术学院、奥洛蒙特工艺美术学院、门多西诺艺术中心等地多次举办暑期工作营活动。1983年，玛丽莲以访问学者的身份拜访了韩国首尔大学。

玛丽莲的诸多作品被各大公共以及私人博物馆收藏，其中包括奥克兰博物馆、韩国首尔当代艺术博物馆、国家装饰金属艺术博物馆等，其中国家金属艺术博物馆还授予玛丽莲“1999年金工大师”称号。近期玛丽莲参加的展览包括：西雅图范希瑞画廊举办的“魅力人生”珠宝展；佛罗里达州的玛丽·布罗根博物馆举办的极限“金属——当代金工匠人展”；伦敦维多利亚和阿尔伯特博物馆举办的“皇冠展”等。玛丽莲的文章发表于许多书籍与杂志上，包括《金属上彩》《茶壶的概念转换与研究》《金工匠人》《美国工艺》。

艺术品画廊

许多金属艺术家在他们的作品中都运用了传统或非传统的金属上色方法。这里展示了七位艺术家，他们使用了各不相同且有趣的金属绘画与上色技法。每一位艺术家都独创了他们自己的表面装饰技法，当涉及平衡作品外观与形态的关系时，将个人审美修养完美地融入作品中非常重要。

二十年前，琳达·沃森（Lynda Watson）使用白银喷砂结合透明漆封色的方法进行金属着色。平面设计师的背景对她在绘画与创新方式上有极深的影响。她目前的作品包括在透明塑料布或水晶包裹体下绘制一些微型石墨素描作品，最近她又开始用白色彩铅在涂有石膏的氧化喷砂银上作画。琳达的珠宝融入了很多她在旅行时的见闻，用一些现成物结合她所擅长的金属上色技法进行创作。

玛西娅·麦克唐纳（Marcia Macdonald）的珠宝完美结合了颜色、图案、图像、形式等要素。油漆是她使用颜色的主要来源，她经常会将绘画、现成物，以及其他材料（如木材和不锈钢）结合，增加作品的表现性与色彩的多样性。玛西娅的每件作品都像一个小型的三维拼贴画，在这些作品中都可以看出她对细节的关注。

海伦·希尔克（Helen Shirk）以她的铜胎上色技法闻名，其绚丽的色彩效果使人惊艳。她的作品灵感来源于她所居住的南加州的迷人植物和前往澳大利亚的旅行。她的作品无论规格大小如何不同，在制作方法上都是一样的。她先把每个部件进行锻造，构建出富有动态效果的雕塑品。然后在金属表面喷砂，用彩铅上色，再将整件作品浸没于硫磺溶液中，这样可以让未上色的金属部分颜色变暗，也会使铅笔涂厚的部分开裂，从而使表面更加丰富、对比强烈、更具空间感。

大胆的颜色搭配和独特的作品外观定义了德布·卡拉什（Deb Karash）的珠宝特点，她作品的色调总是可以在每个系列间优雅地进行转换。德布在做金属上色前会在铜板表面先做上一层铜绿，然后再用彩铅着色。铜片背后一般会用铆接的方式附上银片。这样就可以为作品设计创作出一个明亮的轮廓外框，以此增强小件作品的视觉感受。

柯蒂斯·H·艾尔玛（Curtis H. Arima）硬是将金属变成一块画布。他运用植物意向完成的雕塑作品具有强烈的概念意义。被修剪过或被改造过的植物都映射着社会和文化问题。在作品完成造型、锻造和喷砂后，柯蒂斯采用点彩法在作品上使用白色石膏，之后再用同样的方式涂上丙烯酸漆。最后作品所呈现的外观样式是十分扎实的，在视觉上给人以一定厚重感受。在最近的作品中，他开始在银质作品上使用这种上色技法，并且在最后用蜂蜡处理的方式为作品封层。

苏珊·伊丽莎白·伍德（Susan Elizabeth Wood）以她美轮美奂的金银工艺作品而闻名。最近，她的系列作品《撕裂的心》中有一件作品需要上一种特殊的颜色，她用铜做了主要部件，并将此部件组装在一根925银柱上，然后利用铜本身的粉红色，在喷砂处理过的表面上用彩色铅笔着色。我非常敬佩这样一个已经很有成就的金工匠人走出自己的舒适区，尝试用新的方法进行金属着色。

最后，杰克·达·席尔瓦作品中的颜色甚至还包括红色铅笔与黄色直尺，他在作品中直接使用了彩色圆头大头针和软木塞以表明他的出身——历史悠久的葡萄牙“匠人”家族。

琳达·沃森，九月的斯卡科特，2004
50.0cm×20.0cm×2.0cm，925 银、石膏、白色铅笔、氧化剂、贝壳；手工锻造、喷砂
R.R. 琼斯拍摄

琳达·沃森，新的开始 #4，1985
7.5cm×6.0cm×0.5cm，银、925 银、22K 金、记号笔；手工锻造、钻孔、螺钉活扣、喷砂
艺术家拍摄

玛西娅·麦克唐纳，渴望，2003
10.0cm×7.5cm×1.3cm，925 银、木、涂料、回收罐子、石榴石
哈普·萨科瓦拍摄

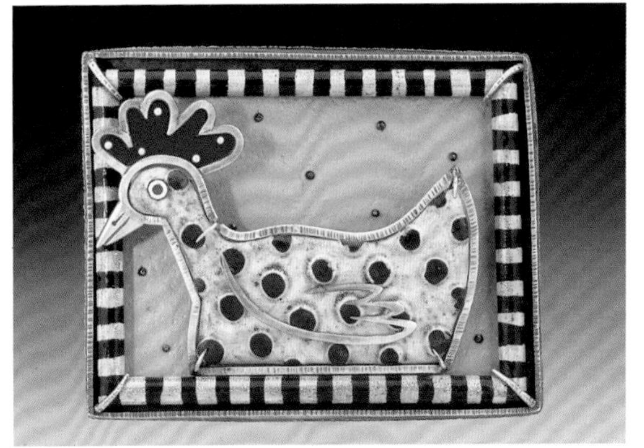

玛西娅·麦克唐纳，肖像鸡，2004
6.3cm×8.8cm×1.3cm，925 银、木、涂料、回收罐子
哈普·萨科瓦拍摄

海伦·希尔克，薰衣草荚，2004
20.0cm × 52.5cm × 20.0cm，铜、氧化剂、彩色铅笔；锻造、氧化
艺术家拍摄

海伦·希尔克，石灰荚，2003
32.5cm × 35.0cm × 22.5cm，铜、氧化剂、彩色铅笔；锻造、氧化
艺术家拍摄

德布·卡拉什，杂草，2004
8.8cm × 5.0cm × 1.3cm，铜、氧化剂、925 银、青铜、彩色铅笔；锻造、表面肌理、成型、化学处理、铆接
艺术家拍摄

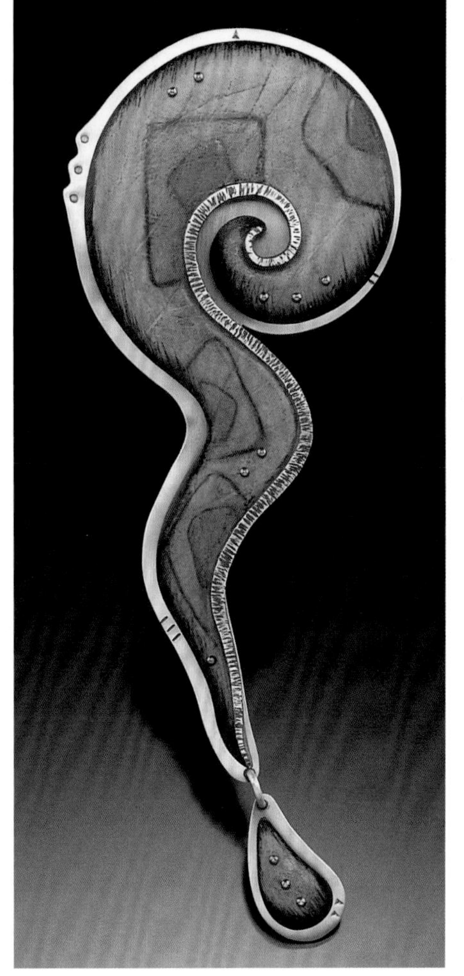

德布·卡拉什，无题，2004
15.0cm × 5.0cm × 0.6cm，铜、氧化剂、925 银、青铜、彩色铅笔；锻造、表面肌理、成型、化学处理、铆接
艺术家拍摄

德布·卡拉什，景，2004
6.3cm × 5.0cm × 0.6cm，铜、氧化剂、925 银、青铜、彩色铅笔；表面肌理、成型、化学处理、铆接
艺术家拍摄

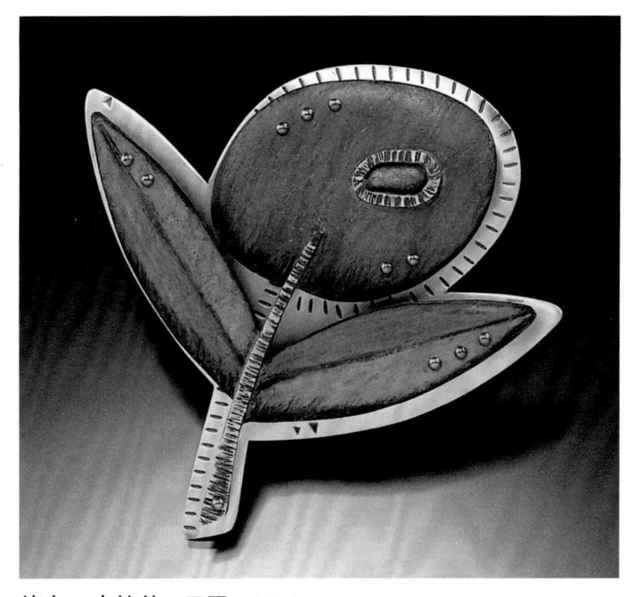

德布·卡拉什，无题，2004
7.5cm × 8.8cm × 0.6cm，铜、氧化剂、925 银、青铜、彩色铅笔；表面肌理、成型、化学处理、铆接
艺术家拍摄

柯蒂斯・H・艾尔玛，依赖：昼与夜（药盒），2004
25.0cm×25.0cm×25.0cm，925银、铜、氧化剂、丙烯；成型、锻造、中空
艺术家拍摄

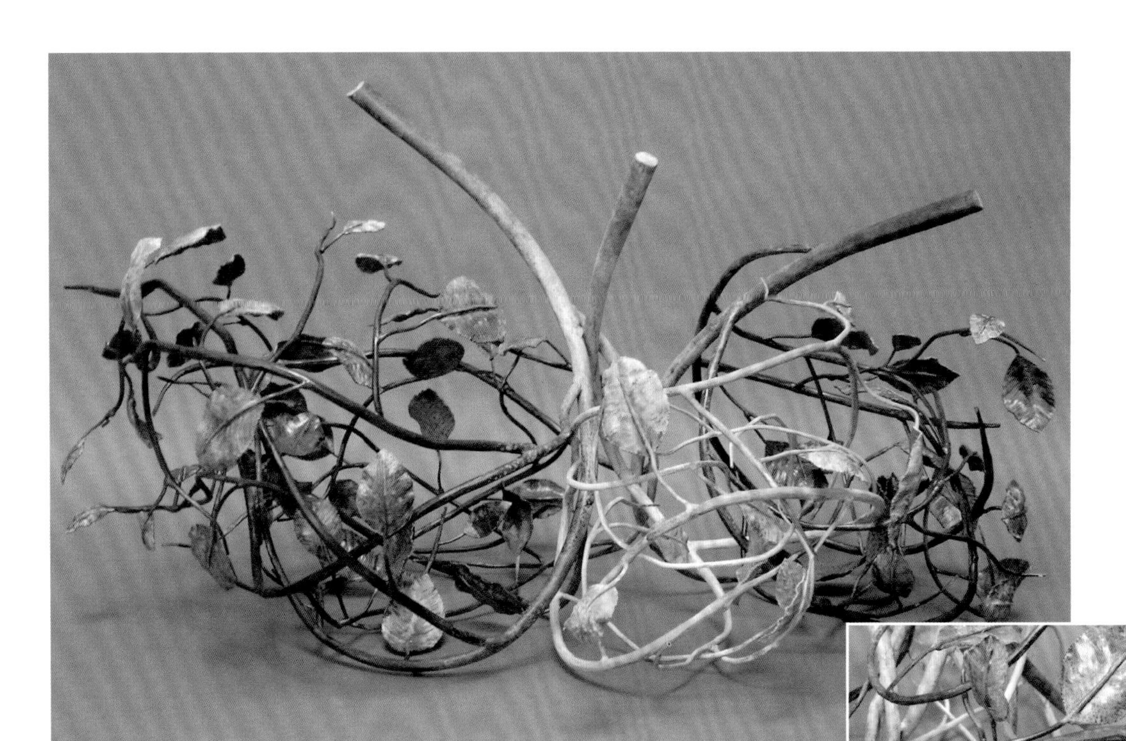

柯蒂斯・H・艾尔玛，纠缠（篮子），2004
23.0cm×63.0cm×46.0cm，925银、铜、丙烯；成型、锻造、中空
艺术家拍摄

苏珊·伊丽莎白·伍德，基座上的爱与恐惧，2003
17.5cm×7.5cm×7.5cm，925 银、铜、青铜、彩色铅笔、氧化剂；手工锻造、冲压、压花、焊接、錾刻
哈普·萨科瓦拍摄

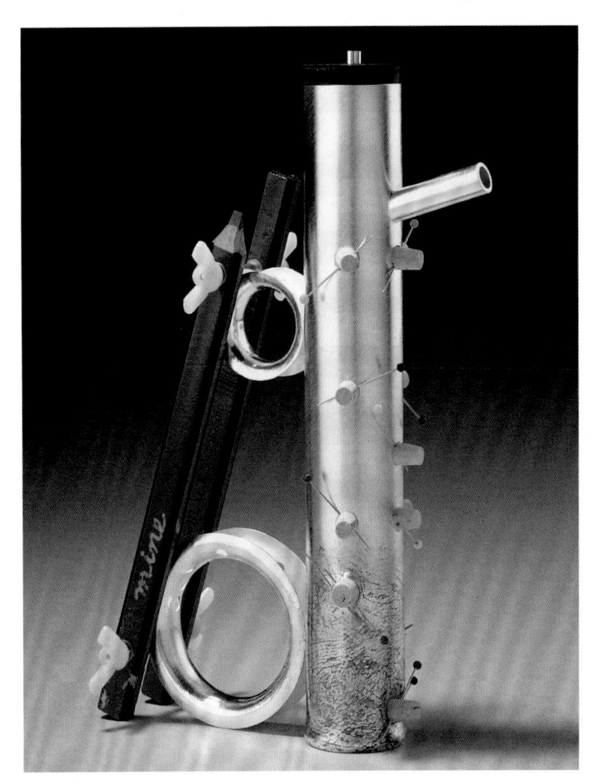

杰克·达·席尔瓦，最伟大的事情：信任，2003
20.0cm×6.0cm×15.0cm，925 银、木质铅笔、不锈钢螺钉、黄铜螺母、大橡胶螺母、软木塞、玻璃圆头大头针；背面鞍形手工成型、氧化、雕刻
M. 李·法则瑞拍摄

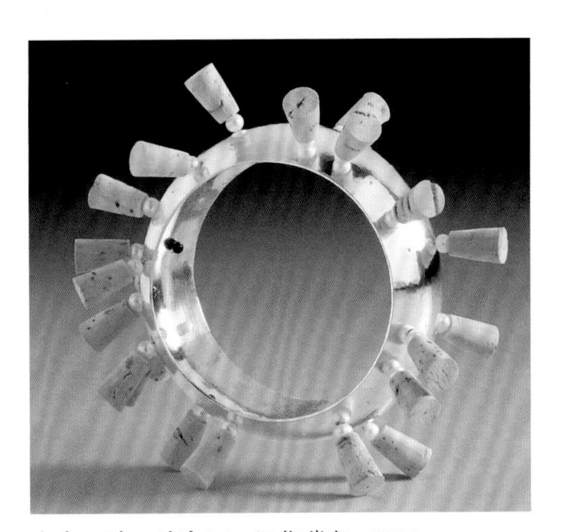

杰克·达·席尔瓦，记住璀璨，2003
10.0cm×5.0cm×10.0cm，925 银、淡水珍珠、软木塞、玻璃圆头大头针；鞍形手工成型
M. 李·法则瑞拍摄

杰克·达·席尔瓦，忘记我的荣耀，2003
11.5cm×5.0cm×11.5cm，925 银、软木塞、玻璃圆头大头针；鞍形手工成型
M. 李·法则瑞拍摄

JOHN COGSWELL
约翰·科斯韦尔

敏锐的结构洞察力、专业的操作技术、极佳的美学品位是约翰·科斯韦尔作品的重要标志。只要他手持铁锤，便能在铁砧上完美演绎出精湛的金工技巧。约翰深谙锻造之道，对他而言一条漂亮的锻制项圈既可以有鲜明的棱角，也可以灵巧地贴合在脖子的曲线上。他的作品看似在工艺上毫不费力，但却是把专业知识与实践经验优雅融合的结晶。

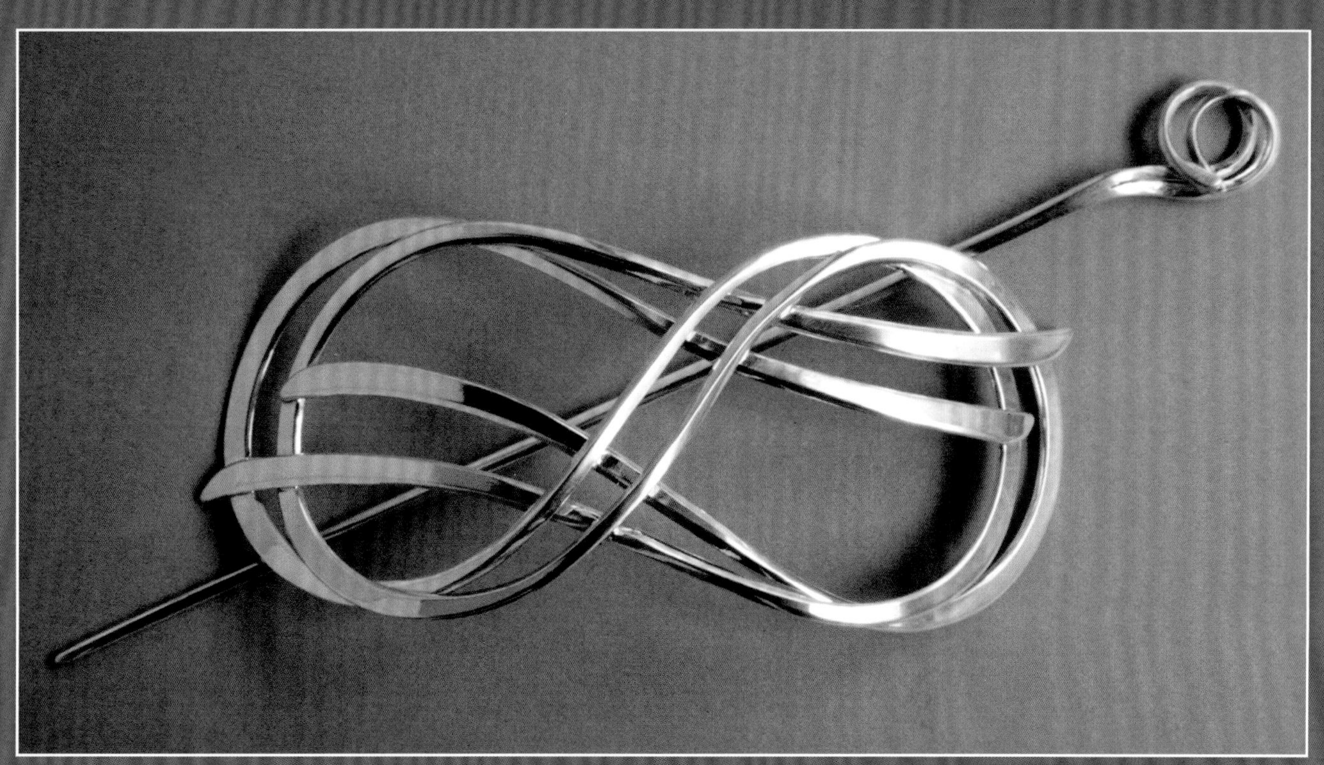

约翰·科斯韦尔，头饰，1995
11.5cm × 6.0cm，925 银；锻造
艺术家拍摄

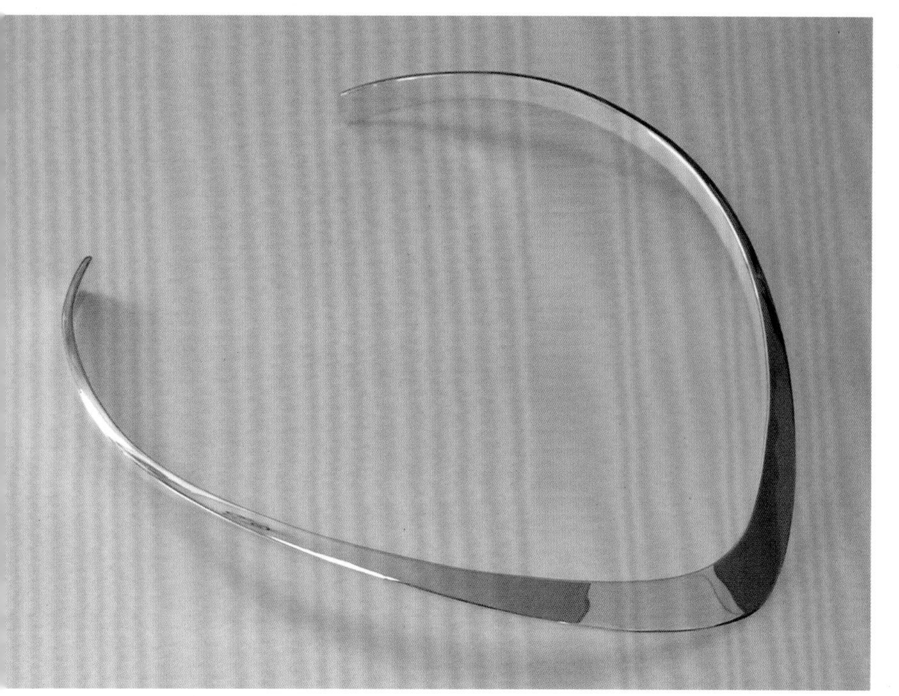

约翰·科斯韦尔，项饰，2004
12.5cm × 14.0cm，925 银；锻造
艺术家拍摄

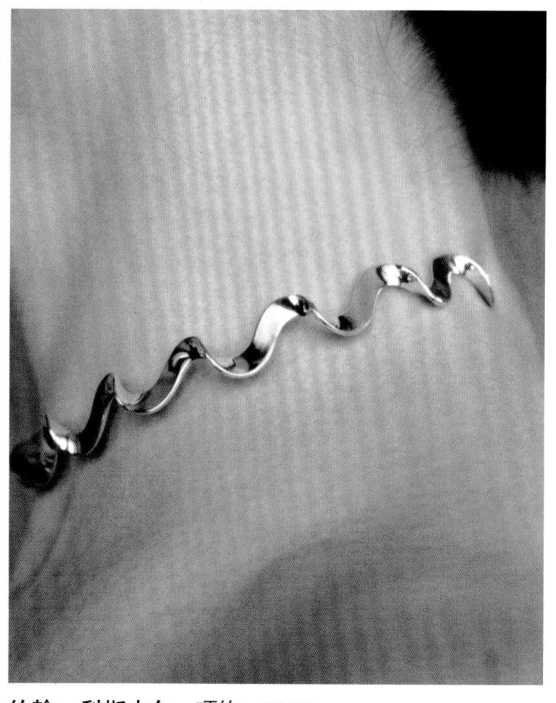

约翰·科斯韦尔，项饰，2000
12.5cm × 12.5cm，925 银；锻造
艺术家拍摄

屋内银光闪闪

在机械技术和工业化生产飞速发展的时代，我更偏爱手工艺。我醉心于创作，沉迷于将概念转化成现实，梦想转变为作品的美妙过程。工艺美术的文化与精神代代相传，我的手工作品也和许多同行前辈的作品一样，大多使用传统的锻造工具与技术。作为一名当代的金工匠人，我更愿意将自己定义为行业链中的一环，将古老的工艺延续至未来。无论命运如何，我十分感恩总能在脑海中构想出一些尚不存在的事物，并有幸能够借助双手将这些想法实现出来。

然而，正因如此，这种天赋也带来了无法满足的好奇心与无法抛弃的责任感。对我来说仅仅有好手艺是不够的，在创作前必须要先解决这几个问题——为什么要创作？创作的是什么？要如何来完成创作？在解决这些问题后才有可能开始创作，这样创作出的作品我才有可能与他人进行分享与交流。我是一名老师，也是一位匠人，我身上背负着极重要的责任——把技能和知识传授出去。对我而言，观念与创作的激情、探索和实践的紧迫性，以及对教育的使命感从未因时间的推移而减少。到如今，我依然会因为创作出新作品而雀跃不已，偶尔几次我会带着它们上床睡觉（把它们放在我的床头柜上），在深夜中抚摸着它们，欣喜于又一次在技术上的突破与胜利，感受作品中的每一个微妙细节的肌理变化，欣赏着整件作品的精美工艺。我的妻子非常有耐心也很理解我，觉得我这样做很有意思，并常常以此取笑我，总是轻声问我："你又在和你的作品玩游戏吗？"

志趣与意向

创作作品对我来说是一件长情而浪漫的事，早在我儿童时期便沉迷于创作，而在之后的四十年岁月中这成了生命中最重要的一部分。我的记忆中充满了那些生动、不可磨灭的艺术感悟，可以这么说，我仍然可以清楚地记起在这些奇妙的旅途中指引我走在蜿蜒小路上那些事件、发现和体验。

大概在我四岁时，父亲在厨房的桌子上用蜡笔为奶奶画一张生日贺卡，我依然记得当看到这个创作过程时我是多么好奇。我迫不及待地希望看到奶奶在收到这张卡片时的表情，她一定会兴奋地说不出话来的，因为这是父亲亲手制作的，并且是为她独家定制的。一年以后，当我在幼儿园班上做手印小馅饼的时候，我记得湿湿的面糊在手指之间挤压的感觉，这种触觉让人激动不已，它似乎加速了血液流动，搅动着灵魂一般。手指画也激起了我类似的反应，我开始学着使用铅笔、粉笔、蜡笔来画画，根本停不下创作。我彻底着迷了，从那时候起我就知道艺术是我一生要做的事。

在成长过程中，我看着父亲设计并创作了各种各样的东西。他用头脑、心灵、双手去完成了一个又一个任务。然而直到今天，他依然对所谓的超能力或艺术才华持保留态度，他认为所有的成绩与能力都是来自平时的积累与不断实践。父亲是一名焊工，也是一名钣金工人，专门建造卡车车厢。他对工作和家庭从来分得十分清楚。几年前，一场可怕的风暴袭击了我父母家附近的一个小机场，十几架小型飞机的外壳表皮都遭到了严重的损坏。机场问我当时已经退休父亲能否来帮忙做一些修复工作，他同意空闲时来完成这个任务。事实上，他花了大半年的心思在这件事上。我和妻子来看父亲的时候，刚好赶上他在修复最后一架飞机，我也亲眼看到了他的手艺。有人用照相机记录下了当时飞机的损坏状况，它们都有大面积的扭曲、凹陷和变形，但现在每架飞机都奇迹般靓丽如新，看起来好像都是刚刚完成装配一般。当我们回到父亲的家庭作坊，我看到他使用的锤子、砧子和锻造工具几乎与我银匠工作室里的没什么区别，我意识到他才是一名真正的金工匠人。我们只是各自用了不同的材料：他用钢，我用银。我一直不知道原来我们那么多年来一直在做类似的事情，不能说才华或者能力是完全可以被继承下来的，但我相信，无论是因为榜样的力量或是遗传基因的结果，我的艺术才能是来自我的父亲。

我出生于20世纪50年代末60年代初的纽约乡村地区并在那里长大。那个时期正是国内塑料化、城市化、工业化和大规模生产的鼎盛时期。虽然我们可能拥有世界上最富有且生产力最强劲的农田农场，但我们吃的每一种蔬菜都是罐装的，密封、卫生，却全然无味。肉类则被摆放在泡沫板子上，用塑料膜包裹好，被切割或被研磨，每块肉都被处理的方方正正、干干净净，根本不用自己动手做事。我们用批量生产的塑料盘子、不锈钢餐具吃饭，用塑料杯子喝水，一次性餐巾擦脸，每件衣服都是买的。自己做罐头，腌制食品，缝制衣物或者任何手工制作都被认为很老土而且证明家境贫困，没有人希望被贴上这样的标签。手工制作似乎变得毫无必要，没有人想这么干，也没有人觉得耗得起这个时间去做这些事儿。

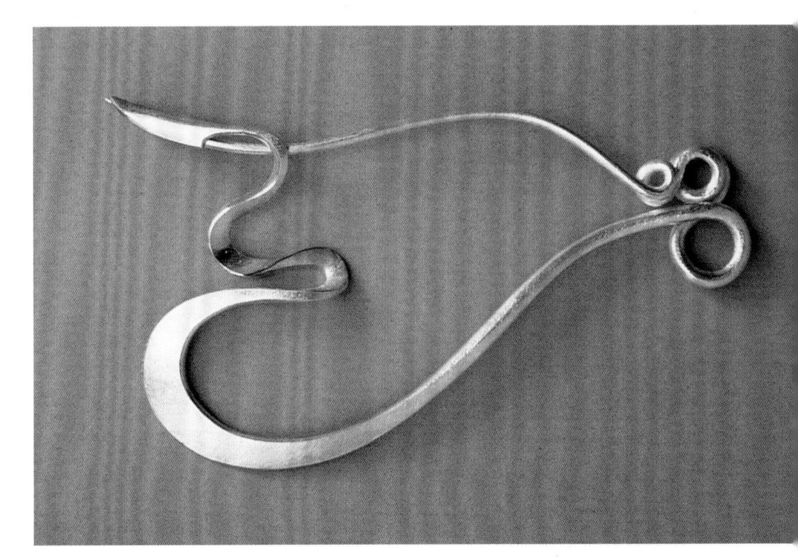

约翰·科斯韦尔，扣饰，1999
10.0cm×5.0cm，925银；锻造
艺术家拍摄

时间成了一种稀有商品。我们无休无止地在看电视。电视似乎成了个人品位的新仲裁者，它来告诉我们，我们想要的东西是哪些，它们毫无差别，既闪又亮，有商标，经过冲压、制模、批量生产，可以用用就丢，可以放到洗碗机里，成百上千看起来都一模一样，它们源

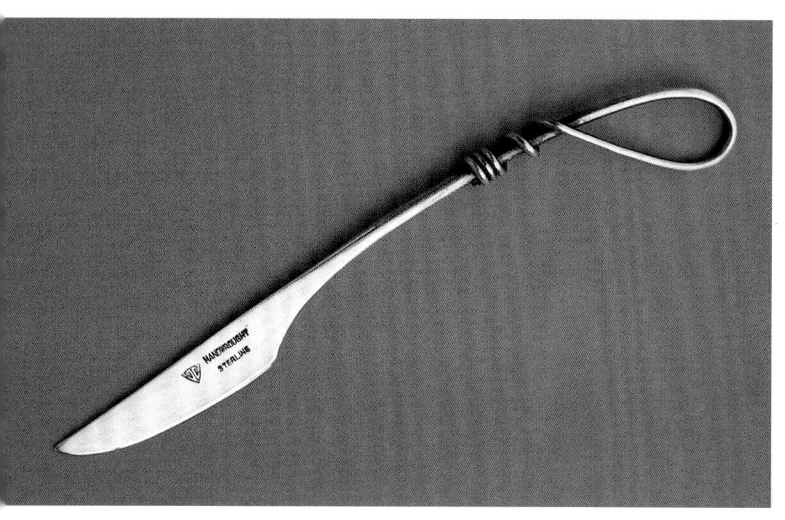

约翰·科斯韦尔，开信刀，1997
21.0cm × 2.5cm，925 银；锻造
艺术家拍摄

源不断而来，它们无所不在。没有人在乎这些东西是由谁制造的，事实上它们都是被批量生产出来的，压根没有人手触碰过的痕迹。然而我却无法接受这一切，我一心只想着用手工制作的方式来创作每件东西。然而在我上大学前，我却时常反复思考是否应该将艺术作为一种可行的职业而为之终生努力。

大学第一个学期，我有机会走进艺术工作室并选修了几门绘画课程。第二个学期，我看到选课目录上有基础珠宝制作课程，负责教授的老师叫芭芭拉·库尔曼（Barbara Kuhlman）。她在得知自己被派来教珠宝课之后，才去参加了一个为期两天的工作室培训。虽然她受过有限的技术培训，但还是以诚实、热情和幽默的态度走上了课堂，我们成了终身好友。自那时起，我爱上了金属加工，我喜欢材料（银）、工具和工艺过程。

为了支持我的金工梦想，芭芭拉请来了客座老师巴里·梅里特（Barry Merritt）教授建立了周末补习班，他是一名知名的珠宝商，当时正与罗纳德·海耶斯·皮尔逊（Ronald Hayes Pearson）共同合作，课上他为我们展示皮尔逊工作室的代表工艺：锻造工艺。我喜欢这种直截了当的技术，也喜欢锻造后所呈现的简洁优雅的线条美。这些作品像是用铁锤代替石墨完成的三维图画，课程结束后，我和芭芭拉一起报名了巴里教授正在开设的课程。整整一年的时间内，每个星期六我们需要开车数小时去他那里学习。他是一个很棒的老师，愿意和我们分享他知道的所有知识。

我当时租了一个老农舍，把阁楼改造成了一个简单的工作室。我没有多少钱，也没有像样的工具。父亲用一段废弃的铁轨做了一个铁砧，我还买了一个二手的乙炔气焊枪，用来退火和焊接。我自己通过打磨抛光，将一把十字钳工锤改造成了一把金工锻造锤（这把锤子到现在也是我的最爱，用了将近 40 年）。我最初几年的作品绝大部分是锻造完成的，其中原因包括缺少工具、技术，对更为复杂的珠宝制作工艺知识累积不足，但最主要的原因是我对锻造这项工艺的喜爱。冬天阁楼没有暖气非常冷，早上放在阁楼的泡菜都会冻成一团冰块，但是我并不在乎这些，锻造捶打就可以让人足够暖和。我很热爱这些工作，更让人由衷地感到温暖与满足的是当把制作的珠宝卖出去的时候，我知道真的可以靠艺术养活自己了。

当地的一个珠宝商看到我的作品后雇用了我，当得到这份工作时我欣喜若狂。事实证明他其实是一个钟表商而非珠宝商，这份工作为我提供了一个非常好的学习

约翰·科斯韦尔，
基达克杯，2001
23.0cm × 11.0cm，925 银；锻造
艺术家拍摄

罗纳德·海斯·皮尔逊，三部曲，1993
单件尺寸，1.6cm×7.6cm×6.4cm，14K 黄金，锻造、铆接
威廉·萨斯拍摄

环境。在那段工作时期，我学会了如何修表、镶石，如何设计并做一些高级定制，抛光、做账、销售、礼品包装，每样都学到一些。因为每天都在不停地工作，我的手变得越来越灵巧。工作是重复性的，但这种培训却是十分彻底且极有必要的。在空余时间店主会鼓励我拆卸一些他回收的手工艺术古董珠宝。在许多个夜晚，店面关闭之后我一宿一宿地留在店中研究着这些宝贝。

我学到的越多，想了解的就更多。我读了所有可以找到的金工与珠宝类的书籍，最后决定回到学校学习那些无法自学的内容。

我在纽约州立大学新纽帕斯分校注册了。该部门的负责人库尔特·玛茨道夫（Kurt Matzdorf）就是一名银匠手艺人，而罗伯特·埃本道夫（Robert Ebendorf）则是一位珠宝商。他们组织了一个令人难以置信的团队。大家都爱戏称他们为“道夫兄弟”，他们将金工制作的每一个部分都设置为一门课程，并以“自助餐”的形式供学生进行选修。我就像一个小孩掉进了蜜缸一般，那段时间实在是太美妙了。虽然当时仍在研究生院中，我已经开始接受各种在工作室上课的邀请，我喜欢这种工作。我很幸运能得到很多非常优秀的老师的指导，因此我也非常愿意把我所学到的分享出去。当然想做老师，还有另一个更私人的原因——我来自一个相对比较贫穷的家庭，社会资助让我有机会上大学进修，在我看来这些资助证明了大家信任我的能力才会为我的未来投资。我在很久以前还清了所有贷款，但是我一直觉得在全面的金工教育教学方面我依然负债累累，从事教育教学事业是我偿还债务的唯一方式。除了我教的大学课程，自从在新纽帕斯分校毕业以来，我教过的工作营课程已经超过 300 多个了。

实践部分

作为一名艺术工作者，我最喜欢的还是手工的、直接的艺术表现方式。绘画是其中一种表现方式，锻造也是。这两种方式都对线条把握有着严格的要求，只是前者表现在二维平面上，后者更注重三维表现。不同厚度的金属片在锻造过程中可以营造出或优雅、或强劲、或感性的视觉效果，每种感受都完全不同，这就和平面绘画一样，都必须要求设计师有一颗敏锐、细致的心。

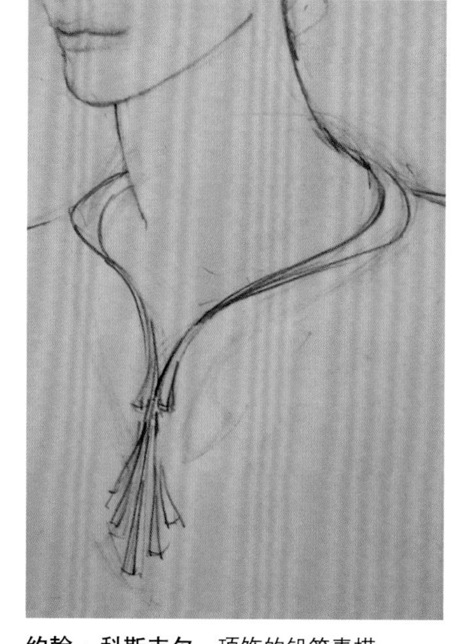

约翰·科斯韦尔，项饰的铅笔素描

锻造把一根银条、一个银块或者毫无形状的坯料打造成优雅美丽的物体，将银超凡柔软的特性体现得淋漓尽致。我通常会坐在铁砧旁，铁砧上只有银、锤子和我自己，这就是我最基本的工作状态。这是一个简单、直接又十分愉悦的过程，是一场无声的对话。锤子每每敲击银板，其表面形成的光彩会立刻回应我，耐心引导我，告诉我何时操作正确，何时操作不够理想。这种捶打、敲击的过程让我十分放松。戴上耳罩，我的世界变得无比安静，我似乎陷入到一个十分私人的空间，进入到一种冥想的状态，只能感受到锤子有条不紊地作业过程中带来的美妙节奏。

如果锻造做得好，身体既不累也不疼。锻造也不仅仅就是把金属表面敲敲扁（我经常听见学生这样说），而是需要经过操作者仔细思量分析后对金属表面进行有选择性的延长、加宽、拉伸和打薄的过程。这要求操作对象将作品摆放到位：捶打时要做到定向敲击，锻锤的锤击面要选择精准，才能获得理想的横断面。成品看起来十分简单，但是事实上整个过程需要消耗金工匠人大量的时间与精力。

在开始金属锻造之前，我一般会把想法先都画成一系列的草图。通常情况下草图都是铅笔速写，旨在勾勒出脑中的想法与大致的概念。因为锻造与绘图都是一种对线条的诠释，所以在草图上只要把大致的图形描绘出来，在锻造时可以有更多的空间来调整、改进和细化。在锻造过程中我会十分注意作品在铁锤作业下的成型过程，并且按照艺术感受来改变、调整作品样式，这个过程要持续下去，直到满意为止。

我还经常会用厚纸片做模型。草图能为人理清思路，明确作品大致的二维形状、尺寸，以及整体感受，而模型则帮助人确定作品的轴线角度、弧度和三维结构形态。如果说草图让我知道想要做什么，那么纸模则告诉我如何去做。草图跟纸模都非常重要，比起在贵金属上操作失误、重新制订方案、做校正、做改变，用纸模打样可以既经济又快速地解决制作问题。这些花费在前期草图绘画与纸片制模的时间都是十分值得且必要的。

锻造分为好几个阶段，在每一个阶段都需要用不同的铁锤做工，前一把铁锤击打锻面所得到痕迹会被后一道工序中用到的铁锤痕迹所替代。随着工序的进展，金属表面会变得越来越光亮，直到最后一道捶打工序（又称为抛光工序），金属表面会呈现出很多微小的光亮面，就像数以千计的小镜子反射着光线，让表面看起来十分闪亮，金工匠人称之为“活的”表面。那些用机器化生产出的不锈钢制品，虽然光滑、匀称，却毫无生气，就像“死物”一般。一件银制品经过仔细锻造成型后，其每处平面与边缘都反射出闪耀的光芒。

漫画家加里·特鲁多（Gary Trudeau）曾经创作了一部动画片，叫《杜恩斯比利》，故事是以一个叫保罗·里维尔的移民银匠为主角，讲的是他和他那个没有耐心的学徒艾米的故事。在其中一集故事中，保罗递给艾米一块锡材，让她练练手上功夫，改进她的金工技艺，但是艾米却很失落，她想要使用银子，而不是锡块，她抱怨说：“锡……锡就像个死物，只是躺在那儿罢了，而银子，银子会闪亮亮的，像在整个房间里不停地向你眨眼睛。”

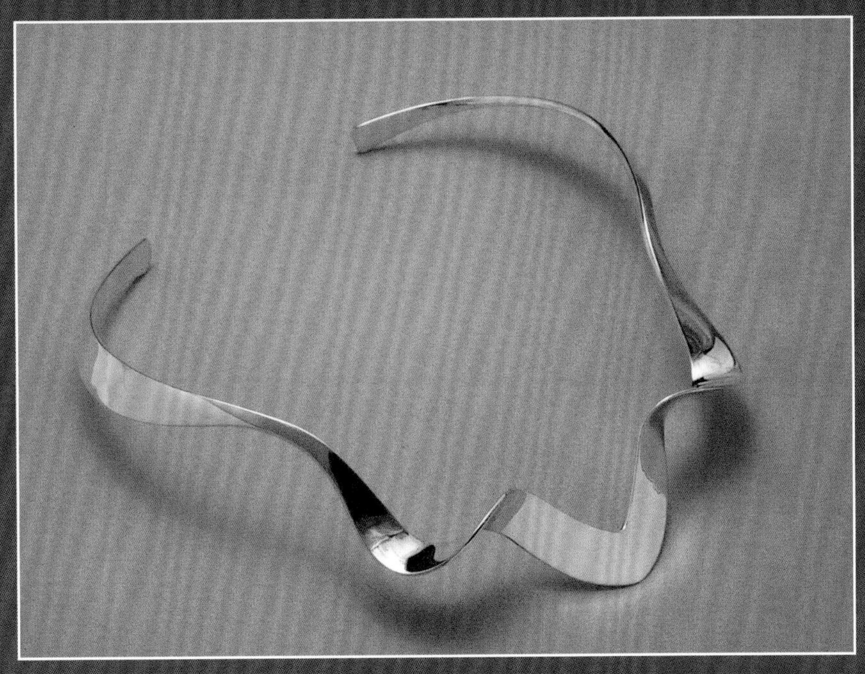

约翰·科斯韦尔，项饰，2001
15.5cm × 16.0cm，925 银；锻造
艺术家拍摄

约翰·科斯韦尔，馅饼铲，2001
26.5cm × 5.8cm，925 银；锻造
艺术家拍摄

约翰·科斯韦尔，色拉勺，2003
单件尺寸，26.5cm × 7.5cm，925 银；锻造
艺术家拍摄

手工演示

成熟的锻造工艺要求艺术家将身体、心灵与他的工具和技艺融为一体。在这里约翰仔细分析解释如何选择合适的铁锤、铁砧与操作台和如何掌握正确的操作姿势，其中包括如何握锤、锤锻，每一步都会影响作品的形态样貌。约翰通过对一根银棒的锥面、横截面、曲面和平面等不同角度的锤锻操作，诠释如何使一根金属材料逐渐成型，之后再通过锉磨和抛光，完成一件完整的锻造作品。

1 理想的锻锤重量 0.9 ~ 1.0kg，手柄长度约为 25.4cm。轻型铁锤的作业范围有限，只能对一些轻质的线材进行作业。但是重型铁锤又过于笨重，使用时会消耗大量体力，一般是用来敲锻、分解厚质的金属锭材。锻造铁锤一端是球形面，另一端是一个直形窄面的横头锤。

2 锻锤的球形面是圆形的，从侧面看微微隆起，球面上没有任何锋利面，都经过细致抛光处理而成。球形锤通常用于金属找平（使金属表面平坦、精致），或者是为金属特殊肌理面工艺形成而服务的。高品质的锻锤有两种，一种为优选的“抛光锤”，另一种为“未抛光锤”，这种锻锤买回后要用带式砂轮机和抛光机手工修整后方能使用，抛光一把锻锤需要耗费大量的时间，这是一个需要耐心的过程。

3 锻锤头的另一面是横头锤，与手柄方向垂直，横头锤在使用前需将所有锋利边缘和折角处都打磨圆滑，表面需要经过高度抛光处理后方能使用，这是锻锤最主要作业区域，几乎负责金属锻造成型的全部过程。

4 铁砧有许多不同的形状与规格。微型台面砧因为其体量实在太小、太轻，是不适合用于锻造的。这种铁砧不能稳固地定在台面上，在操作过程中会不断地“弹跳”。如稍有不慎，从台面掉下来，容易伤到人。然而大型铁砧又因为过于沉重，表面粗糙，也是不适合用来进行一些精细作业的。对珠宝艺术家和金工匠人而言，适合做锻造的铁砧重量一般在 20.4 ~ 34.0kg，铁砧表面需抛光极佳，硬度高，且表面平坦光滑，另外还应配有一个抛光良好的喇叭头（喇叭头是指在砧的一端或两端的锥形突起面）。比起一般市场上卖的铁砧，用高碳钢材质铁轨改造而成的铁砧是个经济实惠的替代品，但是这种铁砧用锤子一敲就会发出像教堂大钟一样震耳欲聋的声响，所以通常会在铁砧下方左右各安装 2cm × 4cm 大小的木头用以固定在工作台上，这样就可以有效减少噪声。作业时一定要注意保护耳朵，这是十分有必要的！无论选用何种砧座，铁砧一定要放置在具有适当高度，且十分坚固的支架或是树桩上。一般来说，砧座距离地面的高度需有 66.0 ~ 76.2cm，当然这还要取决于座椅高度。

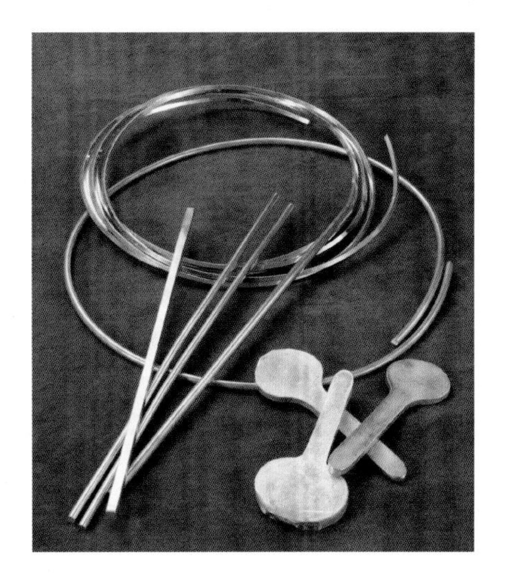

5 方形、圆形线材或棒材都适合用来锻造。然而，由于方形线材截面有四个角，比同尺寸的圆形线材相比一般略重，所以方形型材在锻造、延展性上有更多潜力。锭材也可以用来锻造，铸锭是回收干净废金属的好方法。这些锭材可以铸造成正方形或长方形，尺寸要根据使用的铸锭模具来定。如果需要铸造一些餐具工件，可以根据预想的形状要求，通过一些简单的手工框架（由低碳钢坯料制成）结合一些现成模具进行铸造。

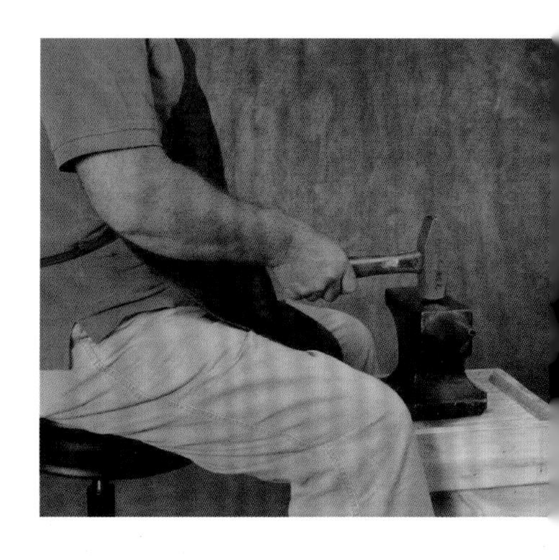

6 当开始使用铁砧进行锻造时，一定要十分注意，需要选择坐在一个适当高度的位置上，以免伤害我们的手臂和手腕。通常情况下我都会选择调节座椅高度，而不是调节铁砧的位置。选择椅子或者凳子的高度时，根据铁锤、手肘与前臂的位置，尽量做到保持直线，且越放松越好。如果座位过高或过矮，手腕就必定会弯曲过度，保持这样的姿势进行作业，人很快就会感到疲惫、不舒服、疼痛，还有可能导致慢性物理性劳损。在工作室，我会使用可滚动的办公椅，把它调节到适当的高度方便作业。

7 与座椅高度同样重要的是在锻造过程中要注意握锤和摆锤的姿势。我先用拇指和食指牢牢握住锤子，以确保它不会飞出手掌（如图 A），然后其余三指便能轻松自在地放在手柄上（如图 B）。这样的握锤手势可以使锤子在保持控制的情况下依然转动自由。

在锻造过程中用力过猛或是连续锤击中不断提起锻锤都是不可取的，锻造靠的几乎都是锤头的重量。铁砧表面与锻锤表面都很坚硬，当在砧座上锤击金属时，会产生反冲力（即反弹），这种反冲可以省去提起锤子的必要。事实上，我们只需要当锤子落下时连续击打即可。锤击时的所有摆动动作都要求手腕放松，而不是靠手肘用力，前臂应该保持基本不动，肘部也应保持舒适，锚定不动。

锤击时的另外两个重要注意事项：第一是注意握住金属原料的手和手指应保持在砧座之外，以避免砸伤手指；第二是应始终佩戴好隔音耳罩以起到保护作用。

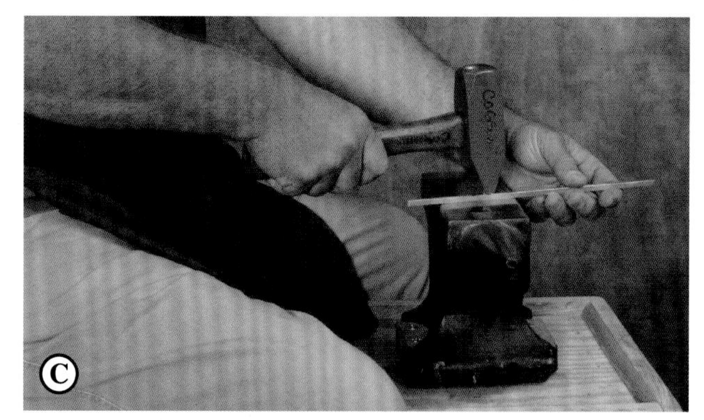

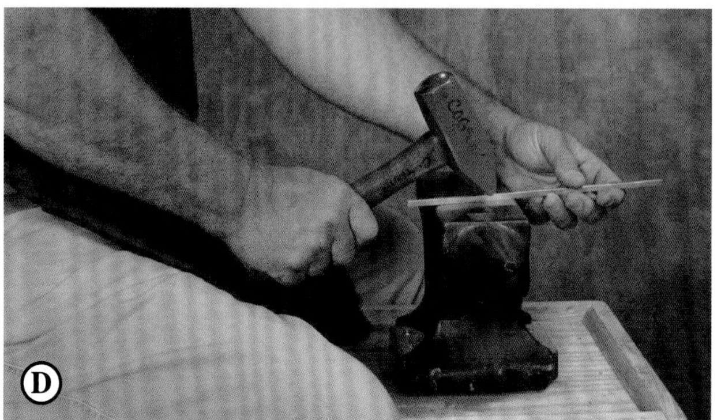

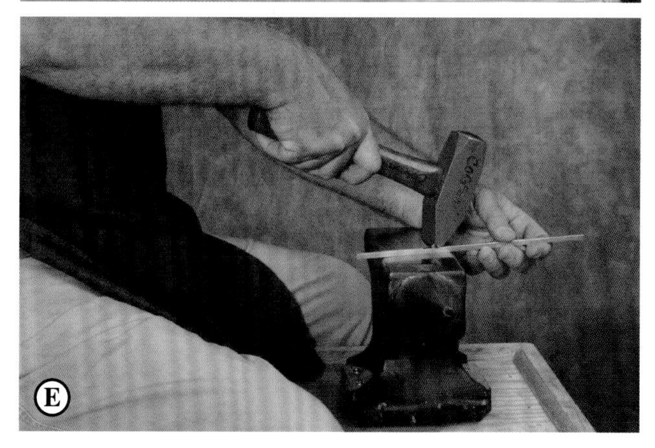

8 了解横头锤面敲击时金属的走向很重要。金属在敲击点沿着与横向头为轴成直角（垂直）的方向延展。锤面与砧铁的角度不同，会产生不同效果，如图 C 所示，如果锤头垂直敲击金属（“平握”敲击），金属受力向两个方向均匀展开。而如果降低手柄高度捶击金属，如图 D 所示，则锤头的表面以倾斜的角度敲击金属，这个角度会把金属从受力点向一个方向“推出”。而如果抬高手柄，如图 E 所示，金属朝一个方向向内拉伸。在锻造的过程中我们需要仔细调整每个锤击的角度，让金属有控制、有选择地进行延展造型。

相反，球形面的锻锤都是用垂直敲法（垂直向上或向下）。因为金属在受力后会在受力点周围进行放射性延伸，作业时不用控制方向，敲击的目的只用来使金属厚度变薄，得以延展。锻锤的球形锤不用于金属成型，而只用来除去横头锤留下的锤痕，以及对金属表面做找平操作。

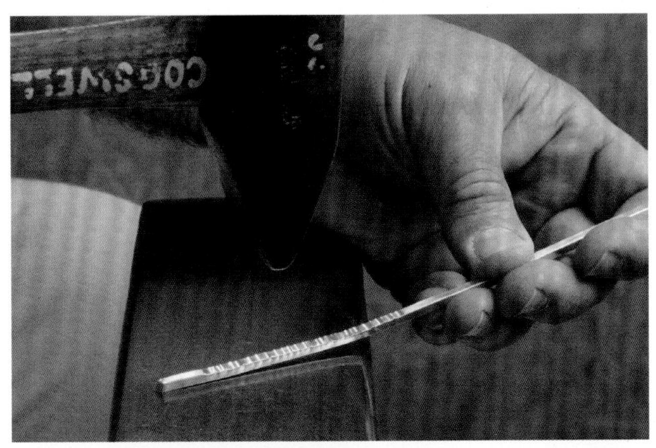

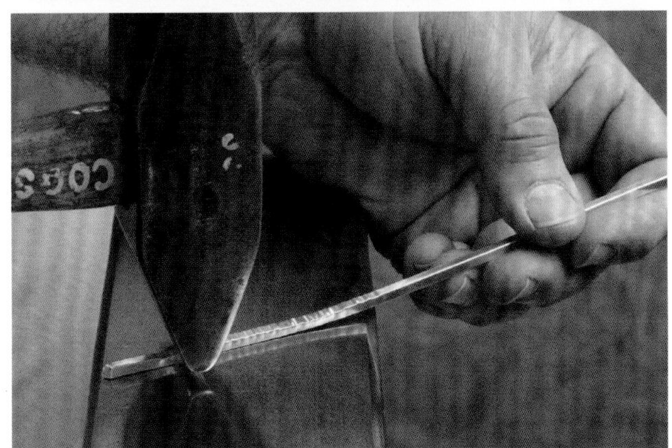

9 为了延长或者“拉长”一块金属坯料，锻锤的横头面垂直敲击金属面，金属则会沿着与横向头垂直方向延展，在这个过程中，金属的厚度变薄，而其宽度却几乎不会发生变化。如果锻锤只针对金属材料的其中一面进行捶击，金属材料会逐渐形成一个楔子形外观，我们称这种锻造方式叫定向拉伸。一般情况下，建议在敲击拉伸时微微抬起锻锤末端，将金属往内拉拽，这样能够避免锤子和手挡住视线，以便随时观察正在进行的作业区域。

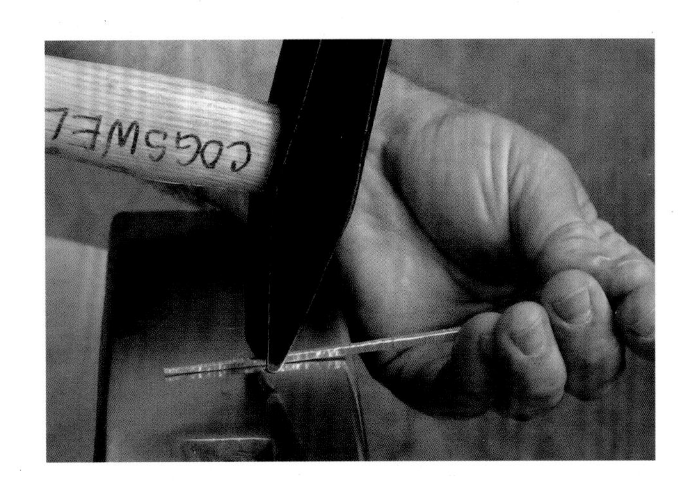

10 当在两个相邻金属面上进行锤击时，金属面的宽度和高度上逐渐减少，形成同样的锥形外观。而随着金属材料的横截面逐渐变小，长度也随之增加。如果想要得到一个更加明显的锥形，则需要反复多次重复此锤击过程。如果在锻造的过程中，金属材料变得越来越硬，那需要对其进行定期退火。任何退火都应尽早进行，因为锻造成品需要在加工过程中变得有弹性、有强度。

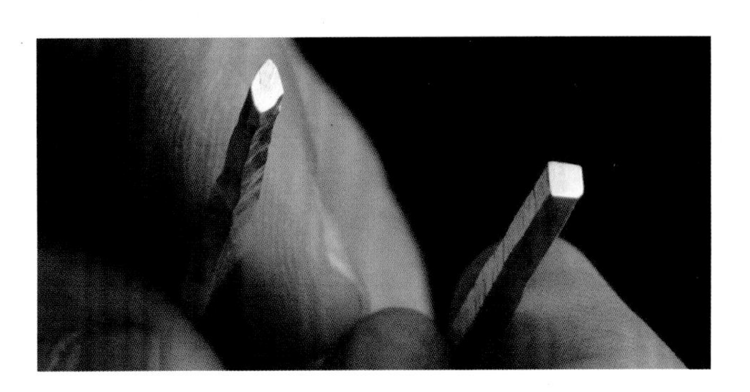

11 当锤打出一定的锥度后，金属横截面上可能会出现一个菱形的锻面。形成这样的截面外观是可以理解的，因为手臂在身体两侧而非躯干的中间，这种方向偏移造成敲击时形成一定的角度倾斜，如不及时纠正，这样的菱形截面会难以修复，从而造成材料和时间的浪费。解决方案是对其表面进行退火，然后把最宽面垂直于铁砧面上固定，同时进行反向捶打。一旦菱形开始重新变成方形，在捶打的同时转动金属表面，让每个角度的边缘都受到敲击使其截面慢慢变圆，然后再退火，重复之前的步骤。

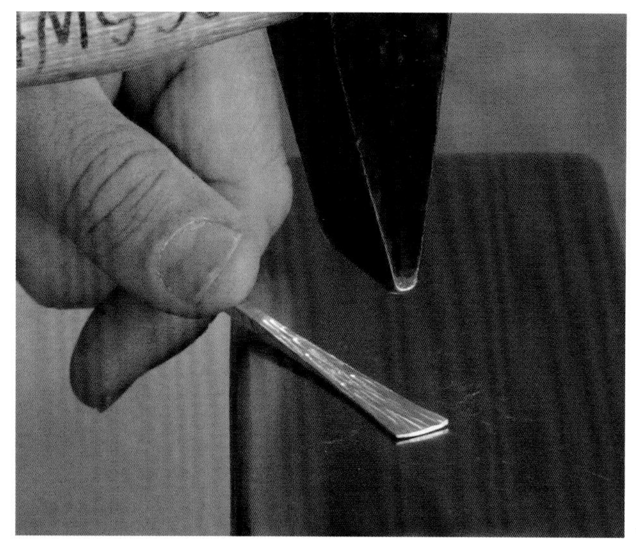

12 当横向拉伸金属时（加宽），锤面平行于金属进行纵向锤击，这样的定向拉伸会使金属材料变宽，长度几乎不会发生变化。敲宽的时候，从料的中心向两边敲，尽量避免捶打边缘。较厚的边缘有利于作品的结构和强度。锻造时我们要仔细准确，在这个阶段，周全的考虑和准确的敲打会减少之后的找平和锉修。我作品大概 90% 的形状是敲击出来的，找平去除了横头锤的印子同时达到定型的目的。

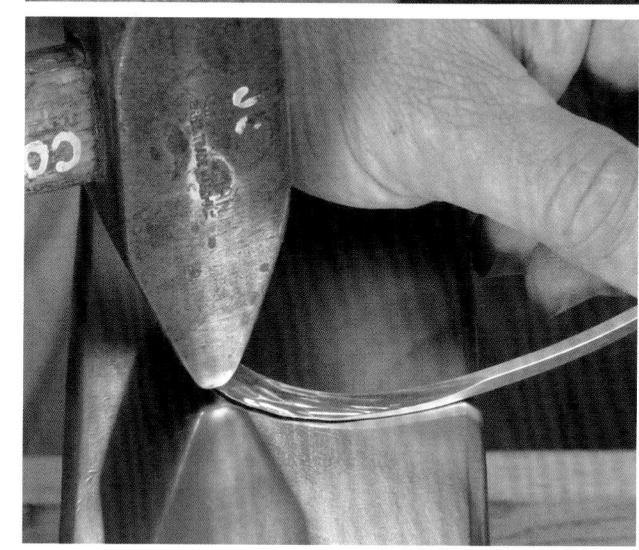

13 当弯曲金属时，我习惯将金属面内缘（凹面）锻得比金属外缘稍厚些以增加金属的强度和稳定性。为了灵活地掌握金工锻造中金属材料的硬度和韧性，所以退火操作应尽可能早地在锻造过程中完成。

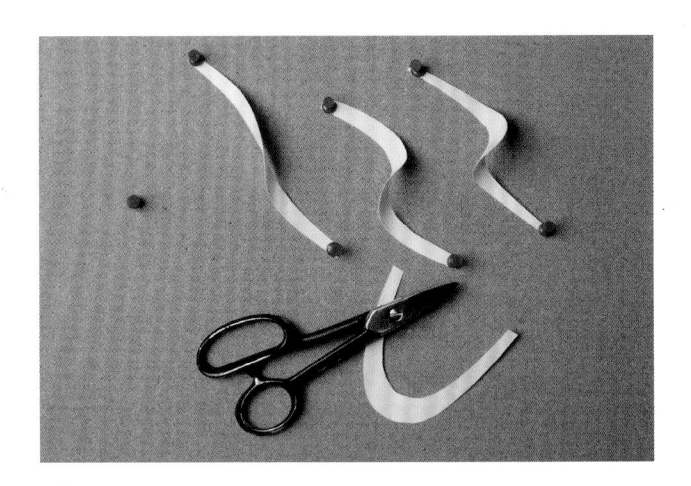

14 当想要设计新的款式或新花样时，我会使用较厚实的纸张（我最喜欢用的是纸质文件夹）做样品。最开始锻造的“角度”（弯曲度、曲率）决定了作品成型后的弧度。用剪刀快速制作这些有尺寸的初步模型，可以准确预测最后金属的弯曲角度，并为锻造提供参考样品。这些纸片帮我大大地节约时间和材料。在作业过程中将这些纸质样品钉在锻造区域附近的墙上对我来说十分管用。

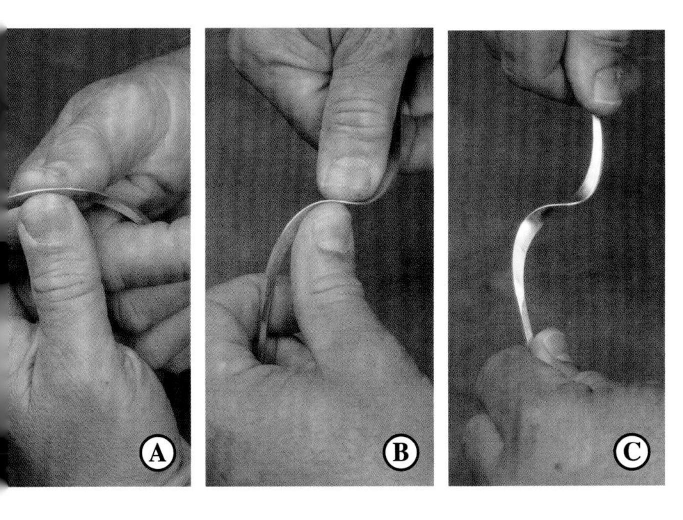

15 将步骤 13 中制作的锻造曲面来制作一个双反向曲面。用双手紧握住金属件两端，同时在弯曲点用相对的拇指抵住弯曲部分（如图 A）。然后，如图 B 和 C 所示，慢慢把金属扭转成反向弯曲。注意，为了方便最后修整，在金属还处于平面状态时做好全部找平及倒角锉修作业。

16 球形锤表面是用来打造光滑平坦的金属表面的，使其呈现特有的、高反光的金属锻面效果。

17 金属面找平后，可以用平板锉来细化调整平直面，或凸起面，用半圆锉来锉修凹曲面。如果球形锤找平做得好，主体面是不必锉修的。

18 首先用蘸有抛光剂的毛毡轮对所有金属边缘进行抛光。抛光轮质地坚硬，表面平坦，轨道清晰。为避免在抛光过程中在金属边缘产生倒角，轮子旋转的方向应该一直与边缘处保持平行，千万不要将毛毡轮垂直于金属边缘进行作业。然后再用羊毛轮（也同样蘸有抛光剂）对金属件整体趋于进行表面抛光。先对金属件的外缘区域进行抛光，然后对中心区域进行多方向抛光。在这个过程中一定要牢牢抓住金属件，以防打磨布勾到作品，导致作品从手中脱离的情况发生。此外，我们需要始终佩戴好护目镜，确保排气通风以做好呼吸防护。我还习惯戴皮革手套来保持双手干净，也防止摩擦生热烫伤双手。

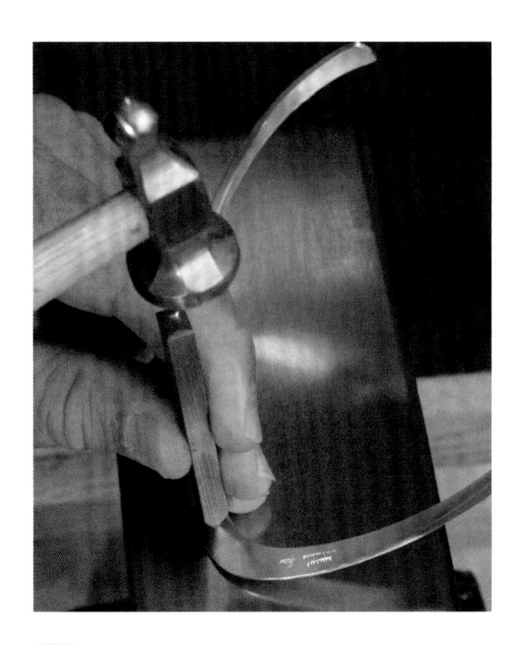

19 初步抛光完成后，需要彻底清洗该作品以除去抛光剂。然后在作品的背面戳上钢印，钢印的位置不要削弱或损坏作品的造型。之后，对作品正面存在的所有瑕疵进行局部二次抛光。

20 对金属件做最后抛光时，我选择的抛光轮是直径在 15.2cm 左右，有 54 层厚度的薄纱布轮。在操作中，我会戴上一双很便宜的棕色棉布手套以避免作品粘上指纹。

艺术家简介

约翰·科斯韦尔是一名金工匠人，也是一名教育家。约翰毕业于纽约州立大学，获得学士学位与艺术硕士学位。他曾在纽约普拉特大学帕森斯设计学院任教，也曾在1985年到1996年期间于92街希伯来青年会担任珠宝与金工专业主任一职，而他本人的工作室也从1979年创办至今，现在工作室还在正常运营的状态中。

约翰经常为国家承认的工艺学校、艺术中心，以及金属公共协会与社团开设大师工作营。他还经常担任陪审员、特约撰稿人等职务，他同时也是各类当代珠宝书籍、杂志、文本的技术顾问。他的作品已经参加过很多次展览，许多作品被公共机构或个人收藏，其中包括犹太博物馆、阿克兰美术馆和约翰·迈克尔·科勒艺术中心。

约翰·科斯韦尔，项链，2000
16.0cm × 20.0cm，925银；锻造
艺术家拍摄

艺术品画廊

许多年前，当我还是一个行业“新人”时，参加了巴里·梅里特在纽约罗切斯特举办的工作营。巴里邀请我参观了他当时所在的工作室，那是罗纳德·海斯·皮尔逊（Ronald Hayes Pearson）的工作室，毫无疑问，在那个时代，罗纳德是最炙手可热的金工锻造家。对他的作品我已经相当熟悉，无数个晚上我反复翻看所有能找到的关于他作品的照片，试图弄清楚他是如何进行创作的；白天，我就坐在工作室里，凭借着那个用旧铁轨改造而成的铁砧，尝试着模仿图片上他的作品。我很快就发现，这些图片中的作品在外观上看似简单直接，但事实上并不容易制作。而当有机会亲自看到他本人时，我兴奋得难以言喻。

当我被介绍给罗纳德·海斯·皮尔逊时，出于一种对大师的敬畏之情，我是那样兴奋与紧张，对他作品钦佩之极，我是多么迫切地想要能像他那样成为锻造大师。他耐心地听我述说，烟斗从嘴角慢慢移开，然后说：“我可以教你锻造工艺，但是你仍然要自己去学习，等学会之后，不要只是模仿我，而要做你自己的锻造作品。”那一次见面是永生难忘的，而他那简单又有智慧的言语更让我铭记于心，十分受益。

作为一名金工匠人，我一直倍感惊讶又欣喜于不同的人用相同的技术、相同的工具、相同的材料，却能以完全不同的方法制作出迥然不同的作品。这个艺术品画廊区域中所陈列的作品完美地说明了灵感、个性和才华，以及精湛的技术是如何产生独特而多样的艺术作品的。当你看到这些作品时，请一定牢记，这些作品都是持续创作过程的副产品，是每个艺术家不断创作的探索和发展的见证。最好的还在后面！

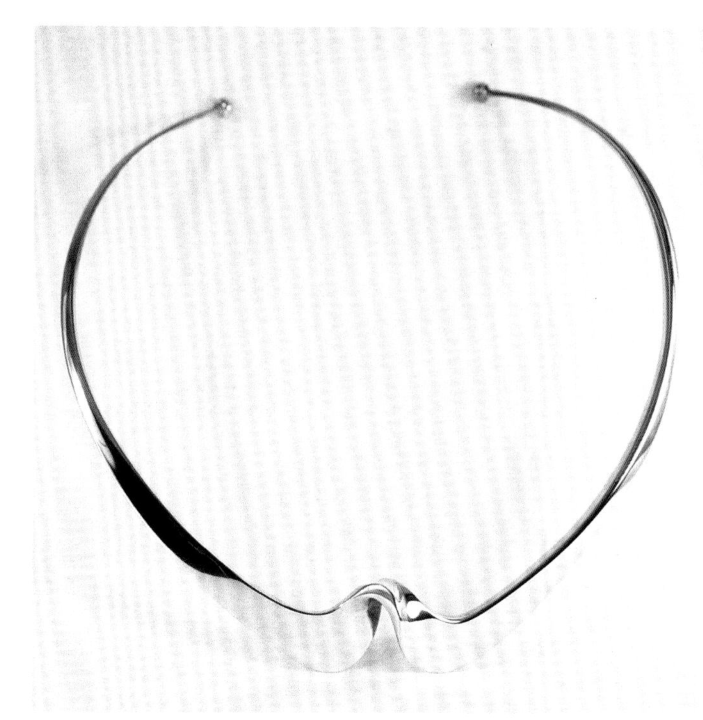

弗雷德·芬斯特，项链，1998
直径为 20.0cm，925 银；锻造
艺术家拍摄

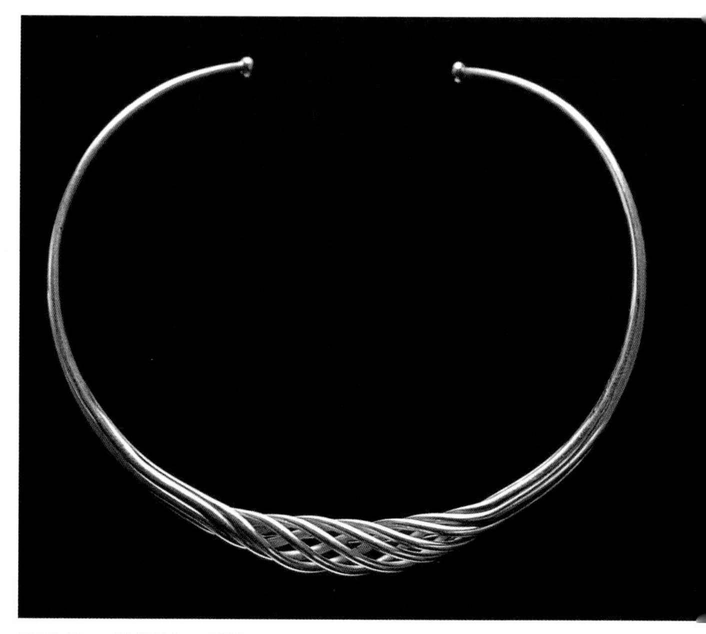

弗雷德·芬斯特，项链，1998
直径为 18.8cm，925 银；锻造
艺术家拍摄

阿德里安·卢克斯摩尔，十字架圣杯，1999
22.0cm × 10.0cm × 10.0cm，925 银；锻造
艺术家拍摄。私人收藏

阿德里安·卢克斯摩尔，项饰，2000
1.2cm × 11.5cm × 10.8cm，18K 金；锻造
泰勒·达尼拍摄

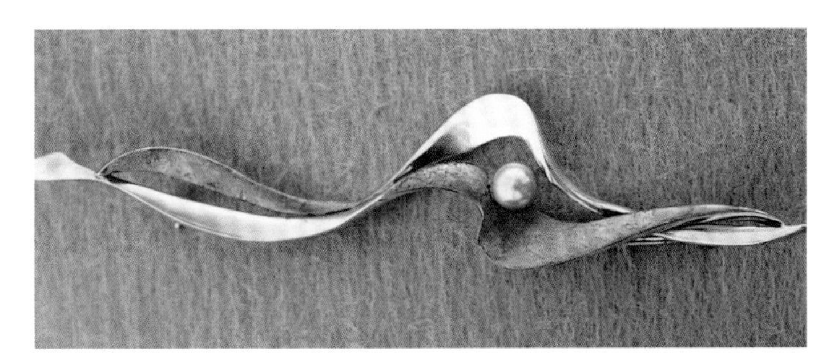

玛丽·施普夫，无题，1998
10.0cm × 2.0cm，蓝珍珠，925 银、金；
锻造、焊接
艺术家拍摄

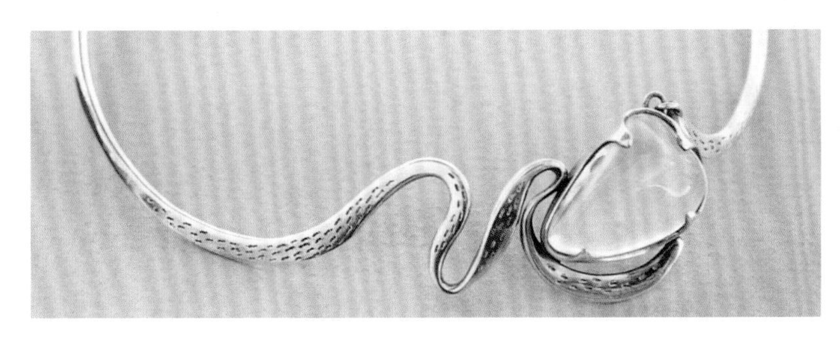

玛丽·施普夫，无题，1998
1.8cm × 13.0cm × 13.0cm，925 银、
石英；锻造、焊接
艺术家拍摄。由哈瑞特·希尔提供

迈拉·米姆茨奇·格雷，食器，2002
38.8cm×9.4cm×5.6cm，925 银；热锻造
艺术家拍摄。由西蒙·拉宾诺文奇提供

迈拉·米姆茨奇·格雷，链制手镯，1999
1.5cm×7.5cm×7.5cm，925 银；锻造
罗伯特·斯托米拍摄。私人收藏

雷切尔·A·温根罗斯，烛台，2002
45.0cm×47.0cm×40.0cm，925 银；锻造
艾伦·布莱恩拍摄

雷切尔·A·温根罗斯，香水座，1997
10.0cm×4.0cm×4.0cm，925 银、珍珠；锻造
艾伦·布莱恩拍摄

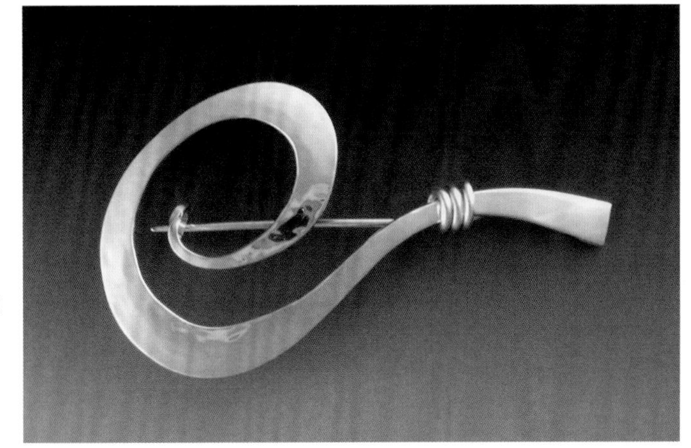

哈里特·罗莱·海威，胸针，2003
8.0cm×4.4cm×1.0cm，925 银；手工锻造
保罗·格罗斯拍摄

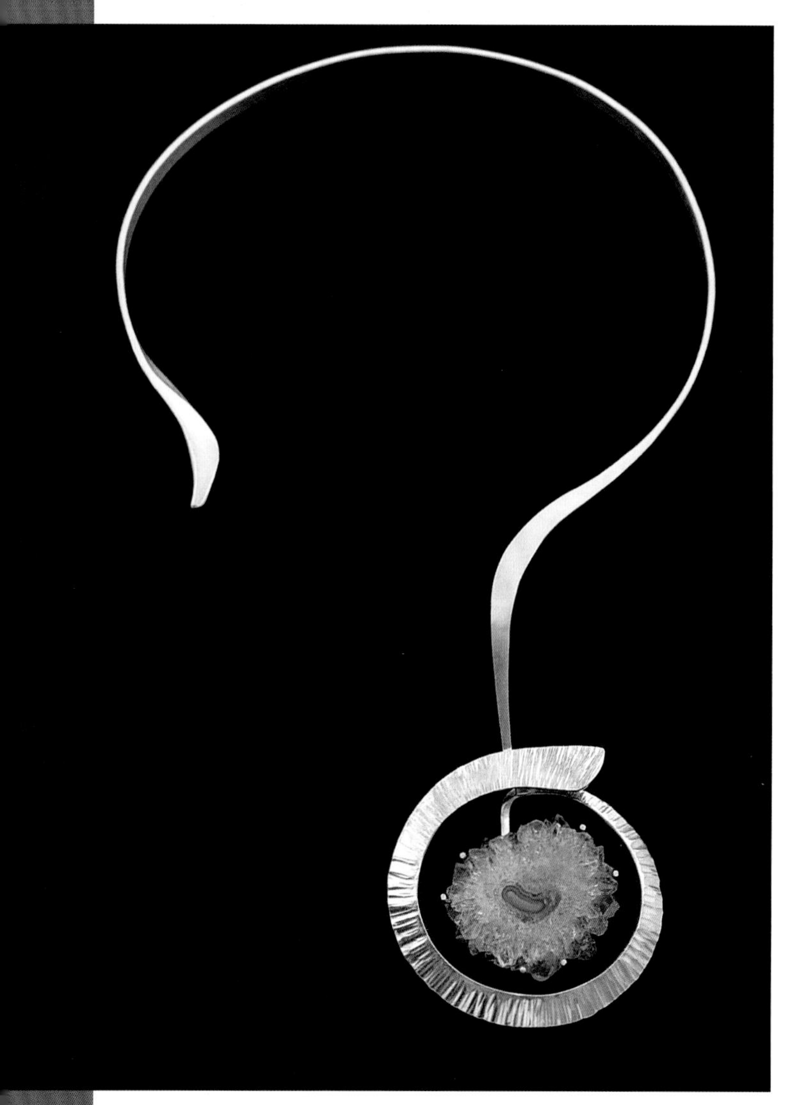

伊冯娜·阿里特，吊坠领子，1988
21.0cm×14.0cm×1.5cm，925 银、钟乳石；锻造
荷里·李拍摄

伊冯娜·阿里特，海藻耳环，1988
单件尺寸，6.0cm×2.0cm×2.0cm，18K 金 /925 银混金；锻造
荷里·李拍摄

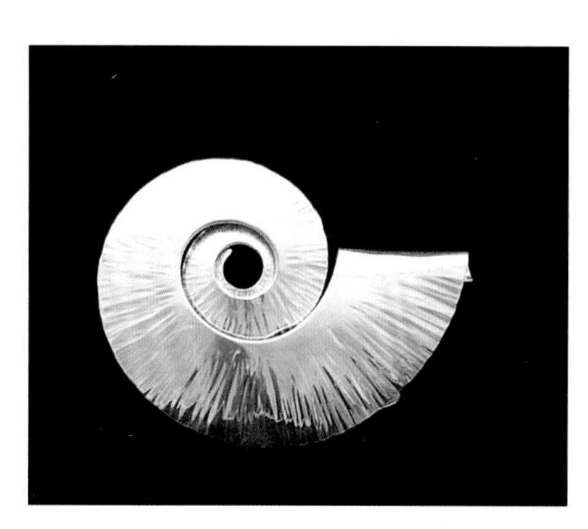

伊冯娜·阿里特，鹦鹉螺胸针，1988
4.5cm×5.5cm×1.0cm，925 银；锻造
荷里·李拍摄

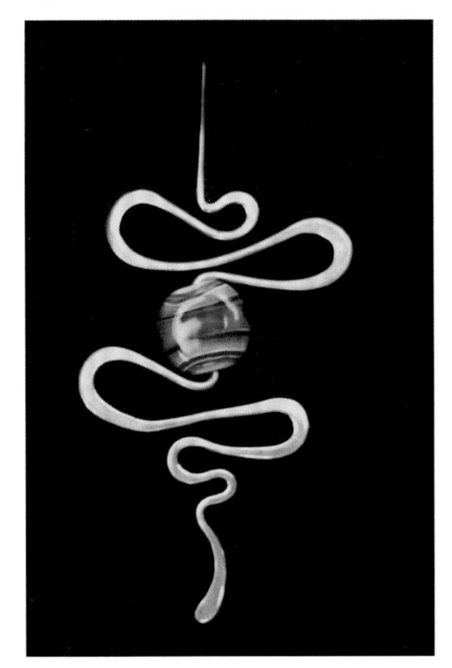

埃德·布里克曼，项饰，2002
14.0cm × 6.3cm × 0.2cm，925 银、玻璃珠；锻造
艺术家拍摄

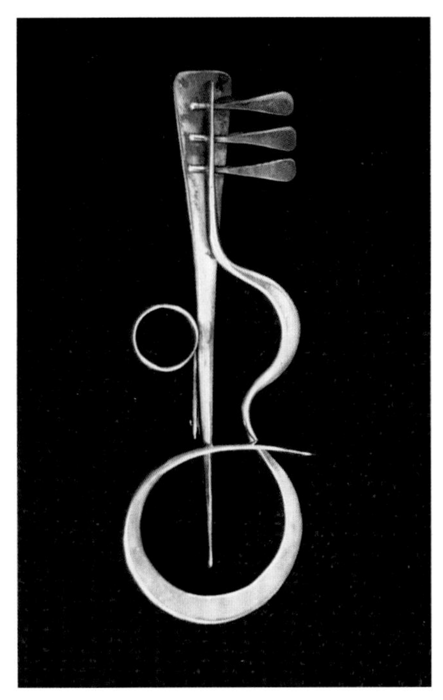

埃德·布里克曼，吉他，2004
10.8cm × 3.3cm × 0.9cm，925 银；锻造、焊接、抛光
艺术家拍摄

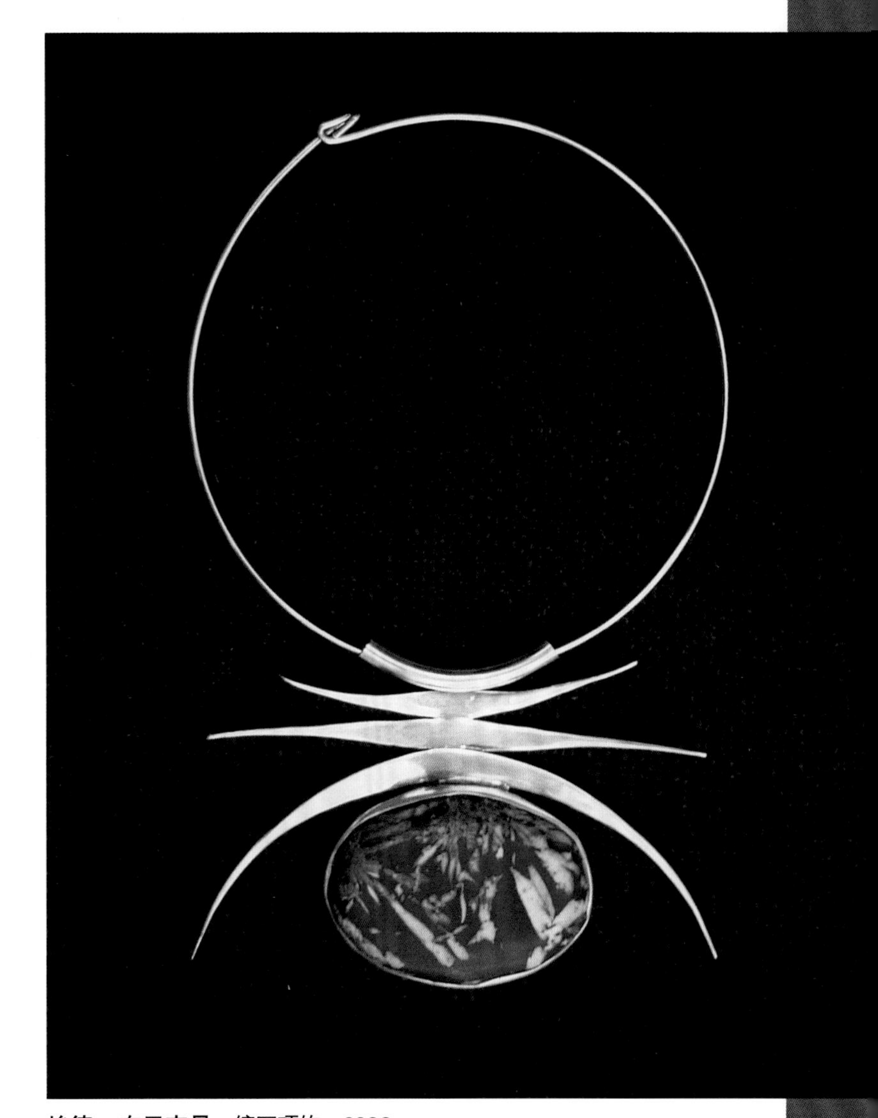

埃德·布里克曼，镶石项饰，2002
7.2cm × 11.8cm × 1.4cm，925 银、宝石；锻造、焊接
艺术家拍摄

JAIME PELISSIER
杰米·佩里瑟

杰米·佩里瑟的贵金属设计彰显了其形式的纯净性，以及线条、平面和立体的和谐统一。由于杰米对金属、合金及其相关属性的知识有着完备的信息储备与架构把握，他在珠宝技术操作与发展上游刃有余、满负热情。他的作品展现了精湛的制作工艺，对材料本身十分尊重，以形式作为主题，没有多余的装饰。

杰米·佩里瑟，项链，1984
长度为 50cm，18K 黄金、黑欧珀；手工锻造
艺术家拍摄

金的颜色：合金和其他配方

一个有热情的美国金工匠人是十分幸运的，他们如果足够努力，受过基本教育，再加上一定的经济支持，大多数人都可以实现梦想。然而，生活在发展中国家就完全不一样了，人们最关心的永远是温饱问题，在个人成长方面的诉求一般极低。对发展中国家的人来说，良好的教育资源是十分有限的，努力工作也未必保证可以得到上升空间，既要填饱肚子又要追逐梦想就需要付出巨大牺牲，冒风险是常态。这一切都是我在故乡智利亲身经历过的生活，在拉丁美洲国家，教学资源稀缺，教学内容平庸，缺少新的资讯和经费。在这样的环境里，大家不得不为教育所需的一针一线而拼命争取，让热情成为可以支撑这一生梦想的力量。

一个金工匠人的旅程

说到为何我会成为一名金工匠人，我想是成长经历中发生的两件事为我指明了道路，也给予我追寻梦想的动力。第一件事发生在六岁时，它让我知道我可能比较擅长做一些技术性的工作。当时我正在玩一辆发条玩具车，突然马达坏了，我拆了车身和马达，令人惊讶的是弹簧和所有齿轮都从车身上掉下来。虽然父亲是一个机械天才，但他当时不在我身边，而我真的很想玩这个玩具，于是我把所有零部件收集起来，全神贯注地重新开始组装这个小马达。因为太过于专注，我都没有发觉过了多少时间，组装好之后，上好发条，把小车放在地板上松开手，它竟然比以前跑得更好了！这真是异常完美的胜利！我发现通过把车拆开了解其结构构造，我也可以把它修好。

而当我确定目标要成为一名金工匠人的时候，又发生了第二件事情，由此又确定了我要做设计的决心。我的第一笔订单是来自一个知名的艺术家，他要求用一颗巨大的宝石来制作一枚戒指。挑战是巨大的，因为恐惧，我感觉身心都受到了限制，但是我又十分清楚这次的客户是一名在圣地亚哥艺术圈十分有名望和影响力的艺术家。我当时一再拖延创作这件作品，但当我收到他的邮件，要求立刻完成这枚戒指时就不得不开始做了。作品完成后当然有很多技术短板，但是在设计上我却得到了赞许（至少这种传闻我听到了一段时间）！

有了这样鼓舞人心的经历后，我决定要开拓进取。我不得不花费大量的时间去学习研究金工技术，同时发展个人的美学品位。当时决定离开智利是希望能找到可以帮助到我的艺术大师，而正巧当时我有一个同乡正在意大利佛罗伦萨国家艺术学院学习，所以我也去了那

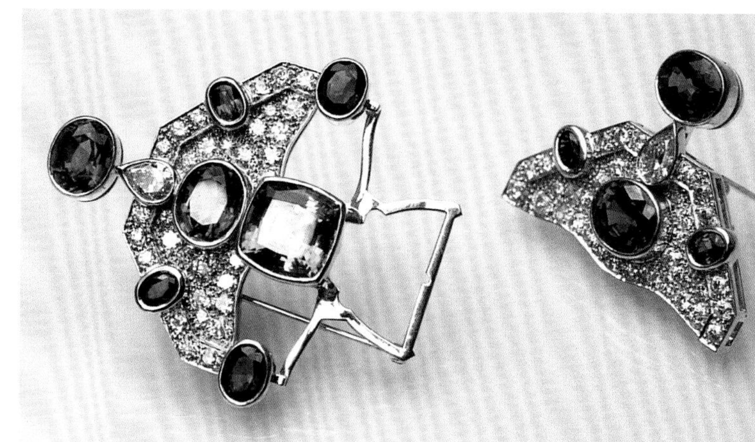

杰米·佩里瑟，胸针和袖口，1997
4.8cm×7.3cm，18K 黄金、坦桑石、绿石榴石、钻石；手工锻造
艺术家拍摄

里。到了那里我先想办法进入了学校，找了一份可以跟大师共事的工作机会，赚了点学费，当然同时还需要学习语言，显而易见，我的要求并不高。求学阶段我所学甚多，特别在精细工艺和珐琅工艺方面收获颇丰，在大师工作室里模仿大师的作品使我学到了更多。在佛罗伦萨的生活是很拮据的，但是跟随的大师的确带给我许多知识与指导，打开了我的眼界。

为了寻找到新的灵感，我从意大利来到芬兰。那是在 20 世纪 70 年代，是一个意识纷乱、社会动荡无处不在的年代，我甚至怀疑自己这些年的所学所获是否能给这个世界带来一点点美好。但在回美洲的路上，我暂住在一个法国中世纪修道院里，这个地方以陶器和奶酪闻名。有一天，我和一个负责管理陶瓷器店的修士攀谈了起来，对话十分热烈，从哲学谈到神学，从政治谈到艺术、手工艺。我表达了对自己未来、目标、责任的疑惑，以及是否应该放弃艺术，转而为“人民”工作的困惑。修士根本不听我说的，相反，他将艺术置于至高境界：艺术离不开造物主，不仅如此，艺术还是造物主能力的延续。艺术可以照亮、唤起人性，赎回本真，艺术反对非人性化。修士认为从那一刻起我应该尽量学习有关艺术的知识，在艺术领域中不断成长与发展，然后将我所知道的一切知识流传下去，传授给更多的人。

杰米·佩里瑟，结婚对戒，1997
2.2cm × 1.2cm × 2.5cm，18K 黄金、白金、绿松石；手工锻造
艺术家拍摄

如果说之前的两段人生经历（一个是修玩具车的经历，一个是设计戒指的经历）让我确定了要做一个金工匠人的决心，那么这次和修士的交流让我重新审视了我的人生，让我真正意识到了人生责任与使命。当我感到彷徨不安，周遭的一切都那么混沌不清时，这份责任心与使命感会为我指明前行的道路。然而即便如此，当我们在完成了一件满意的作品后为何还是时而感到困惑？因为作为艺术家，我们要不断前行，不断探索学习，在生命中开启不同的大门发现新的秘境与精彩。

经验的不断积累成就了今天的自己，无论好坏，作

杰米·佩里瑟，戒指，1998
1.8cm × 0.6cm × 2.0cm，18K 黄金、白金、钻石、半宝石；手工锻造
艺术家拍摄

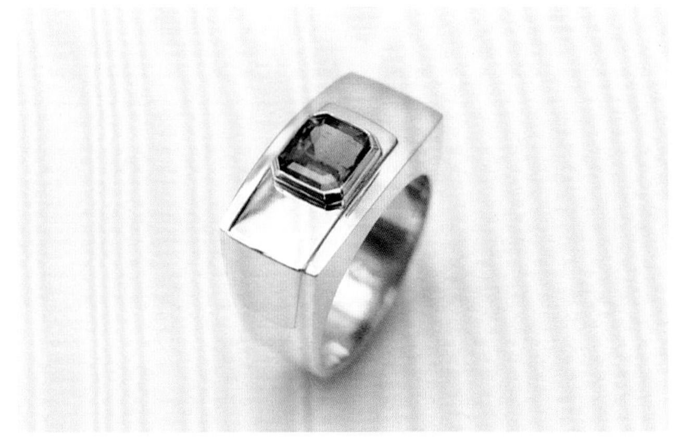

杰米·佩里瑟，戒指，1997
2.1cm × 1.2cm × 2.2cm，18K 黄金、白金、钻石、翠宝石；手工锻造
艺术家拍摄

品是我的一部分，无法分割。我相信当我们看得足够多，双手又足够勤奋的时候，我们的作品就会变得越发精湛成熟。即便作品并没有那么好，但至少也真实反映了我们当时当刻的感知与追求。做金工匠人需要具备两个要素：敏锐的设计感知力（创造力、想象力）和将概念转化为现实（信息、知识、熟练、技艺）的能力。如果一个人并不具备第一条能力要素，但至少他还可以享受制作作品的过程；但如果缺失了第二条要素，即便有再好的概念，也永远无法将其实现出来。我曾听过一个芬兰设计师塔皮奥·维克卡拉（Tapio Wrikkala）被问及设计专业的学生应该具备哪些素养，他的回答简单直接："懂设计——能实践。"这样解释可能比较容易理解，一个同时具备设计与实践能力的人可以直接为客户提供一台汽车，但如果他不懂设计，至少他可以成为一名优秀的技师。

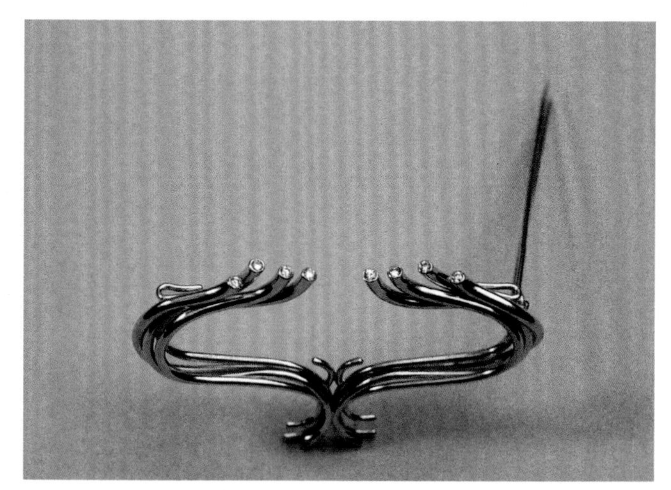

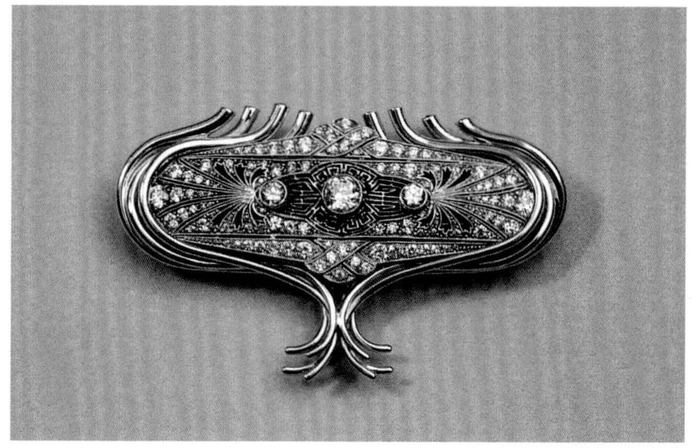

杰米·佩里瑟，多用途胸针，1983
框架：4.0cm×6.5cm，18K黄金、钻石；手工锻造（下方照片现实框架内的装饰性艺术胸针）
艺术家拍摄

了解金属

金工匠人应该要在两个知识领域不断研究，这样才能避免遇到问题。一方面是制造工艺相关知识，包括锯切、穿孔、锉修、焊接、成型、錾花、锻造等工艺；另一方面是金属材料的知识研究，包括金属与合金。但可惜的是，有关这方面的知识经常会被人忽视或是误解。你对金属内部结构有多少了解？如果金属内部结构不纯会带来怎样的结果？再谈到金属退火和淬火的知识，你是否知道如果方法运用不当会对金属结构产生怎样的灾难性后果？热处理对金属强度和延展性有哪些影响？再来说到合金的物理性质时，我们需要控制到其中的每一个流程，包括如何将每个单体金属元素做合成，这些你知道吗？

在本章节中，我仅讨论18K合金的有关知识。18K合金是由三种传统金属元素结合而成的：纯金、纯铜和纯银。14K金的合成工艺一般不会在工作室里完成，因为在工作室作业很难控制这种合金的颜色变化，在配料方面除上述三种基本金属元素外还需要添加其他金属才能生产出符合市场标准的合金成色与品质。其中一种重要的添加剂是锌，在普通的工作室中操作是非常困难甚至是不可实现的。尽管在工作室内我们一般不会去配这种低K合金金属，但是如何使用和回收这类合金却是工作室的重要内容。

纯金又被称为24K金，主要成分为黄金。之所以称为24K金是因为其比例是按照24∶24而成的，也就是说，每24克拉金重中纯金占24份。18K金的比例是18∶24，这就表明在24克拉金重中黄金占18份，其余6份是掺杂了铜和银。这样我们就知道18K金中纯金占75%，铜和银占25%。22K金中纯金占91.66%，14K金中纯金占58.33%。想要知道24K金中需要配多少铜和银才能制造出18K金，有一个简单的方法，用24K金重乘以0.33得出数据（这个方法只用于配18K金）。打一个比方，我们将12dwt（dwt是英担Hundredweight的缩写，是一种冶金专业术语。1dwt ≈ 1.56g）的纯金乘以0.33后，就可以知道配3.96dwt的铜和银，就能得到18K合金，总重量是15.96dwt。

合金来自拉丁语alligare，意思是“绑定”。就所讨论的金属而言，合金是两种或多种金属的固体“混合溶液”。对很多人而言，说“溶液”这个词可能难以理解，因为通常情况下这个词是用来形容液体的。然而“溶液”的准确概念应该是：所含成分通过物理方法无法分离。因此把两种具有相同物理特性与晶体结构的金属熔融在一起，比如银和金，一种融进另一种金属中，所生产出的合金与两种原始金属十分相似的。金、银在一定温度下可以完全熔化，完全适用于液体溶液的物理法则。合金只有用化学处理方式才能将内部元素分离开来。在化学课上，可能你学到最常见的溶液就是盐水。将盐放入水中时，盐就开始溶解于水中，直到达到饱和点。在还没有到饱和点前，水中看不到一点盐的痕迹，用过滤器无法把盐从水里分离，而只能通过如沉淀这类化学方法才能做到分离。同样道理，先把黄金用强酸（王水）变为液体（溶解），然后进行沉淀，直到最后我们会得到像泥浆一样的金属物质。

当我们研究贵金属合金（即纯银和金）的内部结构时，首先会将其描述为“晶体”，也称为颗粒。金属是聚集体，是一组晶体物的集合。当金属从液体状态转变成固态状态的过程中，开始形成晶体。回到化学课，再举一个水结成冰的例子。大多数人都在冬天看到窗户上的冰花，这样的变化也同样适用于金属，但是要想理解这种现象，就必须从一个三维视角进行分析理解。从（图1）中可以看到一个代表金属结构的二维图片，但实际上它是一个三维几何体，有多个面，这些平面会附着到周围晶体平面（晶粒边界）上。当合金从液态开始固化时，每个晶体中心会形成一个微小的核，这些晶体核向外生长，形成出新的边界、大小，以及形状（图2）。晶体核同时向外生长，每个单晶体的成长就被阻隔而停止下来，并且和相邻晶体牵扯互相定型。固化的时间越长，晶体的成型尺寸就相应变大。该过程会随着金属的完全凝固而终结。

杰米·佩里瑟，戒指，1996
2.0cm × 1.2cm × 2.0cm，18K黄金、白金、钻石；手工锻造
艺术家拍摄

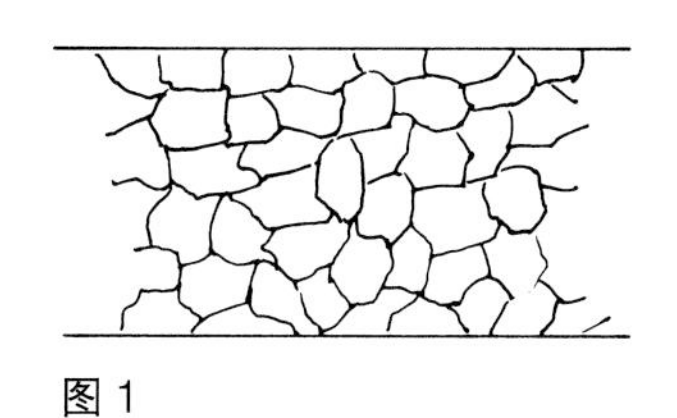

图1

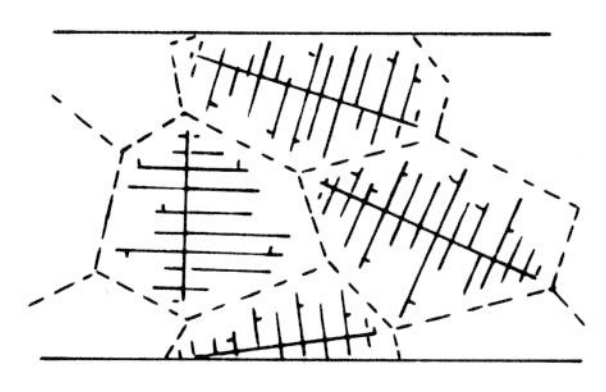

图2

一旦合金内部元素结构与主体成分结构不均一，相关元素就会被晶体从内部排出并向其边界推出、堆积（图3），很多时候都会影响到合金的最后品质。常见的污染物包括砂纸、锯丝、锉刀等工具在作业过程中产生的细微颗粒；在回收金属或废料时产出的金属铅；铜和锌的氧化物（铜经常出现在一些三元素合金中，而锌大多出现于商业合金中。这些金属如果没有选择适合的熔焊剂，或者金属熔化时温度过高，又或是在退火时发生操作失误等问题，金属内就容易释放出一些氧化物）等。当晶体内部出现杂质时，晶体的同质性结构也发生相应

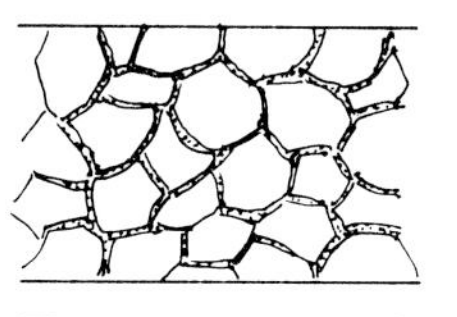

图3

改变，物理性质也随之变化。这种变化带来的主要伤害是在金属滚压作业时，其边缘和中心位置容易发生破裂，特别在金属线材制作的过程中这种破损现象尤为明显。除此以外，金属的内部杂质还可能在金属作品完成抛光作业后全部暴露出来。

在远古时期人们就醉心于黄金的色彩与光芒，而与古人一样，我们至今仍为其如梦如幻的色彩而着迷。但不幸的是，因为纯金太软，很难对其进行加工，即便作品完工也很难维持其外观不变形。因此为了能让作品可以被更广泛地使用，同时还能确保金属颜色赏心悦目，我们就必须调节纯金的物理特性，向里面掺入银和铜。18K 黄金中 75% 是纯金，而剩余的 25% 是银和铜。我们可以通过改变银和铜的掺入比例来调节合金的颜色和其物理性能。但这只是个折中的方法，合金很难复制出纯金的颜色（当然这不是绝对的，市场上销售的一些合金，其纯度颜色几乎跟纯金无异，同时还保证了相当的硬度）。当加入大比例的紫铜，尤其是当紫铜比例超过 25% 时，合金的色泽就会呈现出红色调，而且合金会变得非常坚硬。当我们掺入比紫铜比例更高的银后，合金颜色就会趋于绿色调，而且金属也会变得比较柔软，当然其柔软程度取决于掺入纯银的比例。从红金色到绿金色中间的色调可以用 25 种左右的颜色来表达，全部属于黄色系。如果两种合金配方比例极其相似，则其金属色调上的差异用肉眼是很难识别的。同时我们需要注意合金除了表面色调会因配方不同而发生变化，同样其物理属性也同样在一定范围内发生变化。

金属的物理性质和材质特征决定其在何种情况下可以尝试一些特殊工艺操作，或者说当处于何种硬度状态下可以实现一些特殊工艺技法。合金的配比方式和加工方法的不同可以使金属属性产生巨大变化。书中提到过，在 18K 金中紫铜的掺入比例越高，合金的硬度也相应增加；而银的掺入比例越高，合金就会相应变软。合金金属特性会随着加工过程中的调整而在一定范围内发生变化。18K 绿色调合金永远不会硬过 18K 红色调合金（进一步讨论的话，其实就是在研究物质原子体积的相关问题了）。

对金工匠人来说，金属最重要的四个物理性质是可塑性、可延展性、弹性和硬度。可塑性是指金属通过物理 / 机械手段转变其外观形状而不产生破裂的能力。金属必须具备可塑性，这样才能确保金属可以被滚压、锻造、錾花、捶击。需要进行錾花处理的金属一定要具备很好的可塑性，比如红色调的黄金合金就不适合做錾花，因为其硬度太高。延展性是指金属可以被拉伸的能力，换句话说，金属可以被制成金属线材的可能性。黄金、纯银、紫铜都是延展性极好的。通常情况下金属应具备同等水平的可塑性与可延展性，但并不是绝对的。金属铅就是一个很好的例子，它具备很好的可塑性，但是不具备可延展性。弹性是指外力改变了金属或合金的原始形状，在释放外力作用下金属还原原始状态的能力。硬度是指金属抗磨损或侵害

杰米·佩里瑟，双扣项链和胸针，1996
中心胸针尺寸，3.0cm × 5.0cm，18K 黄金、钻石、珍珠；铸造、手工锻造
艺术家拍摄

的能力。在金工匠人的工作室，硬度指金属的可操作性，如果金属很难被操作，可能就是因为太硬。金和银这样的金属硬度都是相当低的了，纯铜的硬度也是比较低的。但是当将这些金属进行合金作业后，它们的硬度就会发生显著的变化。不过即使是在完成合金作业后，合金金属在刚被制作完成时的硬度状态，和它在退火后呈现的硬度状态，以及冷加工作业下呈现的硬度状态都是不一样的。金属一般在承受过大强度的冷加作业后可塑性都会变低，某些合金因为不恰当地退火与淬火操作后，其硬度也会在一定程度上变低。

首先来研究冷加工对于贵金属合金的影响，以及冷加工与退火作业之间的关系。这个研究包括紫铜掺入锌后制成的合金黄铜，还有金属领域中的其他合金。图 4 是一个简单的坐标图和两条曲线，竖轴代表“金属属性”，横轴代表“冷加工量”。随着作用于金属的冷加工量不断增加，金属可塑性 / 可延展性的曲线呈向右向下的发展趋势，而同时金属硬度曲线呈向右向上的发展趋势。当金属可塑性 / 可延展性曲线与冷加工曲线相交时金属的硬度达到易碎点，此时容易产生断裂。这个曲线图告诉我们包括金属的冷加工量、金属的硬度变化和金属的可塑性 / 可延展性之间的关系是十分密切的（冷加工改变了晶体结构）。

在研究金属 / 合金内部晶体结构时，可以在金属进行冷加工处理过程中观察晶体的内部结构是怎样发生变化的，这里以金属压片实验为例。在图 5A 中呈现的晶体内部结构图是金属在被铸造完成或者是在接受退火后所呈现的状态。图 5B 中金属内部结构图表现的是金属

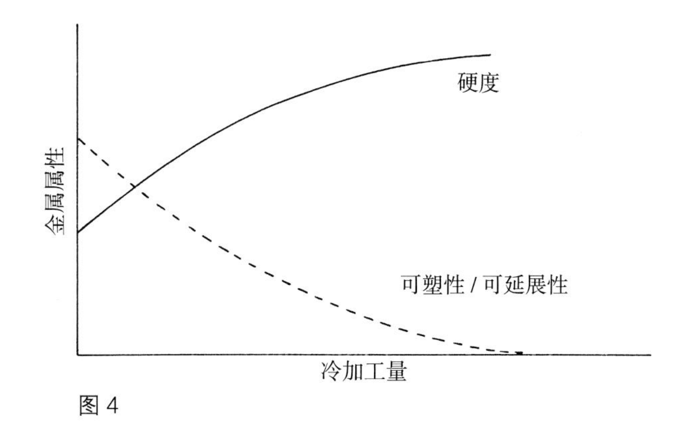

图 4

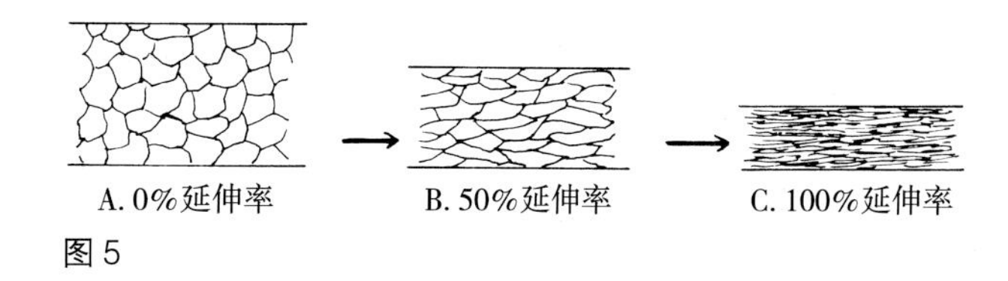

图 5

在被 50% 拉伸后的状态。图 5C 中体现的就是金属 100% 拉伸后所呈现的晶体内部结构状态。

此阶段中，金属被过分拉伸，晶体内部结构被扭曲或破坏，这时如果对金属继续加工作业，而不及时进行退火处理的话，金属很快就会发生破裂。

当需要对金属进行越多的冷加工作业后，我们会发现随后经过退火处理的合金内部结构也变得更为均匀。不仅如此，退火所需消耗的时间也会缩短，所需温度也会降低。这也就是说，根据我们的经验，一般情况下合金金属的延伸率在 70% ~ 80% 的范围内都是比较安全的。当然根据珠宝艺术家的个人经验而定，上述解释也不完全一致。在两次退火作业间纯金属的可操作性和冷加工能力更强，而高铜含量的 18K 金则不然，可能需要更频繁的退火处理。

退火是珠宝制作中的一种热处理手段，但这种工艺手段经常被人误解。对金属进行退火作业过程中，理论上应该对温度有所控制，金属会开始慢慢变软，金属内部晶体结构也随之发生重组，与金属冷加工正好相反：图 6A 表现的是金属内部晶体结构在退火前的情况；图 6B 中显现的是晶体重组时的结构状态；而图 6C 中表现的则是金属内部结晶体重组完成后的结构状态。这时，金属的可塑性与延展性又恢复了，并且硬度也随之降低。

重复退火对金属是非常重要的，但是切记退火时温度决不能过高。如果退火时温度过高，金属内部结构就

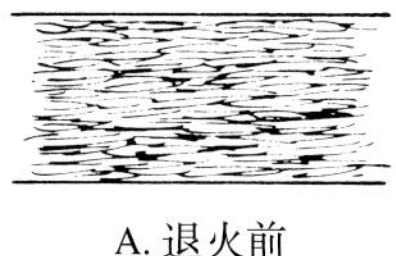

B. 晶体发生重组

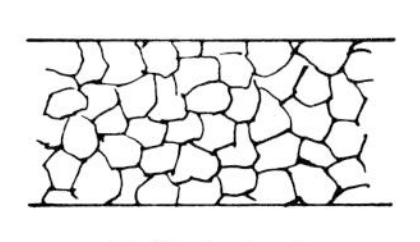

图 6

合金/金属名称	温度（℃）	显色（焊枪退货后进行淬火）
纯金	204	黑
纯银	204	黑
22K～18K黄金	538～593	深红
14K黄金	649	黑红
925银	593～621	微红

会因为扩张过快，扩张范围过大，而导致金属表面出现“橘皮效应”。这种“橘皮效应”从金属的表面逐渐进入金属内部。美国金匠们所说的“耐火氧化皮”，实际上是指金属表面产生细小的氧化层，更准确的说法是金属硫化反应。我非常推荐低温退火，比如利用木炭，或者在金属表面先涂一层隔氧化剂（水硼砂）。这样做能有效地防止氧化蔓延至整个金属表面，特别是在金属退火时间过长温度过高的时候。在上表中列举了一份有关不同金属与其相应的退火温度以及对应金属显色的对照表。

金属退火时间和淬火都是至关重要的，使用焊枪对金属进行退火处理时，要迅速调高温度（千万不要“小火慢炖”）。一旦达到了理想温度，就需要保持在这个温度上对金属维持 30 秒到 1 分钟的退火时长，当然具体所需的时间还要根据金属本身的尺寸大小、冷加工量，以及金属的厚度等因素而定。在退火过程中我们最好使用比较柔软的还原火焰，保持火焰移动覆盖到整个金属表面。

经验告诉我们金属在退火过后应该立刻被淬火。但事实上，有些金属特别是合金金属在退火过后，处于亮红色状态下，千万不能将其进行淬火处理。如果这样做的话，金属的内部晶体单质可能就会发生灾难性的破裂。但是另一方面，如果退火温度正确，就算立刻将金属进行淬火也是适宜的（紫铜的淬火能力比金和银更高）。那么为什么要对金属进行淬火处理呢？首先，淬火使得金属内部结构成正态化发展（热冲击），这对连续的金属冷加工十分有利；其次，在金属热处理方式中有一种叫“时效硬化”，通过严格控制作用在金属表面的温度使其达到硬化（这种工艺特别适用于合金金属）。在合金退火完毕后，先进行淬火，然后用较低的温度在规定时间内进行再一次退火，根据合金种类、温度、时长，金属会变得非常硬。退火后金属在空气中进行自然冷却，在一定时间范围内温度发生变化，这期间会产生类似但并不显著的合金硬化反应，金属会恢复一定的硬度。

金属的处理方式并非一成不变，相同的处理方式可能也无法得到理想的金属质地与金属状态，所以必须清楚知道问题所在，再想办法加以解决。当然，也可以选择跳过这些复杂的工艺技术难题，直接购买那些已经处理过的，无论是成色、硬度、厚度、裁剪尺寸等方面都适合的金属材料，但是一旦在使用过程中发现问题，将永远没有解决方案。这也正是我希望能在这里教这些技术知识的原因，我要培养的是成熟的金匠、珠宝师、金属技工，在工作室中可以自主回收黄金废料（这样做既省钱，也省时间），帮助他们纠正实践中的错误，充分利用现有资源，在知识储备充足的情况下建立起自信，这会引导并帮助他们打开思路。

杰米·佩里瑟，结婚对戒，1997
1.8cm × 1.8cm × 2.2cm，18K 黄金、925 银；手工锻造
艺术家拍摄

杰米·佩里瑟，项链，1998
中心部分尺寸，4.5cm × 4.0cm × 0.5cm，白金、蓝宝石、钻石、珍珠；手工锻造
艺术家拍摄

杰米·佩里瑟，手镯，1998
16.0cm × 1.0cm × 0.6cm，白金、钻石、半宝石；手工锻造
艺术家拍摄

手工演示

从准备坩埚与模具到对熔融金属进行加热浇铸，杰米演示了制造金属铸锭的全部过程。除此以外，他还会演示如何将锭材碾压成片、拉线成丝，并就退火与淬火中需要注意的事项进行阐述与建议。在此过程中，他还会着重指出在作业过程中可能会出现的一些常见性错误。

1 这张照片显示了三种色调的黄金：从左至右分别为红色调、黄色调与绿色调。虽然在本文中一直讨论的是黄金，但因为成本问题，我将用银材料继续下面的展示分析。事实上对这两种金属的处理在技术手段与操作原理上都是十分一致的。

2 制作三元合金需要准备三种纯净金属：24K 纯金、纯银和纯铜。纯铜的来源有两种，一种是以电解方式成型的，如图所示右侧坩埚内的材料；另一种是电缆电线材料。除此以外，其他形式的铜材料（如铜片）是不能使用的，因为它们本身就含有其他金属成分。

3 在制作黄金合金前需要准备几个小坩埚和手持焊枪。如图炭块上放置几个用钳子夹住的小坩埚。右边角落里的坩埚盛了助熔剂，助熔剂可以是硼砂（不利于健康）、粉末状的脱水硼酸或如图所示的商业制剂，炭块前端有一个更大的、自带手柄的坩埚。

4 首次使用坩埚之前应该对其进行处理。如图，先在坩埚内部（包括其开口处）撒上硼砂，用手持火枪对其进行烘烧（有些坩埚并没有开口，可以使用半圆锉刀打磨出开口）。

5 强烈建议在每个坩埚背后用铅笔做好标记，以区分哪些放黄金，哪些放银。有经验的金工匠人可以通过坩埚壁上残留的硼砂颜色来区分坩埚盛放的金属种类。图中左上角的坩埚是用于纯银的，因为纯银中不含氧化铜成分，所以这个坩埚里没有任何颜色（纯金内也不含有氧化铜）。图中右上角是一个全新的没有做过任何处理的坩埚。图中左下角的坩埚是用来融化18K 黄金的，图中右下角的坩埚是用来融化 925 银的，相较之下，左下角坩埚内的红色调更为透亮。

6 融化制作不同的金属锭材需要使用不同的模具，图片中放置了三个模具：图中左侧最高的模具是用来制作金属线材的；图中底部和右上角的模具是用来制作金属板材的。

7 花苞形的火焰枪适合用于大面积的熔化作业。图片中的火焰是柔软轻薄的还原焰，这种火焰中含氧量低，火焰颜色带有少量黄橘色和蓝色调。如果要进行大面积熔化操作，需要提高火焰的氧气含量（金工作业中不推荐使用氧气乙炔混合焊枪。乙炔是污染性很高的气体，会产生大量粉尘与渣滓，火焰温度极高，无论是对于金属熔融或退火均不适宜，除此之外，其火焰亮度过高，危险且不稳定，经常会被错误使用。相比之下丙烷则干净得多，火焰温度也足够高，当与氧气混合后是最好的是可燃气体，足以融化铂金）。

8 这张图片中所使用的是尖嘴焊枪。使用这种焊枪产生的火焰更细，熔化面积也更小。注意，如果金属熔融时间过长，应该增加火焰的含氧量以避免"温火炖金属"的状况出现。否则，当金属熔融时间过长，所产生的氧化物可能比使用更高含氧量的火焰所产生的氧化物更多。

9 在浇铸熔融金属前，需要对铸锭模具进行适当处理。传统的做法是在模具表面涂上一层厚厚的机油，但是其实用丙烷与氧气混合焰产生的烟尘更为理想。这里氧气的作用仅仅是为了将火焰引向模具，氧气量不宜过多，不然会减少烟尘的产出。

10 一定要注意切不可将熔融金属注入潮湿的模具内。如图所示，模具内左下方底部位置有一些湿气与水痕。一旦熔化金属接触到湿气未净的模具内，模具内的水汽会急速蒸发，而导致金属从模具中喷涌而出，会造成金银熔液外溅风险与损失，同时也可能造成严重的烫伤危险。模具应该加热到几乎烫手的温度，这样有助于熔融金属完全注入模具内，也可以使金属的熔融状态维持得更久些。

11 理论上应将金属原料按顺序放入坩埚内，铜在最底部，纯银在中间，纯金在最上面。

12 撒助熔剂是为了防止金属在加热过程中发生氧化反应。金属需加热至将熔未熔之时撒上第一把助熔剂；金属几乎要全部融化时撒上第二把助熔剂；最后在准备将熔融金属倒入模具前撒上第三把助熔剂。与此同时，要注意以转向身体方向转动坩埚以帮助溶液混合（向身体方向转动比较容易：如果用右手就是逆时针，如果左手就顺时针）。如果使用过多的助熔剂，那么在熔融金属灌入模具后，模具内的金属锭材表面可能会留下一个个大坑。

13 图片显示熔融金属即将注入模具时的状态，此时切忌火焰能从坩埚嘴部移开（在这里撤去火焰完全是出于拍照需要）。此刻金属的状态与水银相似。

14 做金属浇铸作业需要经过一定的训练。坩埚应该放置在模具口边缘处。如果坩埚抬得过高，金属容易外溢；如果坩埚口位置过低，金属容易接触模具内壁，温度会迅速降低。火焰需要持续烘烧坩埚的嘴部位置，浇铸过程一定要确保一气呵成。为了摄影需要，我特意减缓了浇铸速度，所以熔融金属流速较缓，流量较少。

15 浇筑线材的方式与浇铸板材的方式是一模一样的，但是浇铸线材会更困难些。线材模具的口径更小，而且大多是方形开口。当需要浇铸非常细的线材时，可以将两片薄板模具交叠相对形成一个较为理想的方形卡槽，这样就可以得到理想的材料了。

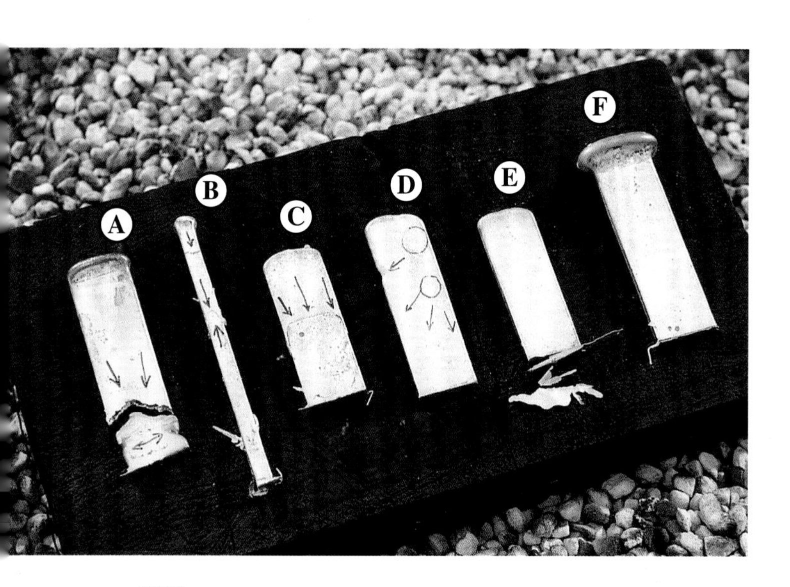

16 这张照片显示出金属浇铸过程中可能产生的一些错误。

锭材 A 表明在浇铸过程中熔融金属的温度还不够高。如水平黑色箭头所示，分离件的中间位置有两处凹陷。其余金属锭材是在较高温度下浇铸完成的，但是尾端存在断口（断口是由于金属在浇铸过程中节奏不稳定而造成的，并且通常情况下金属的熔融温度也不够高）。浇铸过程中金属流被中断，已经注入的金属溶液开始固化，而剩余的金属液还没有完全注入完毕，底层金属已经完全凝固。

锭材 B（线材）的中间有两个相对箭头，这表明在这个区域金属停止流动了，但这里没有发生断裂。而顶部箭头所指出的裂纹是由于在线材制作过程中模具内金属容量过剩产生的正常断裂（这也叫收缩断裂）。

锭材 C 中可见金属在浇铸过程中出现过停止流动的现象。

锭材 D 显示了金属没有在足够高温的情况下进行浇铸的另一种结果。在锭材的左侧能够看到一个凹陷区域，黑色箭头指出了分隔线，黑色圆圈中出现的空腔则是因为在浇铸过程中使用的硼砂过量而导致的。

锭材 E 中金属底部有碎料是由于模具在摆放时底部存在缝隙，没有夹紧，导致金属在浇铸过程中溶液从底部外溢的现象。

锭材 F 是在浇筑过程中金属注入过剩的结果（这并不是一种实质性的错误）。

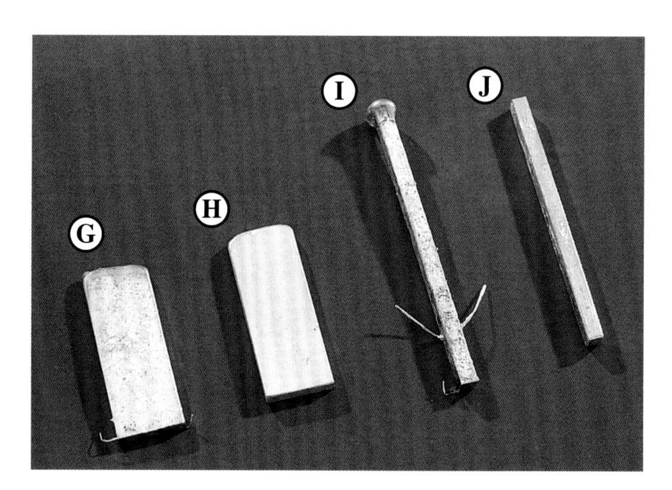

17 在图中，左侧是两枚板形锭材。锭材 G 完成浇铸作业后未经过任何处理，金属表面的颗粒结构清晰可见。锭材 H 则不同，是可以进行后续加工的材料，经过酸洗处理，材料边缘和瑕疵也已经被打磨过处理过。线材 I 是完成浇铸而未经处理的材料，线材 J 是经过处理可以用来拉丝的材料。

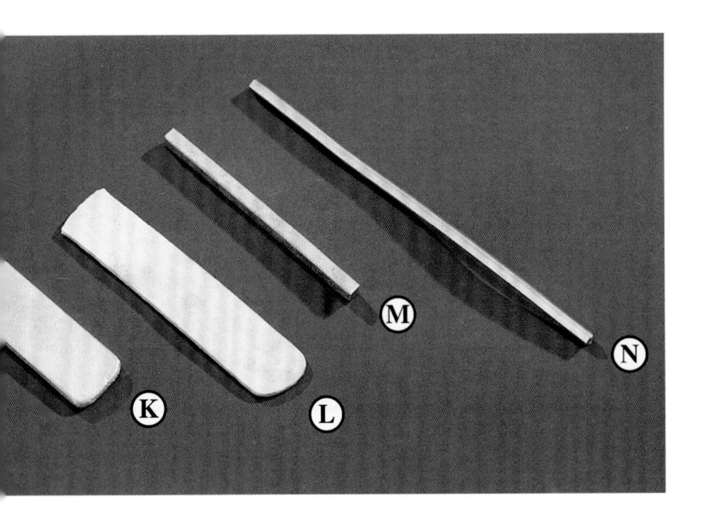

18 锭材 K 是可以用来压片作业的原始材料。锭材 L 经过压片处理，其延伸率约 80%。锭材 M 是可以用来拉丝的原始材料。线材 N 是经过拉伸作业，延伸率达到约 80%。强烈建议在对浇铸材料做拉伸作业过程中，延伸率达到 80%之前不需急于退火。此外，片材和线材做压片拉伸作业时，都应该保持同一方向进行作业，千万不要在压片拉伸操作时更换作业方向。

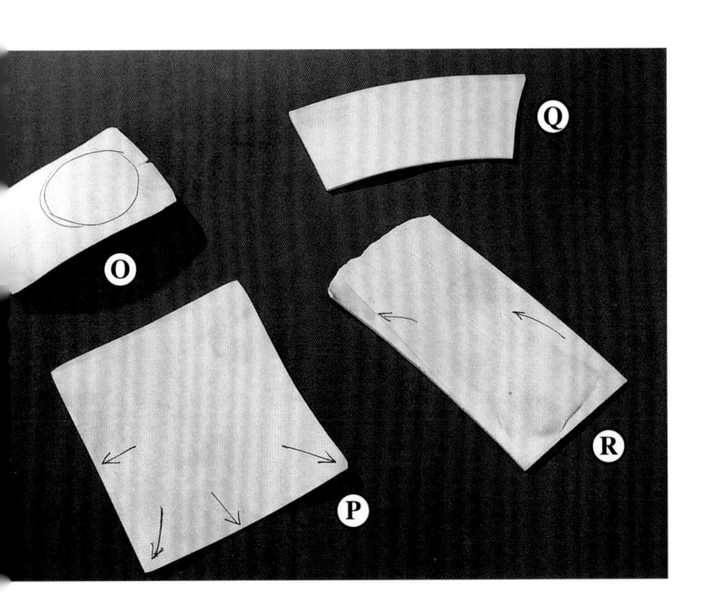

19 图中的这些例子都是压片作业中经常看到的错误案例。

当板材宽度不足时，可以将材料进行横向压片。将板材被转动 90° 后，经过压片的板材宽度就会变大。板材 O 展示了比较典型的横向压片效果，但是在变向压片前没有对材料做充分的退火作业，板材整体拉伸不均匀，导致板材中心弯曲变形。

板材 P 也是进行横向压片前没有经过适当的退火作业，导致片材四周边缘处弯曲不平。

板材 Q 是在滚筒调节不齐的压片机上作业后的结果，压片机的两个滚筒没有调节齐整，金属向滚筒间距离偏大的一侧弯曲（金属的另外一边则获得更多拉伸效果）。

板材 R 表面用箭头标志出了明显的压印痕迹，金属在压片过程中被放置在滚筒以外的区域，导致金属表面留下印记。

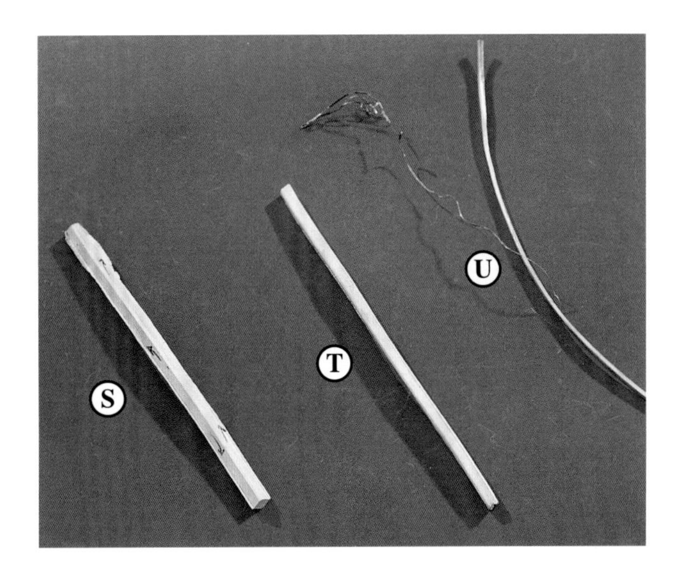

20 压方丝要求金属线材每通过一种尺寸的孔眼时，应将线材按其轴线方向旋转 90° 进行两次延伸作业。

线材 S 是因为压丝过槽时槽口过紧，导致金属被整体推向两侧。压槽作业后金属线相对的两个侧边形成“鳍”边（如箭头所示）。如果金属线材在经过下一次压槽作业前没有经过仔细锉磨，完成压槽后就会得到金属线材 T，这个错误在线材 U 中更为明显。在这里线材在经过压槽作业时“鳍”边与线材完全脱离。有时这样的错误在抛光作业时也会出现。

21 退火时火焰有少量黄橙色，表明火焰强度偏低。进行金属退火作业时不应退火过度，也应避免在退火过程中火焰温度过高。

22 进行退火作业时，应保持火焰在金属表面持续移动，并尽可能保持温度均匀。在对黄金进行退火时，金属表面呈现深红色调时表示其达到退火温度，但用同样的方法来判断银是否达到退火温度是比较难的（理想情况下，应该在黑暗中进行退火作业）。退火过程中，当银表面上出现乳白色调时，基本金属达到理想温度。

23 当对一些较粗较重的线材进行退火作业时，火焰应该沿着金属的轴线方向进行加热处理，这种方法又快又有效。

24 对细长的金属线材进行退火处理其实是比较困难的。一般情况下我们应该在电窑内进行热加工，但如果我们不具备这样的条件，我就建议在退火前先将线材捆绑在一处，且做到越紧密越好，然后用非常柔软的火焰持续移动对其表面进行加热，同时我们需要偶尔将线圈翻面烘烧，金属线的两面都需要被加热处理（为拍摄这张照片，我们看到火焰离金属线圈较远，是因为担心线圈会不小心被烧熔）。

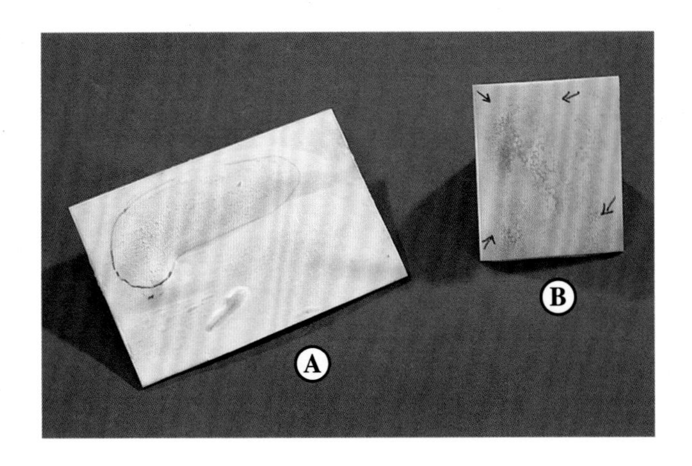

25 在退火过程中会发生许多错误。样品 A 出现了两个错误——气泡和橘皮效应。气泡是金属在厚度变薄的过程中产生的，与退火无关。金属在熔融过程中可能还没有达到足够高的温度便被急速注入模具内，导致模具中留有气泡。金属板上大气泡顶部的橘皮效应是因为在退火过程中火焰的热量过高，导致金属内部与表面出现了严重氧化的结果。样品 B 也是过度退火后产生的状态效果，当然其破坏程度不如样品 A 那样严重。

26 金属退火后进行淬火处理是必不可少的，但是当金属在炽热状态下急速淬火会对金属产生极大破坏。这张照片中的银板就是由于金属还处于赤热的状态下就被立刻淬火，导致金属片碎裂。这种结果是十分严重的（有些 K 金也会因为同样的操作方式而产生破裂）。

艺术家简介

杰米·佩里瑟一开始是在自己的祖国智利学习的金工珠宝知识，后来为了能进一步提高专业能力，他辗转来到佛罗伦萨、意大利、芬兰等欧洲国家继续学习。鉴于他对黄金、白银和珠宝行业的巨大贡献，杰米于 1989 年被伦敦金工协会（Worshipful Company of Goldsmiths）选为荣誉会员。伦敦金工协会是一个历史可追溯到 13 世纪的英国中世纪行业协会，杰米作为一名非英联邦国籍工匠能够进入这个行业协会足以见得他的行业地位。

1981 年，杰米出版了书籍《珠宝人的手艺：掌握传统技术（范·诺斯特兰德·瑞因霍德）》。他常年在美国教学，工作过的学校包括彭兰德手工艺术学校、帕森斯设计学院、纽约设计研究学院等。不但如此，杰米还在美国华盛顿组织资助下在拉丁美洲地区有过一段教学经验与相关授课经历。政府授予他一笔研究经费，于是他可以在丹麦哥本哈根金工学院进行研究工作。在访学期间杰米试图通过研究与教学实践经历，继而研究出一套适用于墨西哥当地教校的金工系列课程。

杰米作为一名金工匠人，在该领域已经工作了 35 年，他现在主要在康涅狄格州格林威治镇地区经营一家珠宝工作室和画廊。2003 年，他在卡邦达尔南伊利诺伊卡本代尔大学继续研究有关贵金属的相关知识与工艺。

艺术品画廊

这一章节展示了五位珠宝艺术家和他们的作品。这些艺术家都拥有敏锐的设计感受与出色的商业头脑和精湛的技艺水平。

史蒂文・克拉克默（Steven Kretchmer）被称为“贵金属的魔术师”，他因独创的黄金合金木纹金工艺而闻名。史蒂文在哈里・温斯顿（国际珠宝奢侈品牌）工作期间发明了“蓝色黄金（blue gold）”，他的作品经常在各大国际杂志上被刊登，他的木纹金珠宝作品在一些高端珠宝店中都有出售。史蒂文不断钻研发展他的专业能力，发明了压迫镶嵌法并拥有了个人的金属硬化处理专利。他可以在没有使用铸造、金属合金、精密加工等特殊工艺的情况下进行宝石镶嵌。史蒂文的设计往往简约干练，线条感分明，他对技艺的掌握如此高超，以至于让人们误认为他的作品是简单且容易生产制造的。

肖恩・吉尔森（Sean Gilson）多年来为全美高端零售店生产他亲自设计的珠宝，如今在康涅狄格州开设了自己的珠宝店。他的好奇心一直驱使着他随时准备迎接新的挑战。他的设计有趣而优雅。肖恩是金匠圈中的大师，他掌握着丰富的传统与非传统的工艺技法，对白金、黄金的铸造工艺、錾花，以及各种加工、手工的把握可谓行业翘楚。

我不确定还有谁能像迈克尔・歌德（Michael Good）那样在一个如此小的范围内可以做到对金属材料做各种各样的锻造作业。他的锤锻工艺引起整个美国珠宝制造行业的关注，这种锤锻工艺最早由一位名叫赫吉・塞合羽的芬兰艺术家引进美国。迈克尔不但完全理解掌握了这种工艺，更是在三维空间内将这种工艺发展到了极致，带给人一种完美的设计体验，他的作品给人以难以置信的轻盈感。

我推荐的另外两位艺术家都分别在他们各自的专业领域上都有着突出的贡献，两个人都有各自的技能优势。芭芭拉・海因里奇（Barbara Heinrich）是一位相当成熟的艺术家，我非常有幸在自己的画廊中代理了她的一些珠宝作品，这些作品精美绝伦，工艺精致突出。芭芭拉的作品即使再小，都能体现出温暖与魅力。我之所以对她有如此敬佩，是因为我自己是很难达到和她一样的金属处理能力。

文森特・费里尼（Vincent Ferrini）从前也曾在波士顿大学做过专业老师，而如今他是我们中最自由的人。他的作品中充满了各种动感曼妙的线条，在他的作品中永远可以看到变化，他热爱也善于打破规则。他不遵循模式，而且总是以迷人的、异想天开的方式寻求新的可能性和探索新的创作方法。文森特也是伦敦金工协会的荣誉会员。

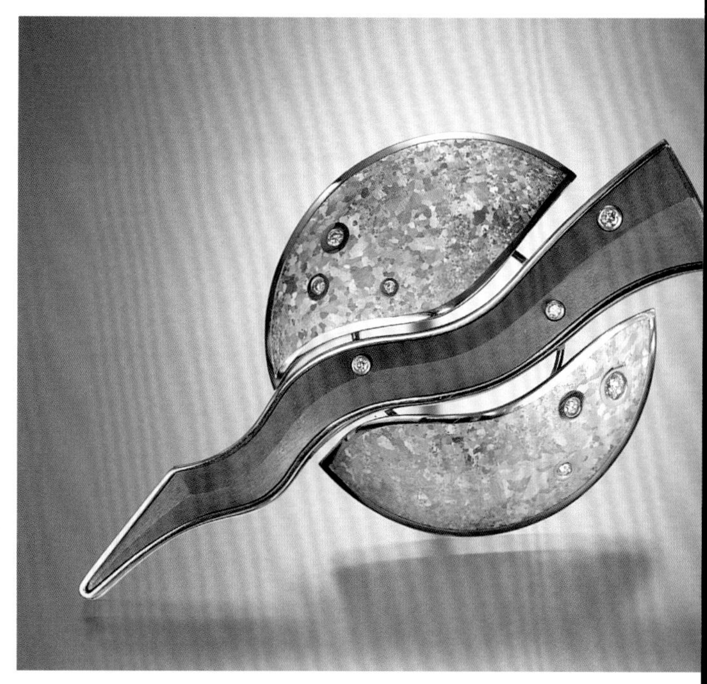

史蒂文・克拉克默，约万的碰撞，1994
3.8cm×7.2cm，18K 紫金、白金、纯金、18K 黄金、20K 黄金、钻石
R. 威尔顿拍摄

史蒂文·克拉克默，蝴蝶胸针，1989
6.4cm × 5.5cm，18K 黄金混金合金、20K 黄金、钻石
R. 威尔顿拍摄

史蒂文·克拉克默，
木星，1991
白金、18K 混金、24K 金、张力装置镶钻石
R. 威尔顿拍摄

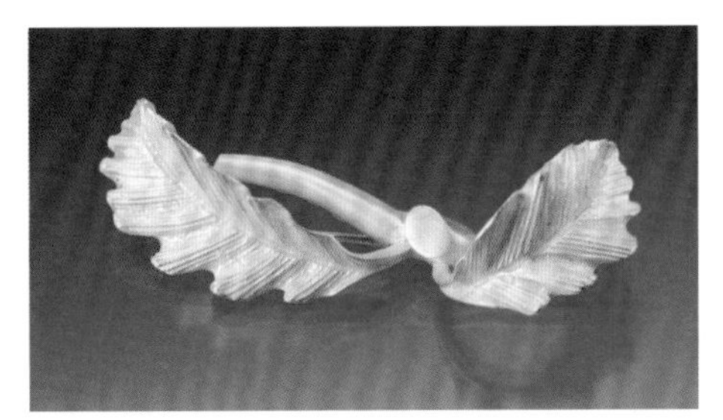

肖恩·吉尔森，红藻叶，2002
7.0cm × 2.5cm，18K 金、铸造、表面处理
艺术家拍摄

肖恩·吉尔森，菠萝耳钉，2001
单件尺寸 1.7cm，18K 金、钻石；铸造、镶嵌、表面处理
艺术家拍摄

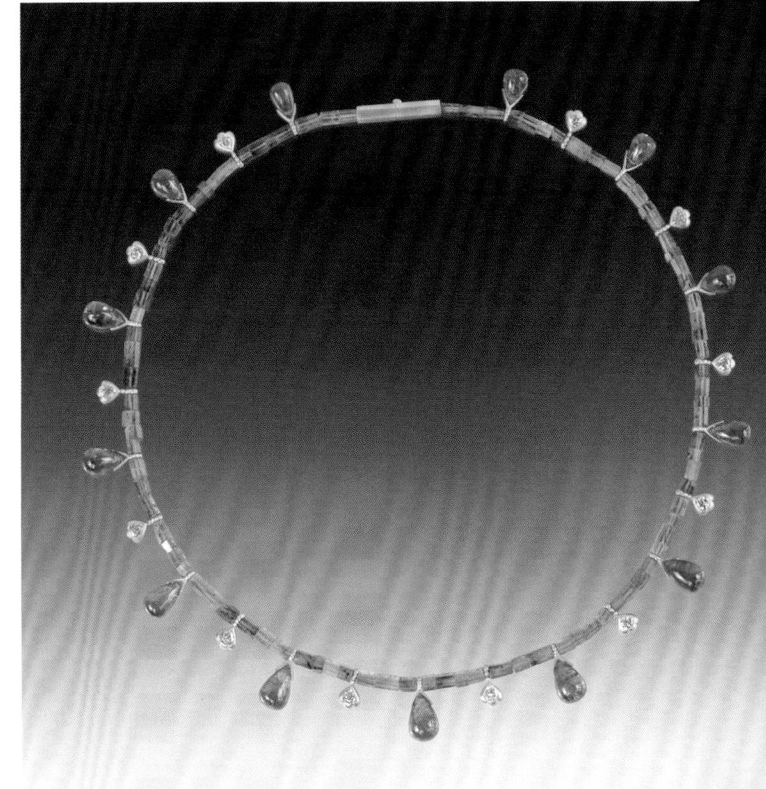

肖恩·吉尔森，红藻叶，2003
长度为 45.0cm，22K 金、18K 金、黄钻、翡翠珠、坦桑石；手工锻造、铸造、表面处理
艺术家拍摄

迈克尔·哥德，加兰项链，2003
直径 22.0cm，18K 金；手工锻造
本·麦格罗拍摄

迈克尔·哥德，签名组合，1980 ~ 1990
项链周长约 43.2cm，18K 金；手工锻造
克利夫·米勒拍摄

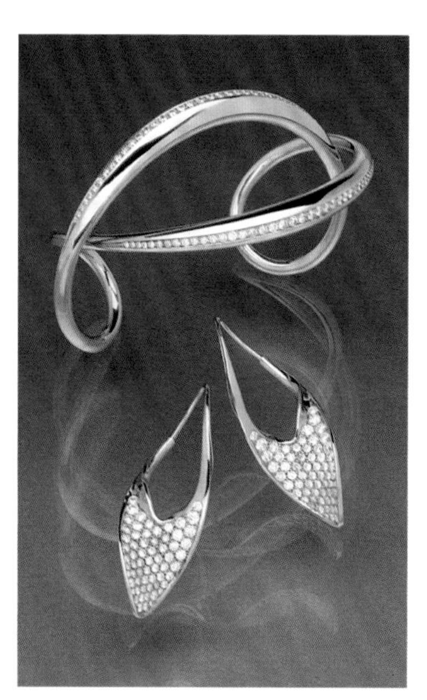

迈克尔·哥德，签名组合，1985
耳环周长约 5.1cm，18K 金；手工锻造
杰夫·斯拉克拍摄

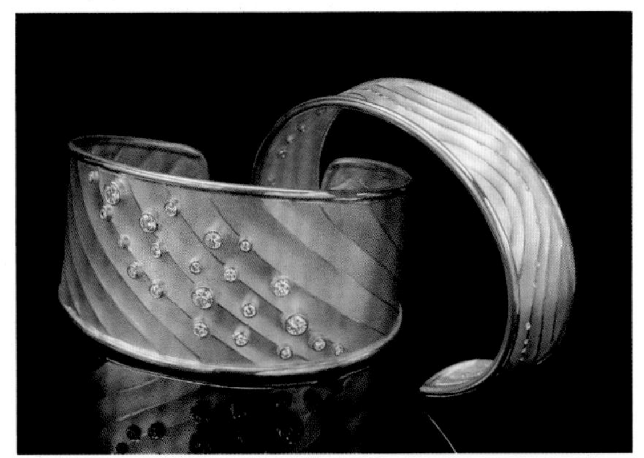

芭芭拉·海因里奇，
18K 黄金手镯，2000 ~ 2001
手镯外径宽为 3.4cm，18K 金、钻石；手工锻造、錾刻
提姆·卡拉汉拍摄

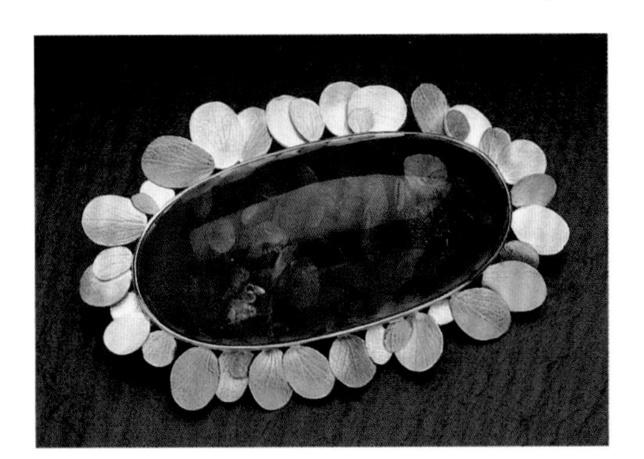

芭芭拉·海因里奇，琥珀胸针，2003
6.5cm × 3.1cm，18K 金、琥珀；手工制作
提姆·卡拉汉拍摄

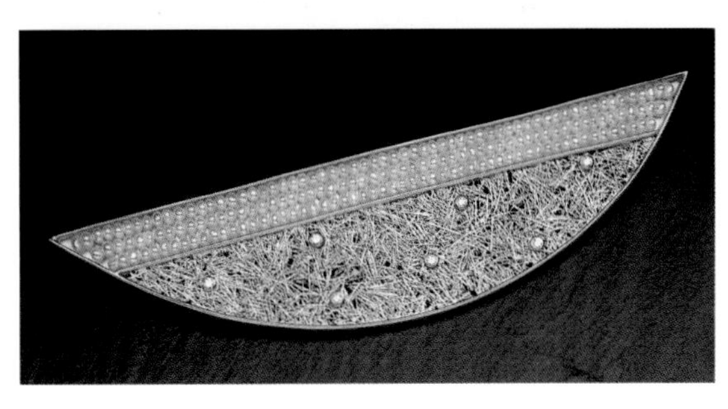

芭芭拉·海因里奇，
网状胸针，2001
12.0cm × 3.0cm，18K 金丝、淡水珍珠、钻石；手工锻造
提姆·卡拉汉拍摄

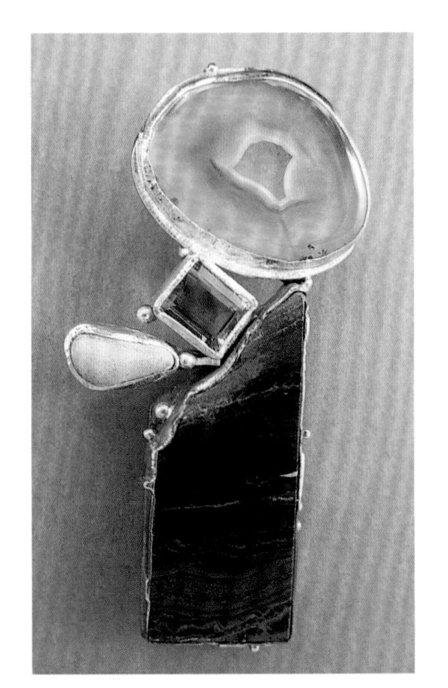

文森特·费里尼，我的太阳，2002
6.5cm × 2.0cm × 1.5cm，22K 金、18K 金、925 银、橙色玛瑙、橙色水晶、长石、澳大利亚虎晶；手工制作、氧化
皮特·斯钦夫林拍摄

文森特·费里尼，我的春天，2002
6.0cm × 1.5cm × 2.0cm，22K 金、18K 金、黄欧珀、蛋白石、绿松石、澳大利亚虎眼；手工锻造
皮特·斯钦夫林拍摄

文森特·费里尼，温暖的黄金地，2002
6.0cm × 3.0cm × 2.0cm，22K 金、18K 金、金红石英、烟晶、黄绿碧玺、金虎眼；手工锻造
皮特·斯钦夫林拍摄

ROB JACKSON
罗伯・杰克逊

老旧的铁片与风化的钢钉随着岁月的流逝渐渐显露其优雅的外表以及独特的触觉质感，然而鲜少有珠宝艺术家会关注或使用这类材料。罗伯・杰克逊则不然，他擅长使用这类材料，并将其与少量的黄金和半宝石进行结合创作，赋予这类“废弃材质”以全新的价值。罗伯认为钢材等应该被视为一种珍贵材料，当它们与黄金结合的时候，其材料的真正价值就得以体现了。

罗伯·杰克逊，铁钉戒，2000
1.3cm × 2.2cm × 2.2cm，100 年历史的铁钉、18K 金、22K 金、红宝石；手工锻造
艺术家拍摄

罗伯·杰克逊，被时光消耗的手链，2001
18.50cm × 1.20cm × 0.75cm，钢、18K 金、22K 金、石榴石、宝石、磨损的机加工零件；手工锻造
艺术家拍摄

与锈共舞

我投身于金工事业完全是出于偶然，但或许也是命中注定的。为了更好地“挖掘自我”，我去了位于波士顿的 YWCO（一个非营利性的社会机构），报名参加了他们的珠宝课程，就此被深深吸引。似乎在此过程中我明确了人生目标与方向，这真是一个令人振奋的好消息。作为一名创作者、工匠和渴望成为艺术家的人，我渴望自己能与这永恒丰富的世界文明融为一体。如果我想要拒绝沦为现代社会的产物，手中的锯子、刮刀、抛光器和焊枪会把我带回到远古的金工时代。我用着千年以来传承下来的工具和技法，作品可以为我明志。金工生涯不断地更新改变着我，正如我也每日改变着手中的金属一般。

在金属工艺领域我可以创作出各种形式的艺术作品。在创作早期我对打造金属器皿比较感兴趣，尤其喜欢研究金属表面的处理方式。我尝试使用过簪刻、蚀刻、贴花、雕刻、铆接、镶石等技法装饰金属表面。一次偶然的机会，我被邀请参观路易斯安那视力障碍学校的展览，那个展览是由乔·布兰顿（Joe Brandom）和A. C. 贝利（A. C. Bailey）策划的。展览的宣传文字都是使用盲文书写，展品精巧的表面质感让我对珠宝有了全新的认识体验，也对我之后的艺术创作产生了深远的影响。

在大学本科学习期间，我尝试将钢材料与一些不含铁元素的金属（如金和银）进行组合。我查阅了大量的功能性铁艺工具，甚至从图书馆里借阅《古代法国铁艺》寻找设计灵感。书中展示了大量精美的铁艺工具，包括锤子、铰链，以及珠宝工匠专用的锯弓锯架，其中有不少工具都被镶嵌了金银等有色金属材料。当我看到这类铁制品的加工方式后也试图用同样的方式制作了一批较早期的珠宝作品。几年后我又开始尝试这种创作方法，用低碳软钢板，用切割或锉磨的作业方式对其进行加工，再用冷链接的方式将其与一些有色金属进行组合。在一次制作一枚中空结构戒指的时候，我随手拿起一把最爱的大板锉刀，忽然发现它的表面肌理如此丰富，令人振奋。我立即对其进行退火、锯切，并将其切成小块，嵌入戒指中。

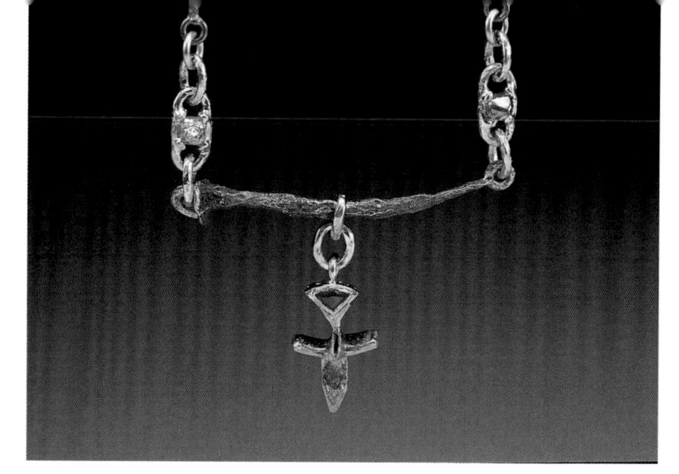

罗伯·杰克逊，被时光消耗的项链，2004
4.0cm × 4.0cm × 0.5cm，有 100 年历史的铁钉、18K 金、22K 金、红宝石、天然钻石；手工锻造
艺术家拍摄

罗伯·杰克逊，派力奥，2001
7.5cm × 2.2cm × 1.0cm，古旧铁钉、公路用钢、18K 金、20K 金、开瓶器；手工锻造
艺术家拍摄

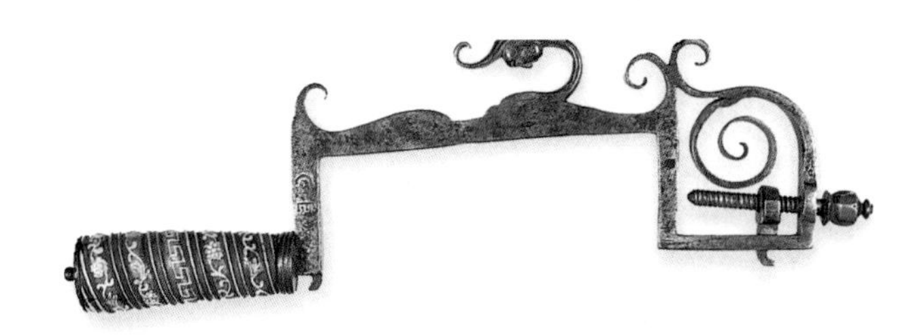

法国铁匠的锯子，17 世纪
36.1cm × 12.0cm × 3.6cm，铁、木、骨头；用于切割、钻孔
凯瑟琳·朗西安拍摄。法国鲁昂铁艺博物馆提供

我尤其对废弃钢铁表面的肌理纹样充满兴趣，那些破损的工具、废弃的金属轨道给人以残缺的美学感受，令人浮想联翩。它们都是历史的见证，这让它们此刻变得如此特别。它们一开始崭新又美好，被人们使用，然后磨损，再后来被丢弃，随着时光的流逝它们的表面开始变得锈迹斑斑，而正是这些似乎已经被人们遗忘的碎片才是历史给予我们的馈赠，它们被大自然改造，如今已经改头换面。

有一天，我去卡茨基尔山地区（位于美国纽约州）拜访我的姐姐，途中发现了一个古老的度假酒店遗址。这家酒店建立于 20 世纪初期，因为经济大萧条而倒闭，后来大约在 1940 年至 1950 年间被一场大火彻底烧毁。现存的酒店残骸中，数以千计的铁钉散落在地上，这些铁钉都有着百年历史，每一件都是纯手工制作的艺术品。试想这些小东西都曾经被使用过，然后在一场大火中被烧毁了，再后来又这样静静地躺在这里，几十年就这样过去了。我越看越入神，甚至觉得它们就是贾科梅蒂（Giacometti，瑞士雕塑家和画家）精心制作的一群微型雕塑，结构扎实又灵动鲜活。它们每一件都是特别的，岁月的痕迹成为了它们的独特装饰，它们原本可能只是被锻造而成的普通金工件，如今却因为一次大火的洗礼和岁月的磨砺而变得各不相同。后来，我将这批 23kg 重的铁钉背回了家，它们也成了我往后很多年最重要的创作资源与素材。

我十分关注铁器残件的内在品质，这也正是我作品的精髓所在。这些废弃残件固有的外观与肌理带来无限灵感。我试图在除去这些金属残件表面的锈迹的同时尽可能还原其原始面貌，处理完后有时会直接将整件残片运用于作品之中。一整个铁钉可以用来制作戒指，而戒指尺寸大小可以根据其长度而定。有时我也会按照作品所需要的质感、形态来选择具体的铁件区域进行裁剪，这些铁件可以用宝石加以点缀，搭配黄金会使其更为耀眼，有时也会将其重新切割再做组装，但无论怎样设计与创作，我都选择保留它们的原始样貌。我一直坚持着这样的工作方式，所以很少会对金属表面进行清洁作业，因为我知道一旦把捡来的金属进行清理或将其表

罗伯·杰克逊，镶有蓝宝石的铁钉戒指，2004
左侧尺寸 2.2cm × 2.2cm × 0.5cm，右侧尺寸 2.5cm × 2.5cm × 0.7cm，铁、18K 金、22K 金、蓝宝石；手工锻造
艺术家拍摄

罗伯·杰克逊，合页手链，2004
19.00cm × 1.20cm × 0.75cm，铁、钢、18K 金、22K 金、蓝宝石、紫水晶、黑钻；手工锻造、铆接、管接
艺术家拍摄

面的焊痕锉磨干净，那我想要的那种金属表面质感就没有了。如果在万不得已的情况下不得不对金属做清洁处理，那我也会选择使用诸如刮刀、抛光器、錾刀这样的手工工具进行操作。

在作品中我比较喜欢用少量的18K黄金作点缀，其丰富的色彩和钢制品颜色形成了强烈的视觉反差。这样的组合方式打破了人们惯常的价值观，也扭转了人们对于传统金属价值的固有思考与定位。那些被人忽视的，被认为是毫无价值的钢器残件成为了设计的主体，而黄金只作为连接件和五金部件（如焊料、铆钉、铰链边框）而存在。

肯·柯里，转换器，1969
3.6cm × 4.5cm × 2.5cm，铜、青铜、象牙；铸造、手工锻造
林恩·汤姆生拍摄

有一种说法是“没人可以焊钢”，还有一种说法是“没人可以铸铜”，但是肯·科里告诉所有人他可以。科里善于利用材料自身的缺陷与凹坑来进行创作，而不会轻易选择“纠正”它们。所以，当你说“不可以”的时候思维就被限制住了。钢是可以被焊接的，只是焊料不会像在有色金属上一样流动得流畅。钢酸洗困难很大，且由于其硬度过高，在使用锉刀或钳子这类工具时很容易导致工具损坏。所以我从来不会在公共工作室（或教室）里焊接钢材，谁都不想破坏工具或

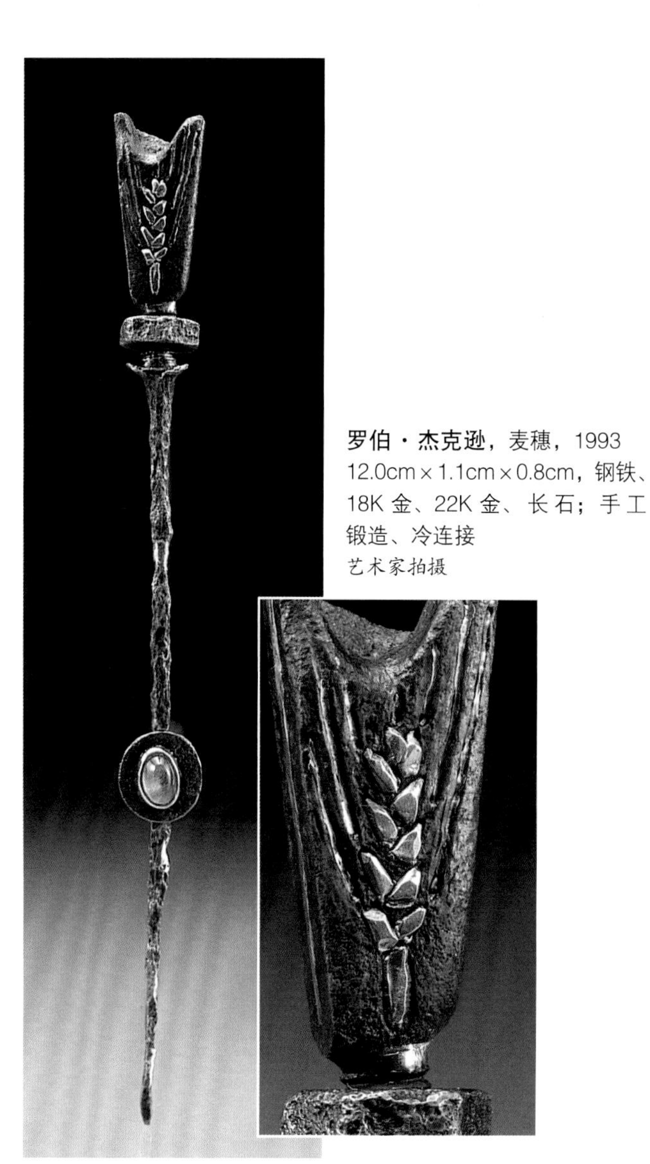

罗伯·杰克逊，麦穗，1993
12.0cm × 1.1cm × 0.8cm，钢铁、18K金、22K金、长石；手工锻造、冷连接
艺术家拍摄

罗伯·杰克逊，万象，2004
挂坠 7.0cm × 1.7cm × 1.7cm，铁、钢、18K金、22K金、黑钻、白钻、半宝石；锻造、铆接
艺术家拍摄

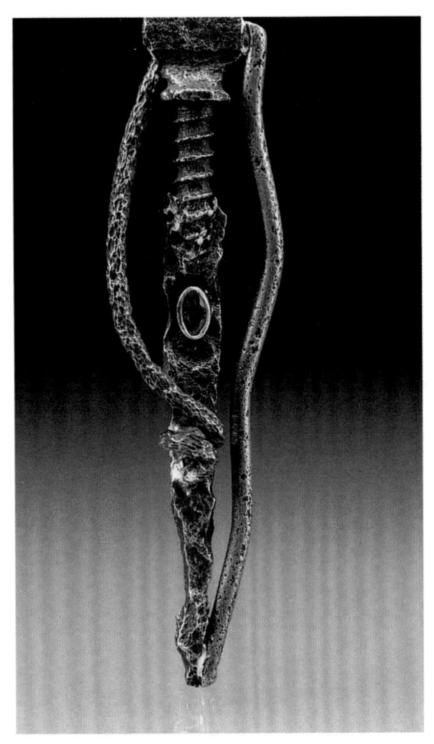

罗伯·杰克逊，复活，1990
6.00cm×1.50cm×0.75cm，钢、铁、18K金、红宝石；锻造
艺术家拍摄

罗伯·杰克逊，结构器，1990
7.00cm×3.50cm×0.75cm，钢、18K金、蓝宝石；锻造
艺术家拍摄

者损害他人的利益。

在工作室创作时，我就可以自己制定规则，在做钢艺作品前我通常不会使用最好的锉刀、钳子、镊子、锻锤、镶石台等，除此以外大部分工具都可以使用，不用担心会造成磨损等情况。锯丝是一次性易耗类工具，可以用来切割钢材；钻头可以用来对已经退过火的钢板进行钻孔作业，我认为所有一次性的切割工具，或者可以被反复修复的工具都是可以用来作用于钢制品的。

市面上有几种不同类型的钢铁材料。大多数情况下我会使用低碳钢和锻铁。低碳钢是钢材中最普通廉价的品种，几乎所有的钢铁制造商和雕塑师都会选用这种材料。我们所知道的汽车外壳、洗衣机、螺钉螺母等几乎都是用低碳钢做的。工具钢的含碳量较高，因此硬度高，这种材料和有色金属不同，有色金属是在不断锤击和造型的过程中逐渐硬化的，而工具钢则是在不断地加热和冷却的过程中发生金属硬化反应的。这些年在市面上很少看到锻铁材料，锻铁和木头很像，表面都有纹理且韧性十足，铁匠们都十分偏爱这种材料。铸铁和大多数铸造金属一样内部结构松散且易碎，很少能够被成功焊接。不锈钢是多种金属合金材料，耐锈能力极高，而金属耐锈度越好，则硬度越高，也越难以焊接。我捡来的大多是低碳钢、硬化钢或表面做过硬化处理的钢铁。使用这种材料前最好先进行退火，确保它们已经足够柔软的情况下再进行磋磨、锯切、打孔和整形。

在使用材料之前，最好先了解、掌握所用钢材的基本特征与属性。低碳钢和锻铁的硬度系数高于银，但它们仍然可以用来造型；对同等规格的黄铜和钢铁进行锯切作业，其难度系数不相伯仲；当进行锻型作业时，钢材的延展性与14K白金的几乎一样。而钢材在作业过程中与其他金属最大区别可能是在加热方面，和银或铜等导热性极好的材料不同，钢材的导热性极差，但这也恰恰成为钢材在焊接时的最大优势。

对废弃钢铁材料进行作业的时候，要时常与有色金属进行比较？它是什么规格？它的厚度均匀吗？表面是否平整？要特别注意金属的厚度问题。当一个金工匠人惯常使用18.0 ~ 20.0gauge厚度的有色金属时，他却可能不习惯使用10.0gauge厚度的钢材，在作业过程中他可能会遇到许多困难。

在钢材作业中，焊接是十分重要的环节。焊接钢材可能不是非常困难，但的确存在许多局限性。钢材在进行焊接作业前必须确保其表面清洁，如有必要可以用锯切、打磨或修锉的方式对其表面进行处理。我所用的助焊剂就是平时用来焊接金银的，但是这种助焊剂在钢材上的使用时间不如在有色金属上长，所以这要求我们在焊接时需做到争分夺秒。我习惯使用丙烷/氧气焊枪进行焊接作业，当然也可以选择天然气/氧气焊枪或乙炔/空气焊枪完成作业。点焊衔接相对来说是比较容易的，焊接方法与焊接金银件几乎一样。但当我们需要在钢材上焊接一些长狭细缝时，由于焊料不会像在有色金属表面那样流动顺畅，焊接时的困难就会大很多。

罗伯·杰克逊，钻石纸牌，2004
2.6cm × 2.2cm × 0.7cm，旧铁钉、22K金、天然钻石；锻造、逼迫镶
艺术家拍摄

钢的导热性很差，所以在焊接前不需要对整件钢材进行预热处理。想要将两件钢材焊接到一起时，直接把焊枪对准需要焊接的位置进行加热即可。钢材的熔点远远高于焊片熔点，所以对钢材进行焊接作业时，一旦焊片开始流动，焊接作业就基本完成了，根本不需要担心这个过程中钢材会被融化。

将钢材与金银件焊接到一起是比较复杂的，因为焊片往往会先流向有色金属，当钢材与金银件同时达到焊接温度时，焊片只会向有色金属的方向流淌，所以为了使焊片能够向钢材方向流淌，就需要将钢材加热到更高的温度。此时，我会先对钢材进行预热，在焊片开始流淌，即将粘连钢材时，立即对有色金属进行加热，这样焊片就能同时流入钢材与有色金属的缝隙中完成焊接操作。还有一个最简单的方法，先将焊片熔融在钢材

罗伯·杰克逊，佛罗伦萨，1992
20.5cm × 1.0cm × 1.0cm，钢、18K金、20K金、托帕石、蓝宝石；锻造、管铆接、铸造
艺术家拍摄

罗伯·杰克逊，红宝石手链，2000
20.0cm × 2.0cm × 1.0cm，铁、钢、18K 金、20K 金、红宝石；锻造、铆接
艺术家拍摄

上，然后对其表面进行清洁作业，之后将两种金属材料放在一处进行二次焊接，当焊片达到熔点温度时，焊片就会自然流向有色金属的连接点缝隙中，从而将两种金属熔接起来。因为在第一次焊接时，焊片已经熔融于钢材，所以在二次焊接时我所用到焊接方法和我们惯常使用的有色金属焊法是一致的。

钢制珠宝是否具备可佩戴性功能？答案是毋庸置疑的。我戴了一只钢镶银戒指长达 14 年的时间，我手腕上有一只锻铁钉制的手链，佩戴时间也超过了 8 年。钢制珠宝或钢铁材料容易吸收人体油脂，在佩戴过程中饰品会不断与皮肤和衣物发生摩擦，就像我们不会担心一直佩戴的银戒指会随着时间的流逝而变色一样，我们也同样不用担心钢制饰品会生锈。我通常会在紧贴着皮肤的钢制饰品如戒指内侧或者耳环针上附一层银或金等材料。对于不常佩戴，或很少磨损的胸针或其他饰品上封一层蜡，这样能够保护金属以防其氧化或腐蚀。

钢材应该成为金工匠人的好朋友，它不能代替其他有色金属的功能与作用，但通常了解了这类金属的固有质地与局限性后，它可以在个人创作与研究中占有一席之地。对钢质材料的研究越为深入，我的金工加工领域也似乎变得更为宽阔。我相信这种经得起岁月打磨，有着丰富肌理表现的金属材料，无论是在餐具、器皿及其他实用工具领域总能找到自己的独特价值与位置。

罗伯·杰克逊，钻石耳坠，2000
单件尺寸 3.2cm × 1.2cm × 0.5cm，铁钉碎片、18K 金、天然钻石、锻造
艺术家拍摄

手工演示

罗伯要制作一条手链，使用的材料是一些废弃的钢质配件，其中的连接处和镶口处会使用黄金材料。他会演示黄金和钢材的焊接方法和在钢质材料上镶嵌宝石的操作办法，同时还会演示如制作管铆接、三件式铰链等冷连接操作方式。

1 我们需要先对钢材进行退火和清理工作。如果金属已经生锈，那么最先要做的就是将其进行退火作业。将钢材放到耐火砖上加热至颜色呈现樱桃红色调时完成退火操作，温度一般为816℃左右。将耐火砖竖放在金属件后面进行退火有利于锁住高温。

2 当钢材加热至退火温度时就会失去磁性，想要知道钢材是否已经达到退火温度，可以拿一块磁铁快速地触碰一下退火后的钢材来确定（为了安全，在这里我选择将磁铁绑在一根钢丝上进行试验）。如果磁块不能吸引钢材，那就能确认作用在钢材上的温度已经足够高了。在这种高温状态下，用快速冷却或慢冷却的方法使钢材硬化都是合宜的。本次过程中让金属尽可能慢慢地冷却。钢材的退火操作异常频繁，在退火的过程中一定要始终佩戴好护目镜，以防止一些钢材上的锈斑会随着温度急速升高而炸裂，容易伤害到眼睛。

3 等金属完全冷却后，我将钢材放入等比例的过氧化氢和醋酸溶液中浸泡，酸洗的过程根据需要可以维持在 10 分钟到两小时不等，钢材在此过程中不会受到伤害。酸洗过后，我会用钢丝刷轮对钢材进行一次粗抛磨作业（如图所示），在这个过程中，吊机上的钢鬃毛可能会不断地飞溅出来，所以一定要戴好护目镜。我在每次完成退火和焊接处理后都会对钢材进行酸洗和吊机抛磨等金属表面清洁操作。

5 准备焊接前，先将退过火的钢材背面进行打磨，直到将其表面打磨得平坦光滑没有坑洼。之后准备一片 20.0gauge 厚度的 18K 黄金板材，将其熔接在钢材背面。

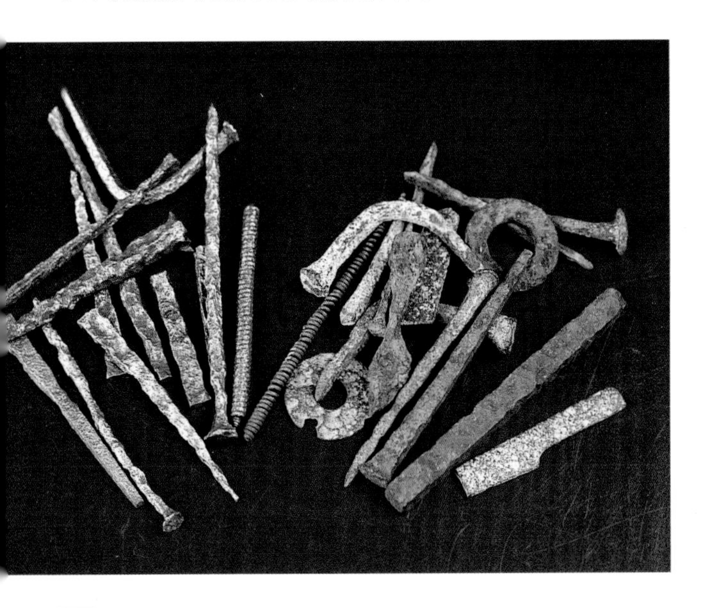

4 图片左侧的钢钉材料都是已经完成退火和抛光轮清洁处理后的材料；而右侧的这些材料则是未经过清洁处理过的原始材料。

6 选用白色糊状助焊剂进行银焊接作业。焊接时加入中等量的焊料，并将其熔化至钢板上。其中一颗焊料已经熔成珠子的状态。钢材焊接与有色金属焊接有所不同，想要将钢件焊接到一起，其焊接温度一定要达到比焊料熔点更高的温度才可能实现金属的焊接作业。

7 在钢板上使用的焊片数量会比在有色金属使用的上多一些。如果钢材在第一次焊接后表面没有完全被焊料覆盖，需要将材料再一次进行酸洗抛磨，然后在其表面撒上更多焊料，进行二次焊接作业，这时使用焊接辅助针有助于焊料均匀地覆盖到钢板表面。

8 当焊料完全覆盖在钢板上并完成清洁处理后，就可以将其与金板进行焊接操作了。因为助焊剂保护钢材防氧化的时间不如保护有色金属的时间长，所以在焊接操作时要快速且保证高温。用镊子把铁件压在金片上加以固定。这里要特别注意，对钢材部分需着重加热。在裁剪金板时需要留出一定的余地，方便在完成焊接后进行抛磨整修和再次裁切，这同时也是一种保护黄金不会熔化的方法。

9 还有一种焊接办法，这种焊接办法可以让两种金属焊接后外观感受更为柔和。用小口径高温焊枪把沿着铁件边缘 2.0 ~ 3.0mm 的金片熔化。照片中金属边缘已经开始向内熔化。将焊枪转向对准金片需要被熔化的位置，然后随着黄金熔化的速度或快或慢地进行移动来进行焊接。当黄金在某一瞬间熔化面积过大时，需要将焊枪火焰调小一些。

10 当需要对金属的凹陷处进行部分熔化作业时，控制凹陷处金属温度的变化是有一定难度的，所以在这个时候我一般会选择把焊枪火焰再调得细、更集中一些。

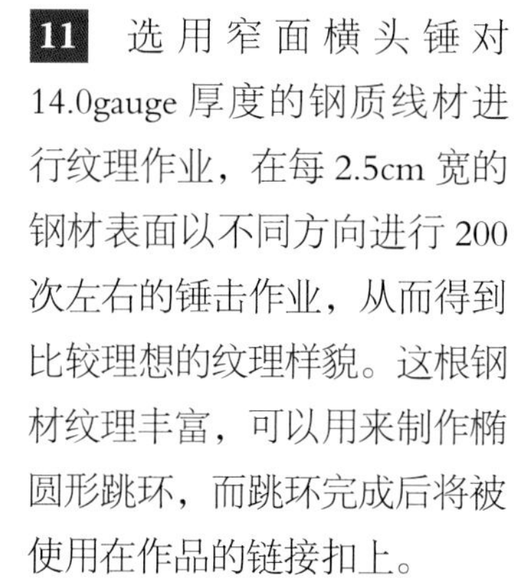

11 选用窄面横头锤对 14.0gauge 厚度的钢质线材进行纹理作业，在每 2.5cm 宽的钢材表面以不同方向进行 200 次左右的锤击作业，从而得到比较理想的纹理样貌。这根钢材纹理丰富，可以用来制作椭圆形跳环，而跳环完成后将被使用在作品的链接扣上。

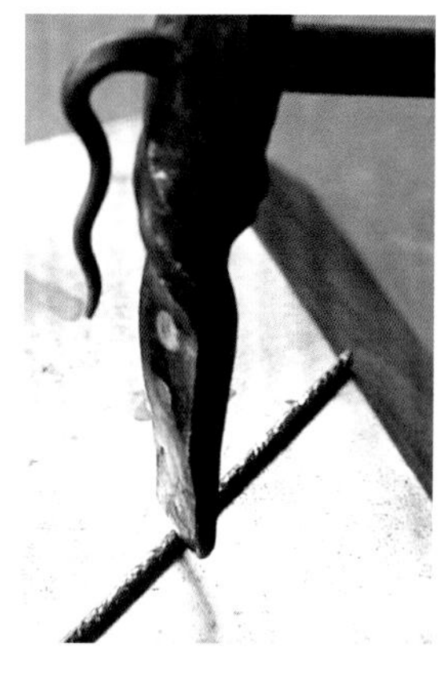

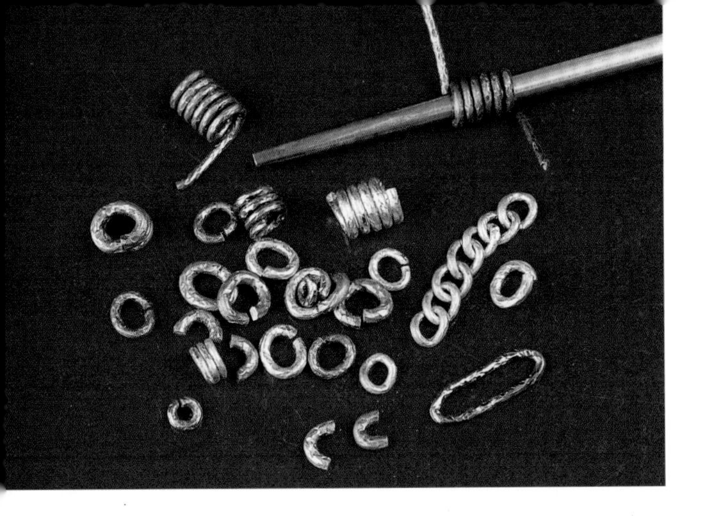

12 可以借助椭圆形截面的棒针来制作椭圆形跳环，不同型号的钢材和不同规格的棒针可以做出各种各样的跳环。将跳环从中间锯开焊接在手链钢板上做连接口使用。图片中间偏右的位置有一条焊接完成的椭圆形黄金链条，将链条进行扭转作业，这样链条就可以平坦地摆放在地上，这些链条都将被切开，供之后手链制作使用。

13 使用圆口钳和平行钳将锯切后的半圆环进行尺寸调节，其尺寸应与需焊接的钢板尺寸适配。

14 虽然在焊接作业时我通常会使用低温焊料，但做环扣关节的焊接作业时我常选用高温焊料。因为钢材的导热性极差，所以只要在焊接时足够小心，使用高温焊料是没有问题的，况且高温焊料的焊接牢固度更高。在焊接时先用焊接辅助镊子将钢板固定在焊砖上，再用一支焊接辅助针紧紧地将半圆环与板材固定在一起。为了使焊料更充分地熔化流入焊缝中，先将焊料熔成小球的形状，再放入焊缝中。为了防止焊接时焊料只往半圆环的方向流淌，预先把钢板加热至焊接温度。如图中所示有两处焊接点需要进行焊接操作。

15 完成焊接作业（步骤 14）后，需要将此金属件进行清洁操作，然后用细锯丝把没有进行焊接的环扣缝隙处进行疏通清洁，确保在下次焊接时焊缝位置不会留有任何腐蚀物质，再用钳子对焊接口的位置做一次调节与确认，然后开始焊接。

16 在钢板上镶嵌一段黄金管，用直径与金属管外径同等大小的钻头将金属件钻穿。如要镶嵌圆形刻面宝石，建议用的黄金管壁要厚一些。

17 在钢板上用球形钻拓宽钻孔口径，钻头直径比钻孔大 1.0 ~ 2.0mm，球形钻推入钢板大约 1.0mm 的深度时完成作业。这一操作是为了在之后焊接作业时给焊料流动限制范围。

18 切割黄金管时要注意，其高度需要比钢板表面至少突出 2.0mm，超出的部分有利于固定焊料位置，同时方便后期锉修。焊接前先把低温焊料熔成小球状，安置在金管和钢板的连接缝隙处。这里要注意焊料颗粒一定要足够小，才能完全埋入缝隙里，焊接时也方便焊料迅速流入缝隙之中，而不是停留于钢材表面。焊料熔化时，迅速调动焊枪位置，引导焊料向焊枪口的位置前进。

19 用直径为 1.0mm 的球形针在钢板表面上打磨出一个椭圆形的镶口卡位，以安放宝石镶口。卡位打磨完成后，其表面干净光洁，适合进行焊接作业。焊接完成后，需要在镶口内侧钻出一个孔洞，这是为了方便之后的镶石作业。

20 将低温焊料熔成小球放在镶口内侧进行焊接操作，焊接前一定要先对钢板进行预热处理。在使用焊枪时，火焰应靠近镶口处，但不要正对镶口。

21 在一块铁钉上，用焊料做一处金属镶嵌。选用一把 40 号的平头錾在铁件上雕琢出一个清晰的图形轮廓。

22 铁钉的厚度为 20.0gauge（雕琢出的图形深度在 2.0mm 左右，可以把焊料直接埋进去）。这里用的是和 18K 黄金含量相同的高温焊料进行作业。

23 把熔成颗粒的高温焊料置于铁钉背面的凹槽内，只要温度达到焊料熔点，焊料开始熔化并填充进入凹槽内。另外在焊砖上需要多准备一些黄金焊料，以备在焊接过程中随时方便添加。

24 当第一层焊料完全熔化后，加入新的焊料进行补充，一旦凹槽被完全填满，将铁钉翻面继续加热，用焊枪引导焊片流动得更为充分均匀。

25 接下去准备制作一个铰链，首先用低温焊料在铁钉端口焊接一段黄金（制作方法请看步骤 6 到步骤 8）。再用圆形锉刀在金块表面做出一个有弧度的卡槽，这样做是为了使黄金铰链管口与该金块更好地焊接到一处。将金块焊接到铁件上，再做三段黄金铰链管的焊接作业，这样比直接将完成的黄金铰链焊接到铁件上要容易得多。

26 三段式铰链管在焊接时要摆放到位，用一根铁丝将三段黄金管进行排列与固定，三段金管与金块的接口处分别放置高温焊料。在对铰链接口进行焊接时，焊料不宜流动过快，不然三段黄金管容易熔焊在一起，在这里只需要在焊接的位置精确点上助焊剂，并且使焊料尽可能不摆放在黄金管口接壤处。三个焊点需要逐一焊接，焊接时火焰要尽量避免接触到其他金属配件。

27 完成焊接作业后，需将所有配件进行清洗，再用低温焊片对这些配件做补焊操作。同样需要用铁丝将三段金管加以衔接固定。二次焊接完成后，将铁件两端多余的金管切割下来。

28 用一个铁砧座和一个圆头砧对一处钢板用黄金管做铆接作业，使用的黄金管高度为 3.0mm，钢板单侧可见大约 1.5mm 高的管子。我个人习惯将圆头砧放在配件上缘，而将铁砧座放在配件下缘。

29 在做铆接操作时，可以用大号的圆头砧冲压黄金管口，这样就可以完成黄金管的铆接作业了。

30 钻孔后用细锯条按图示将铁钉件一分为二，这样就有了手链搭扣的基本型。

31 用喷枪选择性地对已经完成清洁作业的钢材表面做染色处理，直到金属表面呈现出理想的蓝黑色效果为止。使用喷枪时一定要注意通风，并且在完成操作后需要将其放在流动水下冲洗。

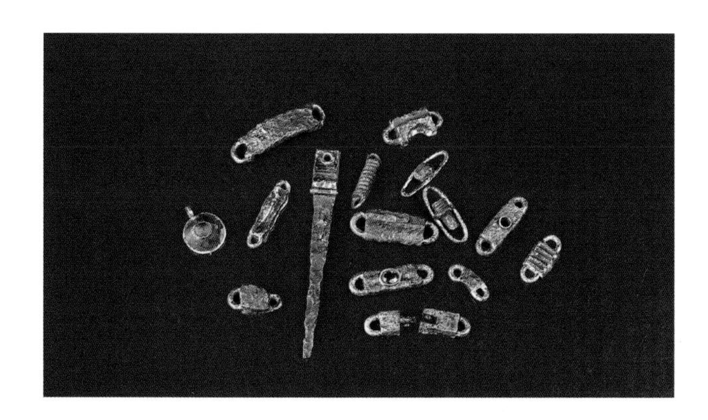

32 这张照片中展示的是钢质手链的成品或半成品配件。

艺术家简介

罗伯·杰克逊已经从事金工事业超过30年了，他目前在雅典乔治亚生活，并且在乔治亚大学的拉马尔多德艺术学院担任副教授一职。1982年，罗伯毕业于雅典乔治亚大学，在那里他师从加里·诺夫克先生，获得了珠宝与金工专业艺术硕士学位。毕业后他就在乔治亚大学开始教学工作，并从2001年开始担任珠宝与金工专业主任一职。除此以外，他还在意大利佐治亚海外大学、彭兰德手工艺术学校担任客座教授。

罗伯已经受邀参加过许多国内外的珠宝大展并担任评委。他的作品在包括美国维斯特姆美术博物馆、美国国家装饰金属博物馆、约翰·迈克尔·科勒艺术中心、德国科布伦兹手工艺廊、德国艺术形态画廊等多地进行展览。罗伯的作品也被许多组织和个人收藏，其中包括美国堪萨斯州威奇托艺术中心与佐治亚州拉格兰奇的拉马尔多德艺术中心。

罗伯的作品曾经在许多书籍和杂志上都有过展示，其中书本包括《1000个戒指》《500个胸针》《从现成物到瑰宝珠宝》，而杂志包括《手工戒指》《手工艺人》等，同时他也在这些杂志中发表过相关的专业评论与见解。罗伯的作品现在被许多画廊代理，其中包括名签画廊、彭兰德画廊和科特画廊等。

艺术品画廊

在这个章节中所提及的艺术家和作品都是我十分欣赏的。这些艺术家大多不是因为使用钢材料的作品而出名的，他们将在作品中使用钢材料视为一种作品的延伸、一种新的表达方式或仅仅是将钢材料视为一种可供选择的材料。

在这些艺术家中，帕特·弗林（Pat Flynn）也许是使用钢材的艺术家中最有名的一位了。我和他都喜欢使用铁钉，并且制作方法也大致相同，但是我们的作品在风格上却截然不同。帕特的胸针作品大家可能更为熟悉，他常在一整根钉子上用精细的小钻石整齐排列出图案，而我在形式感上更注重自由性表达。他将金屑撒在钢板上，加热处理后使作品表面产生强烈的视觉对比感，黄金在漆黑钢板的衬托下一览无余。

提到德布·斯托纳（Deb Stoner），大家都知道她是一位有名的眼镜设计师，她研究眼镜已经有十多年的历史，开办的眼镜制作工作营也深受欢迎。然而作为一名当代的文艺复兴狂热分子，德布同样也是一位金工匠人、珠宝设计师、摄影师、风琴家，她几乎愿意参与所有与艺术相关的工作。我在这里介绍的大多是她体量较小的、锻造类的铁质金属珠宝作品。她把旧戒指、手镯这些珠宝零件，用传统的扭转、捶打、成型技术制成新的作品。

苏珊妮·皮尤（Suzanne Pugh）因她设计制作的叙事性器皿和皮带扣而闻名。她的作品中经常会涉及文化价值、社会价值，以及一些宗教符号元素。她擅长使用贴花、錾刻等金属表面处理方式，让人联想到旧时的木刻图画或是马戏团海报。而这里展现的作品选用了生锈的钢板材料，同时在上面镶嵌黄金铆钉，其作品显示了她对金属表面处理的兴趣，但她作品的触觉感受比视觉感受更为强烈，更具表现性。

我整整喜欢了罗伯特·埃本多夫的作品30年。他

帕特·弗林，灰尘手镯，2003
2.5cm × 6.4cm × 5.1cm，铁、22K金、18K金；
金属熔融、锻造
哈普·萨科瓦拍摄，新墨西哥帕提娜美术馆提供

当之无愧是金工界的尖兵，到今天还在对许多非传统材料进行研究。经常出现在罗伯特作品中的材料大多是简单易寻的现成物品。我最喜欢的几件作品中都运用了现成品材料，包括锡板照片、鹅卵石、贝壳、枝条等材料。运用这些材料是因为它们都具备丰富的色彩，但更重要的可能是这些材料本身拥有着极佳的外形、外观，以及十分有意义的背景与故事。

马里奥·塞萨里（Mario Cesari）是一位金工匠人，目前工作并生活在意大利的彭纳比利。马里奥生活在一个具有悠久金工文化的文明古国中，这些年他一直在坚持研究古老的金属工艺与相关的传统技术，其中包括深入研究伊特鲁里亚胸针（扣针）和墨鱼骨铸造等工艺技法。他的作品都很好地诠释了铁质材料的简洁性与其优雅的线型外观。

帕特·弗林，熔融胸针，2003
3.8cm × 3.8cm × 0.6cm，铁、22K 金、18K 金、铂金、钻石；金属熔融、锻造
哈普·萨科瓦拍摄。新墨西哥帕提娜美术馆提供

德布·斯托纳，旧锉戒，2001 ~ 2002
单件尺寸 1.5cm × 2.5cm × 2.5cm，旧珠宝用锉刀、紫水晶、珍珠、玛瑙、立方氧化锆、黄水晶、金、银；手工锻造
艺术家拍摄。加利福尼亚州彭兰德美术馆提供

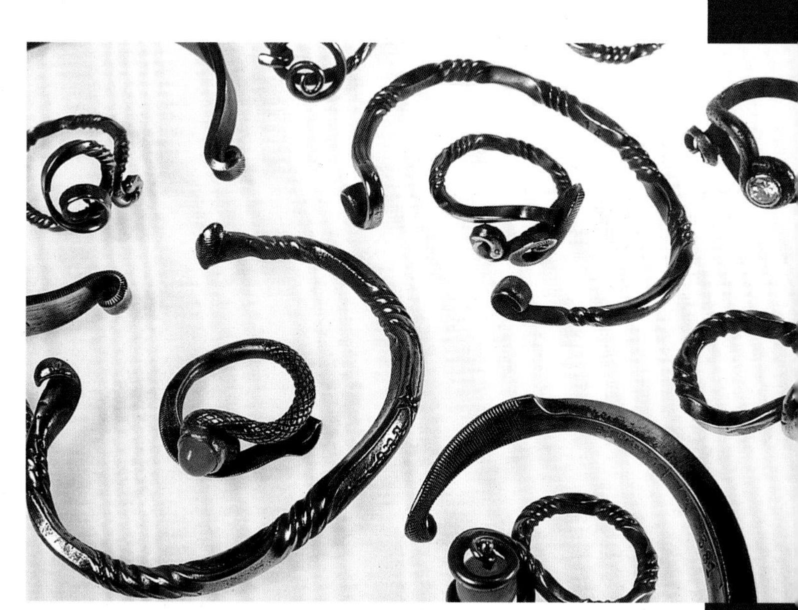

德布·斯托纳，戒指和手镯，2000 ~ 2003
戒指 1.0cm、手镯 3.0cm，旧珠宝用锉刀、玛瑙、立方氧化锆、翡翠、金、银；手工制作
艺术家拍摄。加利福尼亚州彭兰德美术馆提供

苏珊妮·皮尤，铆钉戒，2004
3.0cm×3.0cm×3.0cm，18K金、钢、纯银；焊接、铆接、氧化
罗伯·杰克逊拍摄

苏珊妮·皮尤，僧侣的带扣，1996
2.5cm×2.5cm×3.0cm，14K金、木纹金、925银、木、钢；焊接
罗伯·杰克逊拍摄

罗伯特·埃本多夫，项链，2003
吊坠长7.6cm，铁丝、硬币、现成物、18K金、14K金、珍珠
提姆·拉热尔拍摄。威斯康星州拉辛美术博物馆提供

马里奥・塞萨里，无题小刀，2004
8.0cm × 0.5cm × 0.4cm，18K 金、银、蓝宝石、钢；锻造
艺术家拍摄

马里奥・塞萨里，无题耳坠，2004
单件尺寸 6.0cm × 2.5cm × 2.5cm，18K 金、钢、珍珠；锻造
艺术家拍摄

马里奥・塞萨里，无题手镯，2004
10.2cm × 2.2cm × 1.5cm，18K 金、钢；锻造
艺术家拍摄

HEATHER WHITE VAN STOLK
希瑟・怀特・范・斯托克

希瑟・怀特・范・斯托克将自然主题完美地融合在她的珠宝作品之中。为了诠释其对转瞬即逝的自然界的感悟与观察，希瑟使用了很多的方法，她尝试过在唇间插上一朵小花来展现灵感，也尝试用藻酸盐浇铸的方式制作出花叶般的模型来组装制作诠释主题。

希瑟·怀特·范·斯托克，植物的故事：喇叭花，2004
11.5cm × 10.0cm × 5.0cm，22K 金、925 银、镍银、涂料、氧化层；失蜡浇铸、手工锻造
狄恩·鲍威尔拍摄，马萨诸塞州剑桥美孚利亚美术馆提供

亲密故事

在每个学期刚开始的时候，我都会给学生递上一份问卷调查，希望了解他们与金属之间相关的经历与故事。这些回答中我最喜欢的一个是“我用锡箔纸包过东西”。这个学生叫弗兰（Fran），虽然她并没有接受过专业技术训练，但是从回答中可以知道，金属的确和每个人的日常息息相关。房门的钥匙、煮饭时用的器皿、每天出门都要用的汽车，这些都是生活的例子。从“用锡箔纸包东西”这个例子可以看出，根据艺术家想法的不同，金属加工既可以繁复费力，也可以基础简单。

金属独有的特性带我进入了珠宝领域。金属可以保存非常久，好比黄金制品几乎不会被腐蚀，可以超越时间的界限。许多金属制品都是实用物品，就像杯子、剪刀、发夹等，我们既可以把它们做得简简单单，也可以在保留其功能性的基础上极尽繁复加以装饰。它们既可以使用，也可以被认知为一种装饰符号。金属作品需要经过许多工序才得以成型。许多金属作品都和人的身体直接相关，比如说当我们在身上佩戴一个金属饰品时，这个金属饰品往往可以直接反映出我们的身份或者说表征出我们所向往的身份。

我有五年的时间一直居住在俄亥俄州东北部的库亚加地区，那里是一个完全自然、远离喧嚣的地方。我在那里有一片农田，可以种花和蔬菜，时间和空间的概念在那儿都变得不再重要，生活对我来说十分简单。而这种自由开放的感觉与体验给予我充分的空间来完成艺术创作。在那段时间我参考了各种历史文献，创作了大量的珠宝作品：一系列的皇冠悬挂在像手风琴一样可伸缩的挂式座架上；一条大尺码的铜制裙子；许多剪影肖像浮雕别针，其中有些浮雕肖像使用宝石制

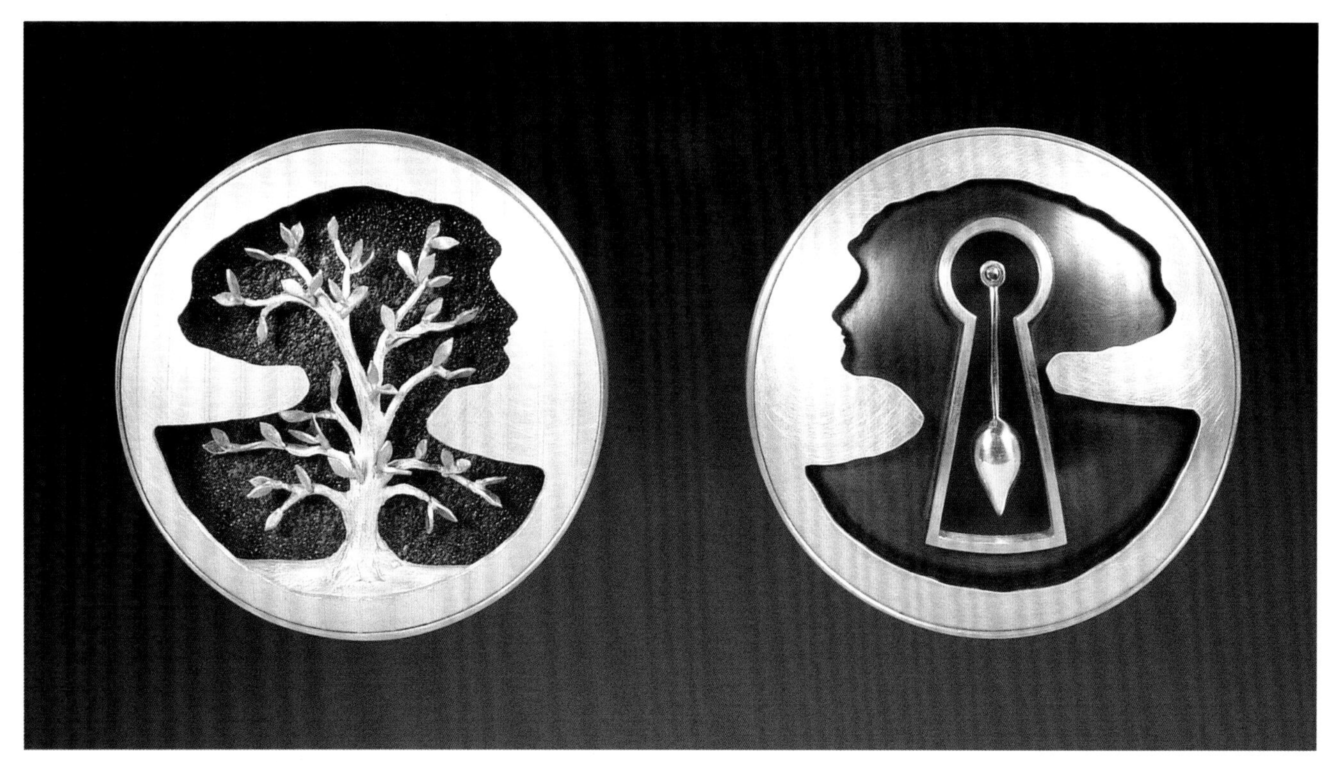

希瑟·怀特·范·斯托克，蛋白质浮雕 #9、蛋白质浮雕 #10，2000
单件尺寸，5.5cm × 5.5cm × 1.5cm（左），22K 金、18K 金、925 银；冲压制胎、失蜡浇铸，压花；
5.5cm × 5.5cm × 1.5cm（右），18K 金、925 银、镍银；冲压制胎、失蜡浇铸、压花
凯尔·迪克拍摄。私人收藏

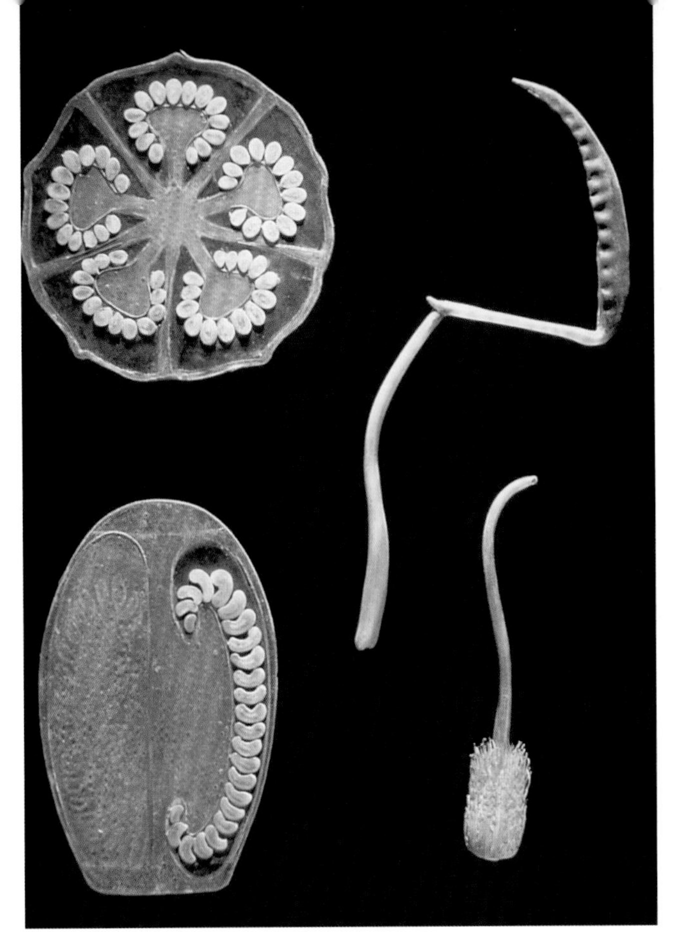

从 1886 年开始，玻璃工匠**利奥波德·布拉斯卡**（Leopold Blaschka）和他的儿子**鲁道夫**(Rudolph) 一起工作了几十年，为近 850 种植物制作了 3 000 多种模型。这张照片显示了巴西野牡丹的生殖部分：左上图是其卵巢的横断面；左下角的图片则是卵巢的纵截面；右上角显示的是雄蕊的部分；右下角显示为雌蕊的部分。

希勒·伯格拍摄。版权由哈佛集团所有

作。这些作品是自主的，与身体共存。当我离开了那个环境时，我的作品风格也随之发生改变，它开始与身体产生互动。

从 2000 年的暑假开始，我搬到波士顿，成为了马萨诸塞州艺术学院金属与珠宝系的一名专业教师。这是我第一次在一个大城市生活，然而我却如此热切地渴望着大自然，于是我每周都会去“朝拜”一下哈佛大学的阿诺德植物园，有时仅仅是开车时经过都能让我感到满足与惬意。我开始拿起照相机，拍摄玉兰花开后留下的滚花豆荚、成熟的野蔷薇果，或者凡是能吸引我注意的植物和树木的任何变化。每个星期我都会惊叹于四季变化对植物生长发生的作用。

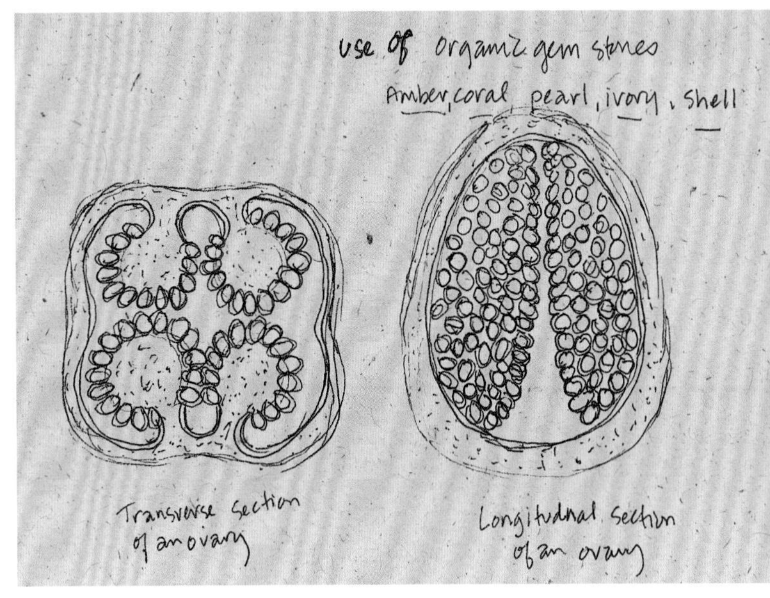

希瑟·怀特·范·斯托克，相关素描研究

在哈佛的皮博迪博物馆，我参观了利奥波德·布拉斯卡（Leopold Blaschka）和他的儿子鲁道夫（Rudolph）的玻璃花展，此展精彩绝伦，展示了叹为观止的玻璃花细节。我最喜欢的是花的子房的横向和纵向切片。经过多次放大后，我们会看到一个个抽象的、巨大的，拥有丰富形态与图案的生物形态。正是通过放大，超越了常规的观察使这些切片变得更为真切与美好。于是植物园与这些玻璃花成了我的“城市花园”。

刚开始，我还没有自己的工作室，就只能在家里的厨房间做蜡雕。就像削黄瓜皮只需要一些简单工具一样，雕蜡是我当时能想到最方便实现有机造型创作的方式之一。我只需要一些小块结构密实的绿蜡和一把铲刀，在蜡块上钻个孔，就可以做成一枚戒指。等完成蜡雕素戒后，我开始做细节雕刻，慢慢地剥去一层又一层的绿蜡。因为想要做一些体量较大的戒指，但是用 K 金浇铸后质量会变很大，所以需要把绿蜡雕得更薄一些、大概厚度在 18.0 ~ 20.0gauge。我一般用卡尺量取绿蜡的厚度，但是有些复杂型的蜡件是很难直接测量的，这时就只能依靠观察绿蜡的颜色变化来判断其厚薄：绿蜡雕

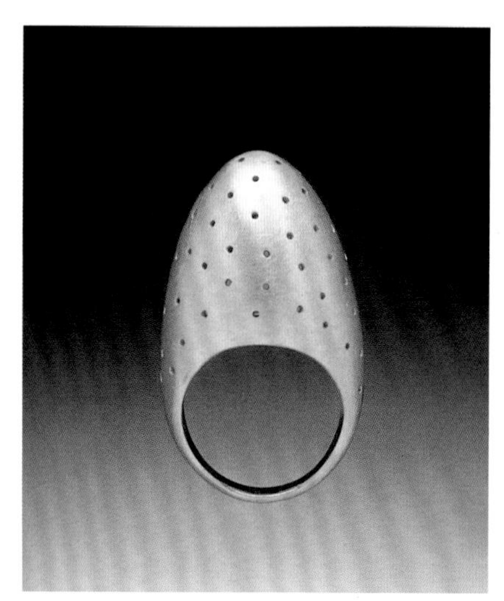

希瑟·怀特·范·斯托克，侵蚀戒指 #1，2001

3.3cm × 2.4cm × 2.0cm，18K 金；雕蜡、失蜡浇铸

迪恩·鲍威尔拍摄。私人收藏

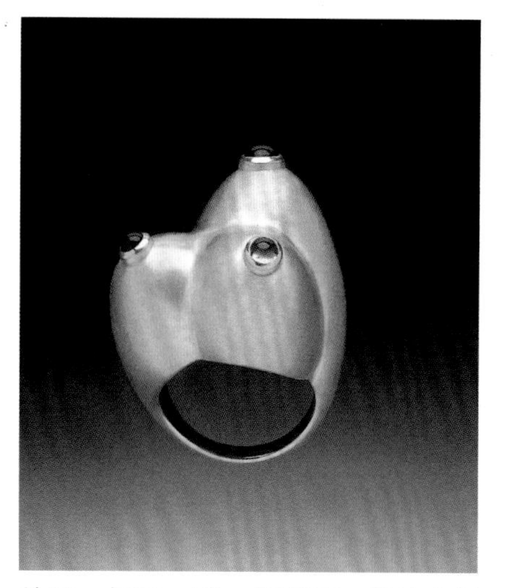

希瑟·怀特·范·斯托克，侵蚀戒指 #3，2001

4.2cm × 2.5cm × 2.0cm，18K 金；雕蜡、失蜡浇铸、堇青石；雕蜡、失蜡浇铸、焊接、镶石

迪恩·鲍威尔拍摄。马萨诸塞州剑桥美孚利亚美术馆提供

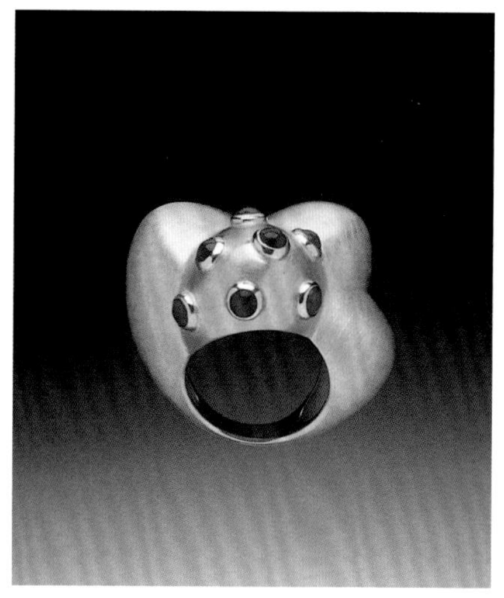

希瑟·怀特·范·斯托克，侵蚀戒指 #4，2001

2.7cm × 3.2cm × 2.0cm，18K 金、珊瑚；雕蜡、失蜡浇铸、焊接、镶石

迪恩·鲍威尔拍摄。马萨诸塞州剑桥美孚利亚美术馆提供

刻得越薄，透明度就会越高。当然，这是经过长期训练后得到的经验之谈。我将这些蜡模用石蜡浇铸的方式脱蜡成金，而这些金戒指虽然体型庞大，但是佩戴起来却足够轻便，这样我的目的就达到了。

当我有一个设计想法时，有时会在素描本上将其描绘出来，但有时也会直接开始蜡雕起版作业。在雕蜡过程中我偶尔会失去想法，只空留下一堆蜡刨花。但绝大多数情况下我会先雕刻出戒指的大致架构轮廓，然后等着它自己告诉我该如何继续发展下去，继而完成创作。后一种方式是我喜欢的，因为与“雕刻”的对话是令人兴奋的，从中可以学到许多。随后我开始制作一些模仿自然的作品，这就像打开了一扇之前从未向我开启的创新之门。手工制作是不变的平台，蜡雕成为将自然形态与珠宝进行连接的一种途径。我制作了一系列相关主题的戒指作品，起名为“侵蚀系列”。这些戒指是从一个“蛋形结构”开始演变而来的，随后逐个增加、逐步膨胀，演变成一个个小指环，将手指包裹环绕。在佩戴时我们几乎无法察觉到戒臂的存在，能看到的只是一个个隆起的小鼓包。宝石、小孔洞和珍珠作为装饰和视觉冲击点让人感到兴奋，它们增强了作品形态的感知力。我还雕刻了许多独立于该系列的蜡雕戒指，也是用黄金铸造的。它们的名字中都暗示了一种独特的行为动作——“模仿戒指”“吞噬珍珠的戒指”“隐藏珍珠的戒指”“伴生戒指”。在这些作品里虽然使用了珍珠和一些半宝石材料，但它们却似乎都被冻结在作品之中，这种状态与人类的动作——如模仿、吞噬、隐藏、伴生——是如此相似，而事实上在植物生命活动中我们也同样可见这一类行为状态。

我在旅行中收集了许多宝石和矿石，为创作下个系列作品汲取灵感。在很长一段时间里我将这些收藏搁置在书架上的一个盒子里，这些石头都充满了潜能，它们一直在那里静静地等待着一个合适的机会得以绽放。当在波士顿建立工作室安顿下来之后，我用新视角审视了这些石头，因为这些都是随意捡来的石头，所以乍一看它们表面十分粗犷。首先我检测了这些宝石的晶体结构，然后凭借我的双手、牙医工具、酒精灯在一块厚度为 20.0gauge 的蜡板上把这些宝石复刻下来。和惯常使用的绿色硬蜡不一样，这种蜡板不用削割工具，只需要

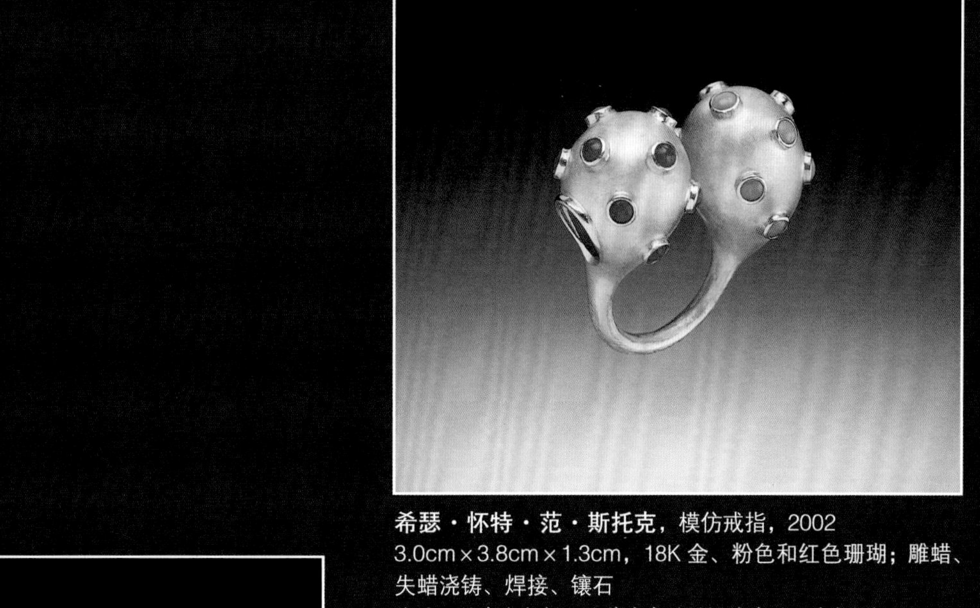

希瑟·怀特·范·斯托克，模仿戒指，2002
3.0cm × 3.8cm × 1.3cm，18K 金、粉色和红色珊瑚；雕蜡、失蜡浇铸、焊接、镶石
迪恩·鲍威尔拍摄。马萨诸塞州剑桥美孚利亚美术馆提供

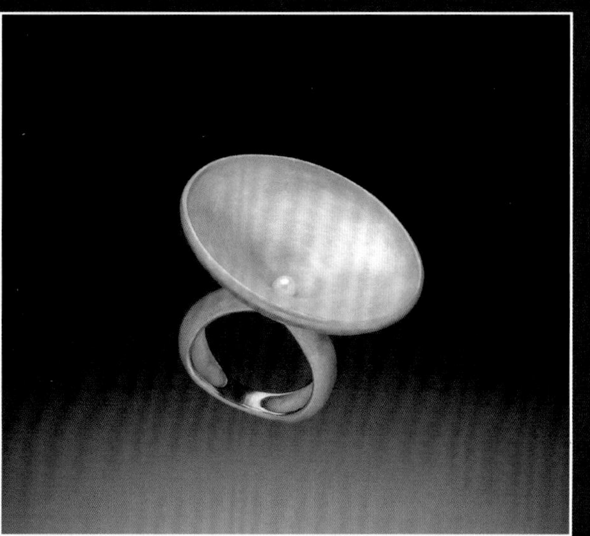

希瑟·怀特·范·斯托克，吞噬珍珠的戒指，2002
3.2cm × 3.2cm × 3.2cm，18K 金、珍珠；失蜡浇铸
迪恩·鲍威尔拍摄。马萨诸塞州剑桥美孚利亚美术馆提供

希瑟·怀特·范·斯托克，隐藏珍珠的戒指，2002
3.2cm × 3.2cm × 2.6cm，18K 金、米珠；雕蜡、失蜡浇铸

希瑟·怀特·范·斯托克，不完美研究 #2，2002
4.0cm × 5.0cm × 1.2cm，18K 金、水矽矾钙石；失蜡浇铸、手工制作
迪恩·鲍威尔拍摄。马萨诸塞州剑桥美孚利亚美术馆提供

希瑟·怀特·范·斯托克，不完美研究 #6，2002
7.5cm × 1.3cm × 1.5cm，18K 金、红宝石；失蜡浇铸、手工制作
迪恩·鲍威尔拍摄。私人收藏

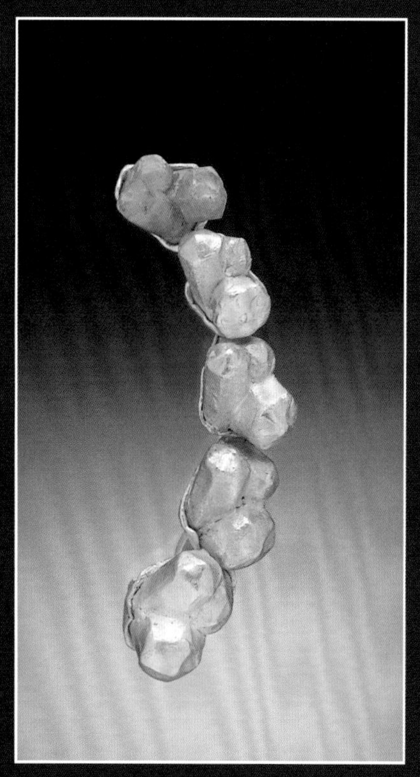

希瑟·怀特·范·斯托克，不完美研究 #4，2002
6.5cm × 2.5cm × 1.5cm，18K 金、钙矾石；失蜡浇铸、手工制作
迪恩·鲍威尔拍摄。马萨诸塞州剑桥美孚利亚美术馆收藏

希瑟·怀特·范·斯托克，不完美研究 #1，2002
4.0cm × 6.5cm × 1.5cm，18K 金、蓝铜矿；失蜡浇铸、手工制作
迪恩·鲍威尔拍摄。马萨诸塞州剑桥美孚利亚美术馆收藏

凭借手指的温度就可以将其软化。这种蜡板有一定的韧性，所以这次我选择使用雕塑方法进行造型作业。为了捕捉石头的形状，我在蜡块上做纹路、刻痕，将其弯曲并对局部区域进行穿刺，用热焊接的方式连接缝隙。和石头原料不同，我会根据需要对蜡块尺寸进行相应调整，有的会做得偏大些，而有的则偏小。当将这些蜡膜翻成黄金后，就可以开始研究它们每一块成品的质地纹理，模仿着原始宝石和矿石的样子将它们进行摆放、组合和实验。当某种摆放方式的效果比较理想时，我就将这些金件焊接起来，安装上背针，最后镶嵌宝石。我惯常使用的是红宝石，有时还会使用萤石、黄铁矿、绿松石和碧玺。我在胸针上所使用的宝石和矿石都保留了其自然形态，未经雕琢。黄金是美丽又昂贵的材料，我将其用来模拟不规则的宝石。制作这批胸针是为了纪念旅途中的所见所闻，每块石头都是我发现美好的指引与向导。

2003年春天，我花了整整一个月的时间在欧洲沉浸在珠宝制作工艺与实践中。马萨诸塞艺术与设计学院组织了一次学术旅行，于是我们一行人来到了荷兰拉文斯坦，拜访了知名的珠宝艺术家鲁德・彼得斯（Ruudt Peters）。当时我们就像一群疯狂的科学家，各自做着独特的试验。而这一次的工作营体验挑战了我们美国艺术家一直以来对珠宝制作的理解与处理方式，同时也在材料研究方面拓宽了我们的眼界。

同年春天，马里恩和贾斯珀・怀廷基金会的赠款让我得以参加在芬兰拉彭兰塔举行的KORU1国际会议。在那里我还参加了一个当地珠宝艺术家菲里宾・德・哈恩（Fillipine de Haan）的大师工作营，主题为“把作品带回‘家’”。这个营的重点是为我们的珠宝作品找到一个“家”，主办方希望我们设计制作出“不像珠宝”的饰品，这些珠宝不需要符合可佩戴的要求，因为这次制作的珠宝并不是为了卖钱，而是通过珠宝创作来表达自己的想法和故事，将我们的个人理念注入作品之中。我尝试直接将一些家居用品佩戴在身上作为装饰，由于只佩戴了它们几分钟，所以我都用照相机将这些片段记录了下来。

当回到波士顿时，我恢复了每天早上在家附近散步的习惯，在散步时寻找并收藏那些在钢筋混凝土的环境中依然茁壮成长的植物。随着收藏的植物标本越来越多，我意识到自己不再渴望用金属来复制植物标本这种创作形式，而是要在作品创作中与之共存。于是我开始展开新课题——“人体与自然的研究”，着重研究植物和感官体验这一主题。我希望将珠宝诠释自然的设计方向在这个阶段研究之后得以更好地延伸与发展。“珠宝即自然”照片中的植物珠宝是短暂而神秘的，所有作品只能用照片的方式进行收藏。

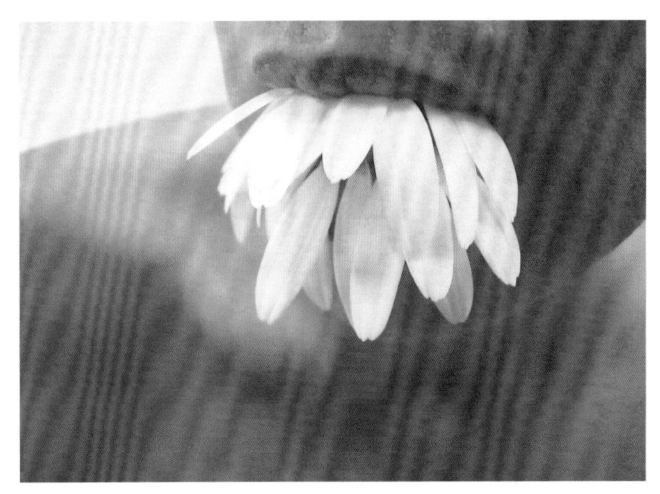

希瑟・怀特・范・斯托克，珠宝即自然 #5，2004
照片

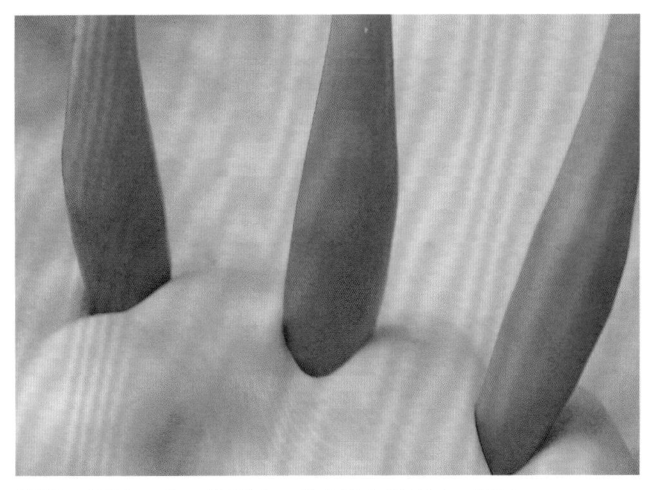

希瑟・怀特・范・斯托克，珠宝即自然 #11，2004
照片

虽然用照片记录并保留作品资料的方式直接又快速，并且与金属制作需要耗费大量的时间形成鲜明对比，但我还是偏好金属制作，尤其是制作可以永久佩戴与珍藏的珠宝，所以我又回去继续研究雕蜡与浇铸，而对摄影与雕蜡的同步探索也会互相产生影响。我对生物的研究包括植物学和生物的生长影响。这是我第一次以人体为直接研究对象进行创作，这是一个重要的创作转折期。我自己的身体无疑是最重要的提取素材，从自身开始研究，我把藻酸盐这种材料运用到身体与皮肤上制作模型，其中包括肚脐、牙齿、手指，眼睛，它们都像是我的“颜料”，而我的珠宝就像是一张“画布”，我用模具翻制了上百个蜡模，我把它们一一摊开，放在工作桌上。随着我不停摆放排列这些蜡模，并用电烙铁将它们仔细组装起来，渐渐地将这些材料构建出了各种各样的花朵。我称这些花朵为“胸花”，因为它们尺寸较大，并且佩戴这些作品时我时常能够感知到作品本身的个体意识，它们既有花的外形，又是从人而来的，是人体的衍生合成物。我希望创作的这些作品不仅仅是美丽的，她还能在视觉上赢得一种体验感，好比维多利亚时代的哀悼珠宝和同时期珐琅肖像珠宝那样，是具有叙事性和可读性的。

作品《植物的故事：牛奶花》表现的是一簇优雅又梦幻的花枝。这个作品的灵感来源于我的母系三代。这件作品以非常亲密的方式将我的外祖母、母亲和我连接起来，正因如此，完成这件作品需要极大的勇气。感恩节那天我们三人一起在厨房做饭，我向她们展示了我的设计草图，解释了设计思路与构想，并询问她们是否愿意和我一起进行这次的创作，从她们身上采集标本。令人惊讶又神奇的事情发生了，她们居然都同意了，我们围在一起嬉笑起来，简直就像三个小女孩在秘密实施一个大计划一般。作品中漏斗形的花瓣是在家中厨房用我们三个人的身体部位为素材制模后用925银翻制而成的，为了使作品构图在视觉上达到平衡，我又在作品的顶端加上了一颗银质的花骨朵作为装饰，以此暗示我的女儿将在9个月之后出生。

希瑟·怀特·范·斯托克，由藻酸盐材料翻模而成的蜡模
迪恩·鲍威尔拍摄

我还设计制作了许多的花形胸针，都是用了类似的手法，即直接从人体采集标本。作品《植物的故事：喇叭花》中，这些像漏斗一样的花朵外形都是用我的肚脐倒模翻制的。我将黄金制作的弹簧焊接在每朵花的底部，再将弹簧的另一端焊接在镍银合金的金属底座上，底座边缘一圈用黄金点缀。作品在佩戴时，喇叭花会随着佩戴者移动而随之颤动。作品《植物的故事：黑眼睛的苏珊》中每一片花瓣都是利用我闭着的眼睛倒模翻制而成的。刚完成蜡膜时，先用剪刀将其花瓣轮廓修剪出来，在翻制成925银后，对其进行氧化处理，以突显出作品中皮肤纹理的细节。《植物的故事：黑眼睛的苏珊》中心黄色花蕊是用了聚氨酯材料制作的，使用这种材料让作品显得更为真实，质地也越发轻盈。

在这一时期我还迷上了“美人印记”，它们指的是皮肤上独一无二的标志，通常有纹理、颜色且凹凸不平。我开始邀请一些朋友来到工作室，后来还邀请了一些凡是脸上、手臂上或者是可以看见的部位上有“美人印记”的陌生人。让我很惊讶的是，每个人都十分乐意参与到我的创作中。我用材料将它们的特征印记都翻制成模，再用22K黄金浇铸出来。最后的成品让人惊艳，它们都有非常漂亮的肌理外观。我在这些作品的背后都焊接了一段小针，可以将其用于佩戴，我将这个系列的作品命名为“美丽的标记”。

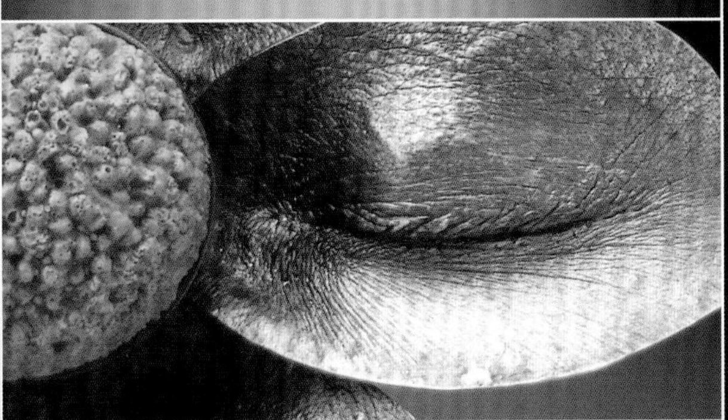

希瑟·怀特·范·斯托克，植物的故事：黑眼睛的苏姗，2004

14.0cm×14.0cm×2.5cm，925 银、聚氨酯材料；失蜡浇铸、手工制作

迪恩·鲍威尔拍摄。马萨诸塞州剑桥美孚利亚美术馆收藏

希瑟·怀特·范·斯托克，植物的故事：牛奶花，2004

20.5cm×11.5cm×4.0cm，925 银；失蜡浇铸、手工制作

迪恩·鲍威尔拍摄。马萨诸塞州剑桥美孚利亚美术馆收藏

《植物的故事：菊花胸针》系列作品灵感来源于牙齿。我先用相关材料制作出一批模型，再用电烙铁将这些蜡模仔细地组织成花朵的样式，但我也意识到如果用金属将这些“花朵”翻制出来，质量就显然太大了，根本无法佩戴。一个麻省艺术与设计学院的同事给了我一个意见：用聚氨酯材料进行试验。聚氨酯浇铸和金属浇铸在制作方法上极其相似，只不过使用这种材料翻模的时候不需要抽真空，也不需要使用焊枪。但是，在制作过程中一定要确保通风良好，需要佩戴好防护装备并且准备一些一次性杯子和搅拌工具。我用聚氨酯材料做试验并大致翻模了 40 朵牙齿花。我希望每朵花都能拥有一种独特的颜色，但同时又不希望在佩戴过程中因为磨损等原因，花朵表面会出现掉色的尴尬，于是在每种聚氨酯溶液中滴入不同的色精染料进行混色，最终做出了一批如糖果般拥有甜美色彩的牙齿花朵。之后我再用镍银合金制作每朵花的底托和背针，当我将它们作为群体展览时，这些“菊花胸针”居然变成了一片五颜六色的花墙，令人惊艳。

希瑟·怀特·范·斯托克，植物的故事：菊花胸针，2004
单件尺寸 7.5cm × 7.5cm × 4.0cm，聚氨酯材料、纯银；失蜡浇铸、手工制作
迪恩·鲍威尔拍摄。马萨诸塞州剑桥美孚利亚美术馆收藏

希瑟·怀特·范·斯托克，八个美丽的标记，2004
最大的作品尺寸 1.9cm × 0.6cm，22K 金；失蜡浇铸
迪恩·鲍威尔拍摄

随着作品越来越多，我发现创作轨迹的变化并不是随机的、偶然发生的。事实上，每件作品的发展与发生都是从一个念想开始，经过塑造与打磨后成为一件件首饰作品。从人体本身寻找素材进行倒膜与翻模是一个十分私密的过程，而我最近的大多数胸针作品都是从个人出发，是对个人的一种探索与研究。我做这个课题大概耗费了 40 周的时间，这个周期时长又很凑巧和女性怀孕的周期是几乎一致的。最终我所创作的这些作品可能只是一些零星的发现，只是一个开始、一个起步，但无论如何，它们都开辟了艺术首饰的一条新的道路，架起了连接植物学与生物学关系的一条充满诗意的桥梁。

手工演示

希瑟展示了两种不同的铸造方法，其中比较简化的方法表现在她的第一个项目中——以一个925银戒为例，还原其从雕蜡到失蜡浇铸的整个过程。随后，希瑟展示了第二种方法——使用藻酸盐材料直接从人体上采集标本进行创作。藻酸盐材料一旦浸入蜡液中，材料上的阴面形状就会变成可以用作金属浇铸的阳模。

制作金属浇铸的阳模

1 首先用铲形钻头将整块珠宝绿蜡钻穿。

2 用日本木工锯将蜡块切割下来，当然也可以选用带锯、线锯或珠宝锯。

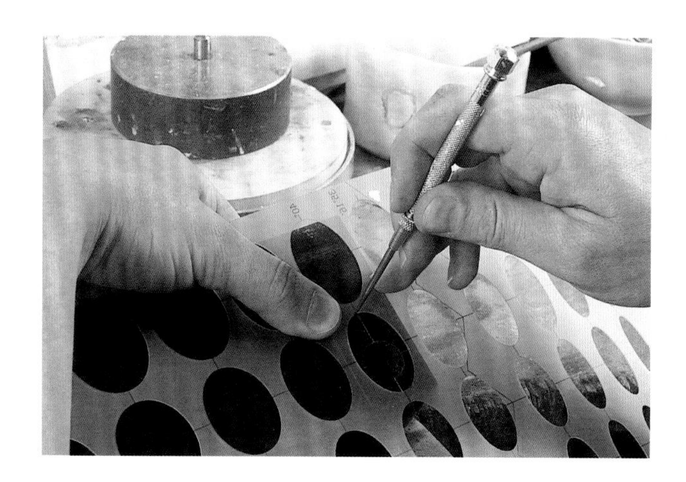

3 用刻笔与模板在蜡板上将戒指的轮廓勾画下来。

4 用螺旋齿锯条按戒指的轮廓将蜡块锯切下来。

5 用粗纹锉刀塑造蜡块的大体外形轮廓。

6 用细锉将戒指蜡精细锉修。

7 用砂纸将戒指蜡表面磨平滑。

8 把球形钻针安装在吊机上，将戒指内部掏空。

9 在吊机上安装各式钻针，在戒指蜡表面制作肌理。

10 选择一个合适的牙科工具，在工具顶端加热，利用此工具在戒指内侧粘上浇铸口，这样可以避免后续操作破坏戒指的表面肌理。

11 连接完底部铸口后，要用加热过的牙科工具将铸口烫齐整。

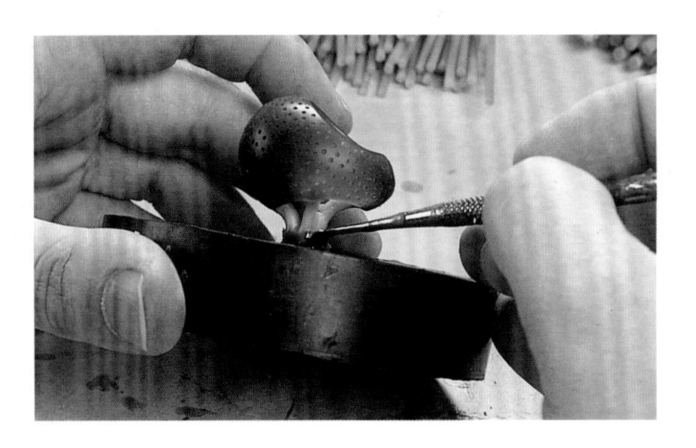

12 将牙科工具加热后，把戒指蜡粘在铸造专用黑色橡胶底座上。

13 在蜡模上涂一层由工业酒精、水、液体肥皂混合液制成的“除泡溶液”，使其表面光滑，这样有利于耐火石膏更顺畅地流过蜡块表面。

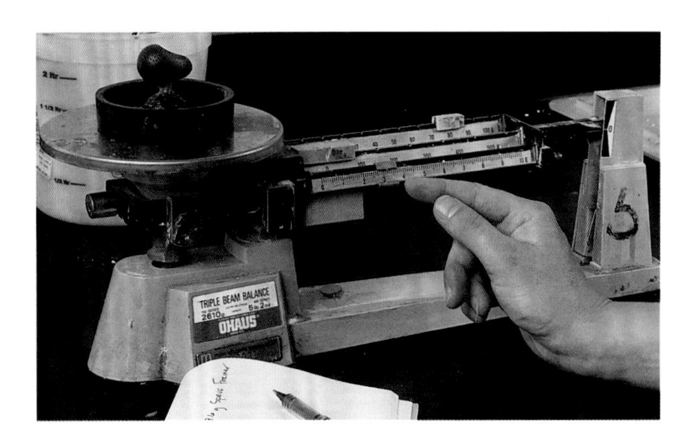

14 用三重平衡秤量出蜡戒和橡胶底座的重量，减去橡胶底座的重量就得到了蜡模的重量。然后再将铸瓶（钢瓶）安装在橡胶底托中。

15 蜡模的重量确定后，就可以算出所需金属的重量，本次演示中我使用的是925银材料。将蜡的质量乘以金属的比重（925银的比重为10.4）得到所需金属的重量，然后额外再加上10g，是为了在浇铸过程中熔融金属填满模具后形成一个像“纽扣”一样的“压头”，用来防止铸口留下管状空洞，浇铸完成后可以将其与铸口一起切除。材料完成称重后，放在一边备用。

16 称取耐火石膏的质量。

17 将粉末状耐火石膏洒入装满水的橡胶碗中，这跟混合普通石膏非常相似。水与粉末的比例为40∶400，混合时间约为9分钟，也有人会用观察的方式来做水与石膏的配比，但这种方法并不推荐。我更喜欢使用耐火材料厂家提供的混合比例表。该图表预测了任何尺寸铸瓶的耐火材料与水的比例，这个比例数据很精确，使用这样的混合比例可以最大程度上承受窑内因受热而产生的膨胀和收缩比，也可以减少浪费。我这次使用的铸瓶高度为7.6cm，直径为6.4cm，于是需要340.3g的耐火石膏和136cm^{3}的纯水。这一步中最好用精准的称来量取耐火石膏，用有刻度的量筒量取水。

18 混合耐火石膏时要十分小心，以减少气泡的产生。混合搅拌后，应将橡胶碗置于真空机内，将耐火石膏内的气泡排出。

19 将橡胶碗内的石膏溶液倒入铸瓶内，向外挤压橡胶碗口有利于排出石膏液。

20 铸瓶内注满耐火石膏溶液后，需要再做一次抽真空操作，将任何留在蜡膜内部和模壁上的气泡排出。之后将铸瓶放到一旁，等待耐火石膏自然硬化。完全硬化后，取出橡胶底座，将铸瓶放入窑炉内烘烤，这一步骤是为了让铸瓶内的蜡块逐渐融化、烧尽，同时保持耐火石膏在最佳铸造温度水平之上（高于金属熔融的温度，约260℃）。

21 用焊枪加热坩埚。

22 坩埚烧热后，将金属小心地放入其中。

23 用碳棒搅动熔化的金属，碳棒可以去除金属内的杂质。再向坩埚内投入一些粉末状硼砂。

24 在为金属加热时，把钢桶从窑炉中取出来。

25 将滚烫的铸瓶放在离心铸造机的支架上，坩埚中的金属依然保持着熔化状态。将坩埚推向铸瓶，支架以 90° 角方向被翘起，离心铸造机以逆时针方向旋转，熔融金属就会灌入铸瓶空腔内。

26 取下铸瓶，可以看到洞口有“纽扣”状“压头”，这个“压口”就是当时多加入的 10g 金属，是为了防止铸口形成空腔。“压头”的顶部是一层玻璃光泽的硼砂。

27 “压头”固化之后，将滚烫的铸瓶放入水中，耐火石膏材料遇到水，就立刻炸裂四散。

28 “失蜡”浇铸操作后，金属完美取代了原始的蜡雕模型。

29 图片中的三个戒指是“卵”系列作品，材料分别是纯金、925 银和青铜。银戒还存留了金属铸口和“压头”，稍后会将其切除，表面的氧化皮也会用砂纸进行打磨处理。

用藻酸盐材料翻模

1 将藻酸盐粉末和水搅拌在一起，放在振动机上 45 秒排除混合液中的气泡。

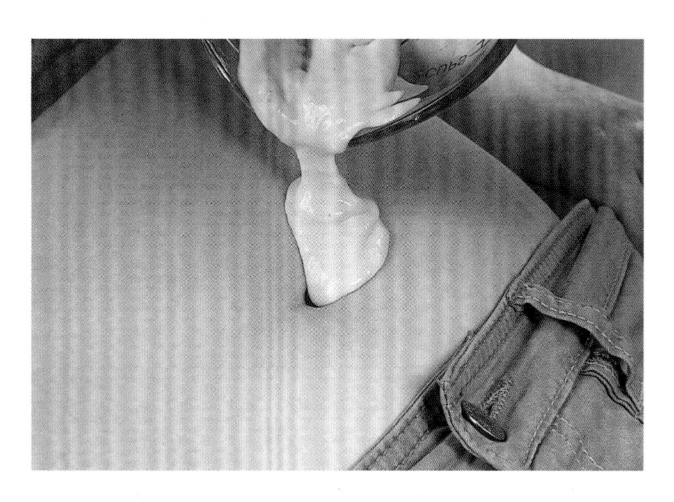

2 将混合液直接倒在皮肤上。

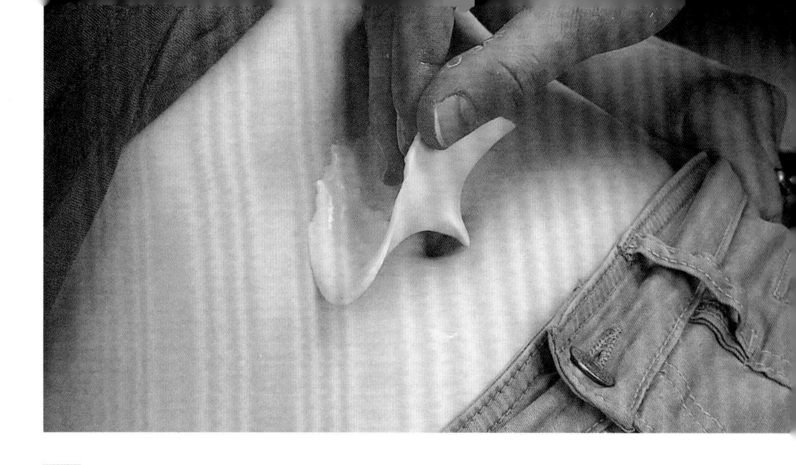

3 大概等待 2 分钟，藻酸盐溶液固化后，将其从皮肤上剥离下来。

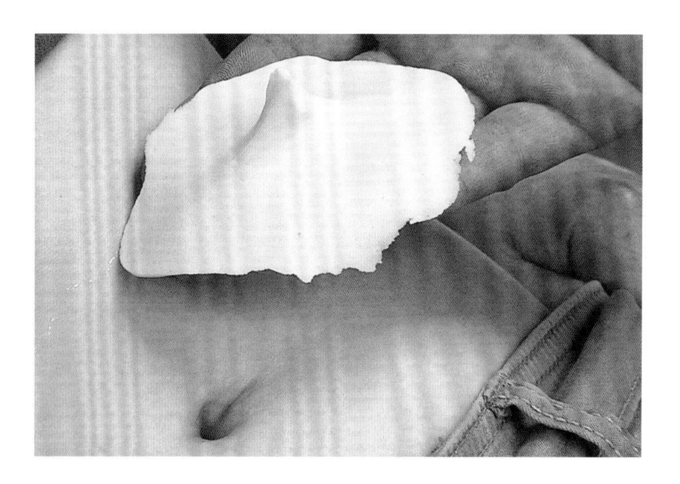

4 在肚脐旁边的就是藻酸盐模型，这是一个阴模。

5 将藻酸盐模具放入装有液态蜡的双层煮锅中。

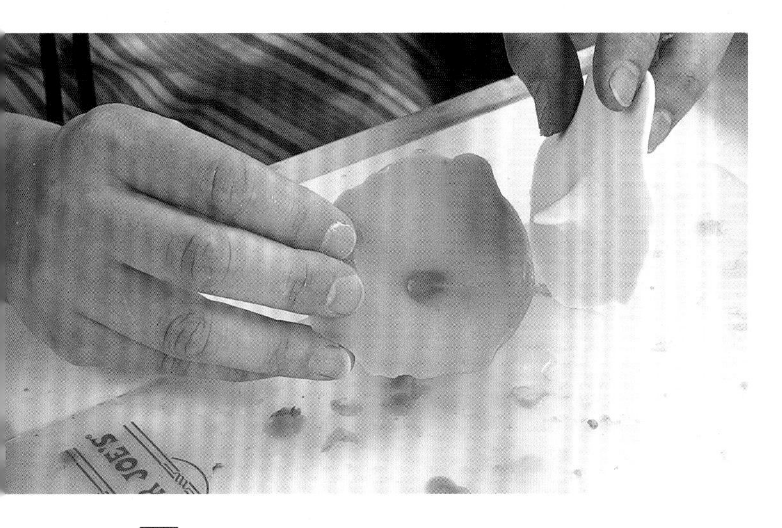

6 将阳模蜡膜从藻酸盐模上进行剥离，就呈现出了一个完美的肚脐蜡模。

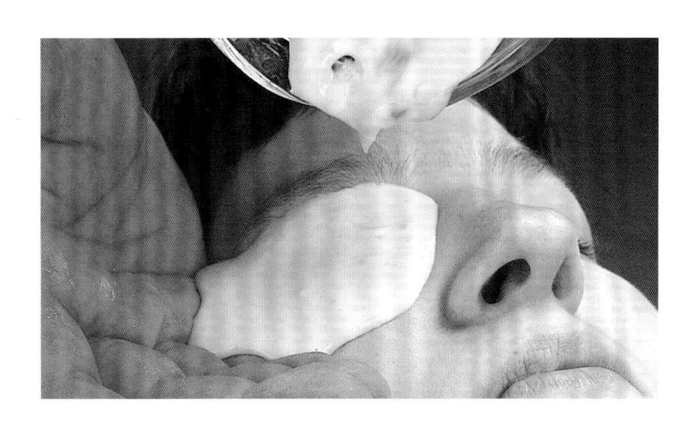

7 将藻酸盐溶液倒在闭着的眼睛上。

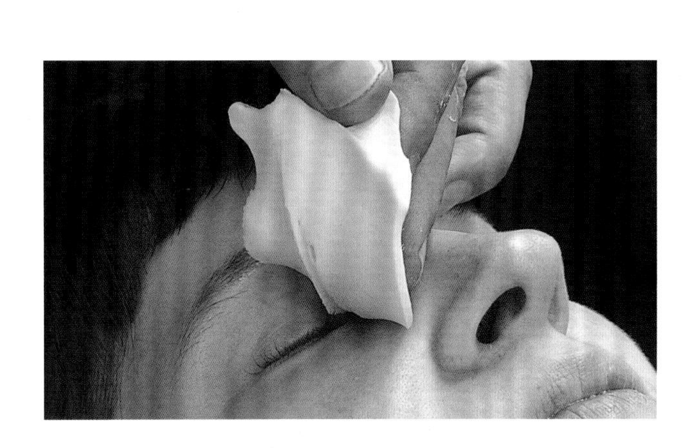

8 等候大约 2 分钟，藻酸盐固化后将其从眼睑上剥离。

9 固化的藻酸盐是阴模，放入装满蜡液的双层煮锅中。

10 把蜡从藻酸盐模剥离下来，就得到了一个完美的眼睑蜡模。图片中显示了藻酸盐模具中的一个气泡在蜡上形成一个凸点。

11 等将这些蜡模裁剪后，就可以通过做铸口、倒石膏、抽真空、铸造等失蜡步骤将这些蜡模置换成金属了。

艺术家简介

希瑟・怀特・范・斯托克目前住在波士顿马萨诸塞州，她也是马萨诸塞州艺术学院金属和珠宝专业的副教授。同时她还在俄亥俄州阿克伦大学的迈尔斯美术学院、北卡罗来纳州彭德兰工艺美术学校、纽约州立大学任教。

1994年，希瑟在纽约州立大学获得艺术硕士学位。她本科毕业于罗德岛设计学院，获学士学位。希瑟是马里恩和贾斯珀・怀廷奖学金的获得者，同时也是马萨诸塞州波士顿工艺美术学会的卓越工艺奖的获得者。

希瑟的作品被许多博物馆与画廊收藏，其中包括波士顿美术博物馆和史密森尼美术馆仁威画廊。个人展览则包括在皇家橡树锡巴里斯画廊举办的“美丽的记号”展，以及在克利夫兰当代艺术博物馆举办的“亲密的王”展。参加的群展包括由德国慕尼黑巴伐利亚工艺美术协会举办的“微网气体”艺术概念展；由缅因州波特兰美术学院举办的“感性事物”艺术展；罗德岛艺术学院举办的“引人入胜的对象：当代工艺美术与珠宝”群展；由迈克尔・W・门罗（Michael・W・Monroe）参展规划的“黄金艺术”主题展；由韦恩州立大学组织举办，名为“下一个千年的意义与金工事业的真谛”的艺术群展。她的作品也发表于如《金属匠人》《雕塑》《美国工艺》等杂志中，而如《500个手镯》《1000个戒指》等书籍中也刊登了她的作品。

艺术品画廊

这一章节中收录的艺术家都有共同特点：他们都擅长使用铸造手段进行创作。有些人运用铸造手段是因为技术需要，有些人使用这种工艺是为了表达作品的内在意义，当然还有人是既希望展现技术，也希望通过运用铸造手段来表现作品的内在意义。

J. 弗雷德・沃尔（J. Fred Woell）通过改变和直接铸造一些微型塑料部件来制作他的叙述性胸针作品，他用自己独特的、幽默的设计语言来讽刺、恶搞美国文化。他还会把现成的金属硬币用到所谓“包容性铸造”的工艺中，或者在现有的固态金属物品周围浇铸熔融金属。

鲁德・彼得斯（Ruudt Peters）在他的作品“元气”系列中使用了空腔铸造术，他的灵感来源于对立面和双重性概念的理解。他把一些石头放在一起进行翻模，制成蜡模后，再将这些蜡模包裹在树脂胶内，把蜡模融化之后，树脂内就会保留住石头的轮廓，于是就形成了一个空腔。而彼得斯在作品“反照率”中尝试将一些石头和金属材料进行粉碎，用石蜡将这些粉末材料进行铸造创作项链，以展示铅与金的升华过程。

卡尔・弗里奇（Karl Fritsch）用看似简单的方法制作珠宝。他的手指就是主要工具。他的戒指作品使用的材料并不稀奇，无非是黄金、白银和贵宝石，然而他的蜡雕、镶石工艺和作品的收尾方式却如此匠心独运。他有时也会去“修补”古董珠宝，用蜡来代替缺失的部分，有时会通过留白渲染出奇妙的荒诞效果。

菲律宾・德・哈恩（Filippine de Haan）以欧洲人的视角制作珠宝，他的作品有故事性、片段性且具备神秘色彩。当其作品与佩戴者的衣服搭配使用时，作品上金属毡制成的雕花兔子仿佛预示着一个可怕的童话故事一般。

格罗德・罗斯曼（Gerd Rothman）直接使用客户的皮肤纹路进行珠宝定制。他的作品巧妙地承载了两种符号：一种是来自他的顾客的，另一种则是来自他本人的。对他创作的珠宝作品可以在好几个层次上进行理解：首先他的作品都是有故事性的，同时也都是具备象征意义的（如图中的黄金手镯，就是借助一个男性的手腕进行翻模铸造，成型后的手镯是佩戴在女性手腕上的），由技艺精湛的大师制作。

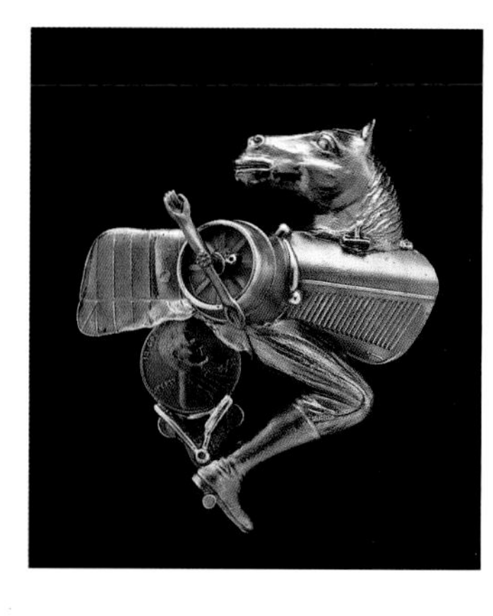

J. 弗雷德・沃尔，一分钱的感受，1992
8.3cm × 7.0cm × 2.5cm，925 银、青铜、铜；铸造
艺术家拍摄

J. 弗雷德・沃尔，让“n”高飞，1998
4.4cm × 9.5cm × 0.6cm，925 银、铜；铸造
艺术家拍摄

达西・米罗（Darcy Miro）在使用铸造术之前，会先以戳、扎、刺等方式在薄蜡片表面制作纹理。一旦她决定使用金银铸造，那么她的作品一般都会经过侵蚀处理，她要营造出一种作品似乎正在经历，或者准备经历氧化和磨损阶段的作品气质。她对金属表面处理非常率真：放弃对贵金属表面进行抛光处理，而是选择保留作品在铸造过程中所产生的特有的天鹅绒般的质感。

汉娜・基夫（Hannah Keefe）是第一位尝试用蜡材料把与生活息息相关的常见物品联系起来的艺术家，本书选取的作品使用了别针，她用“包容性铸造”的方法把别针变成了可佩戴的珠宝，虽然别针已经失去原本的功能，但跟珠宝一样具有诗意。她的作品中充满了幽默气息，巧用别针的针脚做胸针被针也是颇有新意的做法。

鲁德·彼得斯，阿德里安西的原始材料，1998
30.0cm × 30.0cm × 5.0cm，银、塑料、硬树脂；铸造
罗伯·福尔斯莱斯拍摄

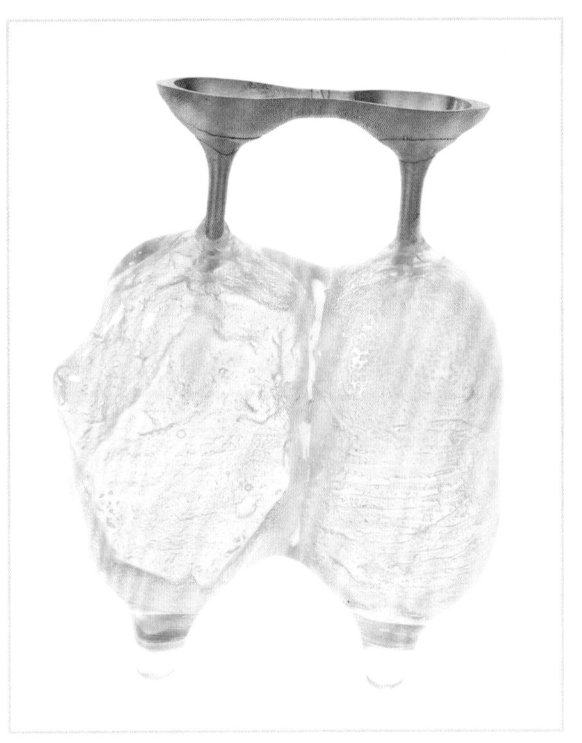

鲁德·彼得斯，肺炎 4，2000
7.3cm × 4.6cm × 3.0cm，金、涤纶；铸造
罗伯·福尔斯莱斯拍摄

卡尔·弗里奇，戒指，2003
2.8cm × 2.0cm × 1.0cm，18K 金、红宝石、蓝宝石、钻石；铸造
艺术家拍摄

卡尔·弗里奇，戒指，2003
2.5cm × 2.0cm × 0.8cm，18K 金、红宝石、钻石；铸造
艺术家拍摄

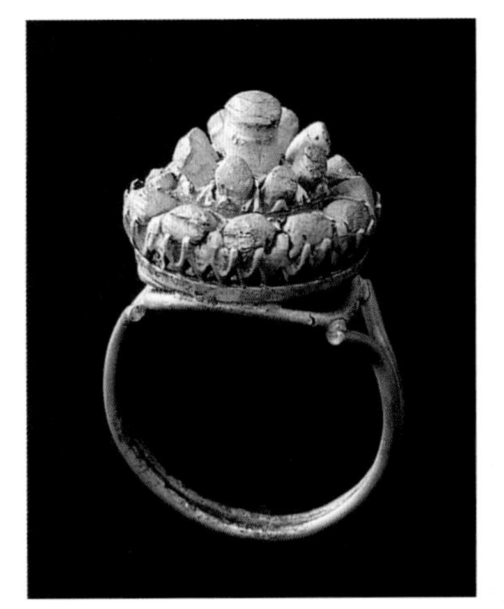

卡尔·弗里奇，篮子戒指，1993
2.0cm × 2.0cm × 1.5cm，18K 金、14K 金；铸造、锻造
艺术家拍摄

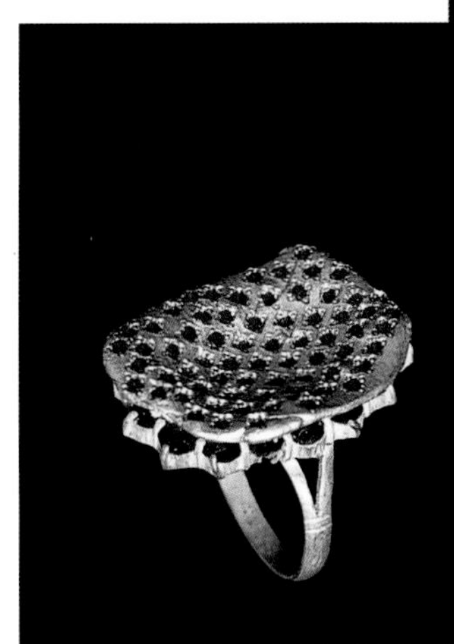

卡尔·弗里奇，戒指，1995
2.5cm × 2.0cm × 2.0cm，银、石榴石、红宝石；铸造
艺术家拍摄

格罗德·罗斯曼，项圈 / 肩饰，1988
单件直径 6.0cm，银
特蕾莎·艾坦拍摄

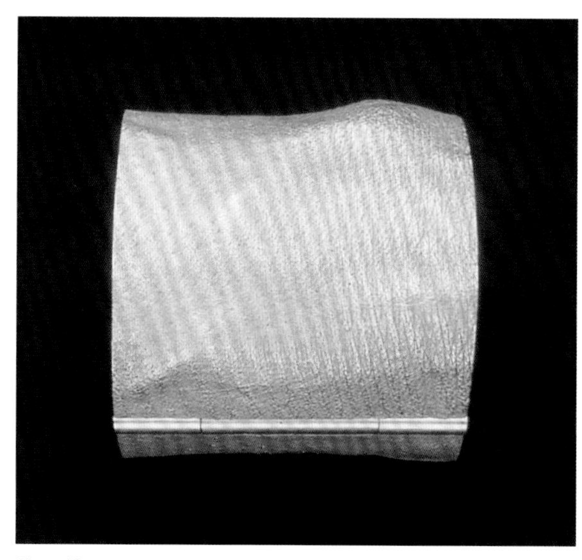

格罗德·罗斯曼，从他到她，1990
6.4cm × 5.2cm × 5.7cm，金
威尔弗尔德·皮特兹拍摄

格罗德·罗斯曼，指纹戒指，1987
2.8cm × 2.4cm × 1.3cm，金、手指印
威尔弗尔德·皮特兹拍摄

菲律宾·德·哈恩，兔子胸针，1998
8.0cm × 2.0cm，银、兔毛、纸；制造
艺术家拍摄

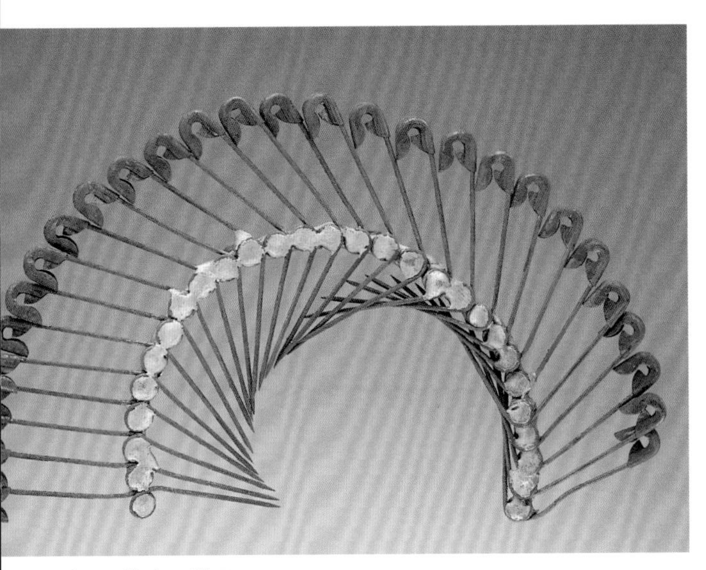

汉娜・基夫，满月，2003
11.4cm × 7.6cm × 1.3cm，回形针、925 银；铸造
迪恩・鲍威尔拍摄

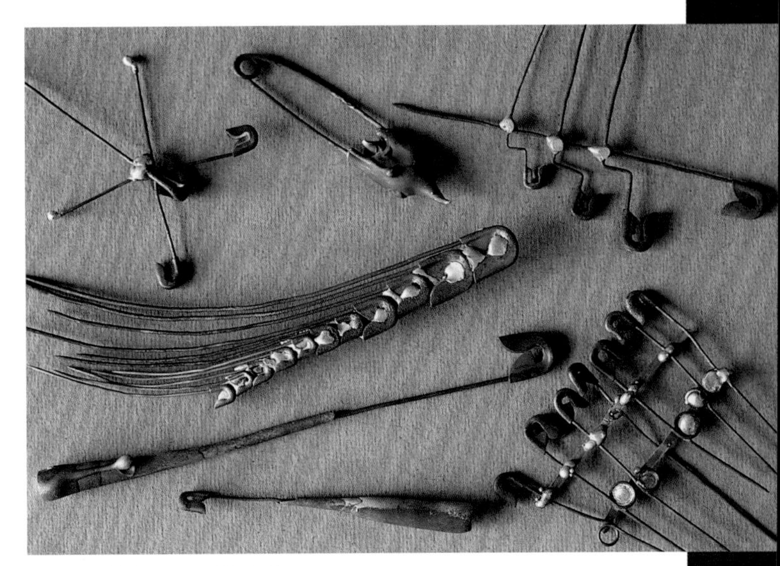

汉娜・基夫，回形针系列，2003
尺寸各异，回形针、925 银、铜；铸造
理查德・拉哈特拍摄

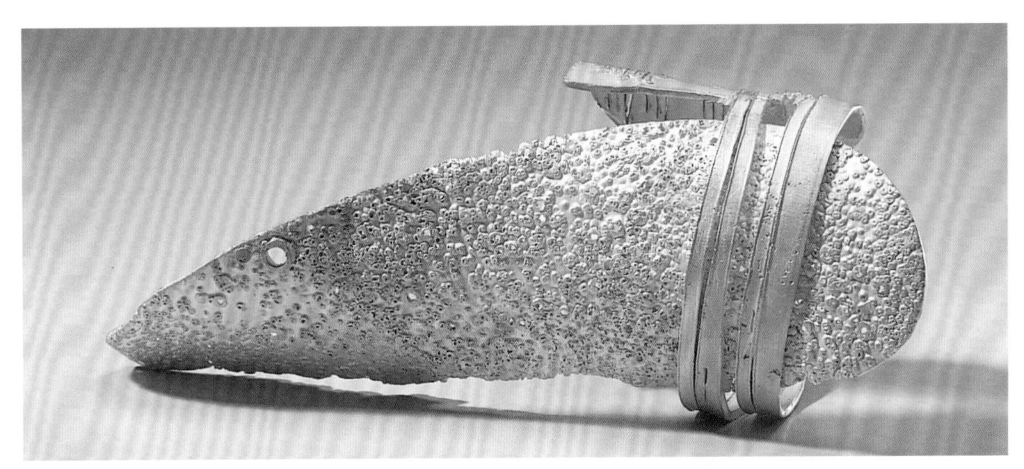

达西・米罗，无题手镯，2003
15.0cm × 7.0cm × 6.0cm，925 银、钻石
提姆・泰耶拍摄

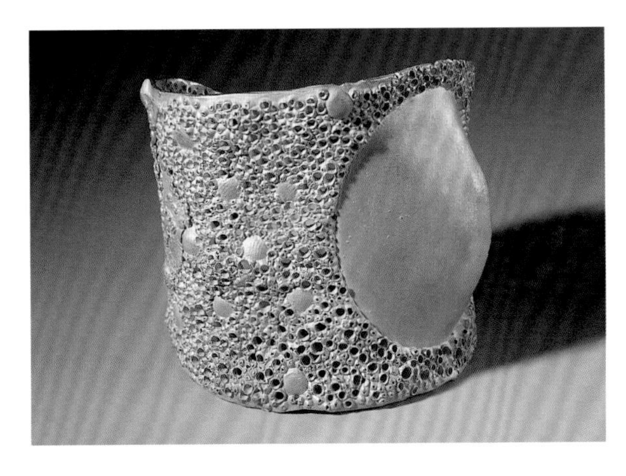

达西・米罗，无题手镯，2002
7.5cm × 7.5cm × 5.5cm，18K 黄金
罗伯特・艾普斯坦拍摄

Jan Baum
扬·鲍姆

匣盒类佩饰有着悠久的历史，它所展现的华美外观和独特的功能性作用都注定这类珠宝是魅力无穷的。扬·鲍姆则运用冲压工艺来制作匣盒类配饰。扬的作品具有复杂性与装饰性的特征，他的作品充满能量，自然本真，令人过目难忘。

扬·鲍姆，横断面结构体，1996
6.4cm×4.5cm×5.4cm，镍银、钢、925银；手工制作、电镀
菲尔·哈瑞斯拍摄

扬·鲍姆，碎片：收藏，1994
5.6cm×3.5cm×3.2cm，青铜、24K金，私人信件、氧化剂；液压成型、手工制作、电镀
艺术家拍摄

挂坠、坠饰，可佩戴的器皿

为什么我们要做作品？我们从作品中到底看到了什么？我们又可以从中获得什么？我认为作品的意义在于透过饰品让人得以感知自己的情绪，作品可以和人对话，让我们的感官变得愉悦。通过作品我们可以发现真实的自己或者是我们向往的自己。当我们选择周围的事物时，我们就在试图建构自我身份。拉尔夫·沃尔多·艾默生（Ralph Waldo Emerson）说："事物的精美、优雅、富足和俊朗如果不能唤起想象，将不算是美丽。"哲学家、现象学家苏珊·朗格（Suzanne Langer）也说正是事物具有的诱惑力，才让它得以挣脱世俗，以其形象、符号、幻想的载体展示自己的卓尔不群。

人的倾向

在身上佩戴物品是人类装饰身体的第一种形式。这些物件与人的心灵和想象力交织在一起，装饰逐渐变成了人类生活的一部分。它源于自然倾向，在人类最熟悉最密切的地方——身体上定居下来。自古以来人类就有随身佩戴小匣子的习惯，在许多部落文化中都有类似的发现，护身符是这类物品中最常见的例子。在很长一段时间里，我都对护身符有着极其浓厚的兴趣，我也被人类所具备的那种希望在自然材料与物件中寻找个人符号的倾向而倍感好奇。佩戴在身上的护身符，借用某种自然力保护、帮助着佩戴者，它们具有强大的力量，而这种力量的输送者是极为强大的。一些历史资料中记载人类会使用动物身上的一些特征元素作护身符，例如牙齿或皮毛，以赋予佩戴者以相关动物的特征。在非洲的一些国家，镜子是护身符，因为他们相信镜子可以用来消除负面情绪。首饰的历史告诉我们首饰也在某种程度上是一种护身符，因为人们相信这些材料是具备某种力量或预言能力的。无论饰品以何种形式佩戴在人身上，这些饰品都是为佩戴者服务的，人们可以通过观察个体佩戴何种饰品来判断其所在群体类别。首饰也成为了社会信息的载体与符号，就像前美国国务卿马德琳·奥尔布赖特（Madeleine Albright），她会根据自己的外交诉求特意选择合适当时境况的胸针款式。首饰可以安慰和改变佩戴者，就像护身符、宗教珠宝和文身一样。

扬·鲍姆，内脏，1997
3.9cm × 2.9cm × 2.0cm，925 银、珐琅、钢、盐、珍珠、14K 金；液压冲压、手工制作
菲尔·哈瑞斯拍摄

扬·鲍姆，指南 #4，1995
3.2cm × 3.2cm × 2.0cm，925 银、珍珠；锻造
比尔·哈瑞斯拍摄。理查德·福德一世收藏

自我认知

职业生涯刚起步时，我就创作了一些可佩戴的小容器。在设计构想中，这些饰品必须具备佩戴性与功能性，它们应该低垂于身体之上，方便双手随时抓握。除此以外，这些容器还需要具备护身符的象征意义，同时满足人的心理需要。现在看来，我当时的确全神贯注于创作匣盒类珠宝，并且我是非常适合饰品设计创作工作的。

“小盒子”非常准确地形容了我的作品类型，因为它们很小，可以戴在脖子上，又可以被打开，也可以在里面放东西，然而它们的存在绝不仅仅局限于此。把它们称为“可佩戴的匣盒”可能更为准确。当然，盒子、吊坠或者是佩戴式匣盒，这些词汇都有共通之处，我的作品可以归属在这个群体之中。一个“小盒子”既是装饰品，又可以是一件随身携带的“小容器”，有时吊坠也是可佩戴的“容器”。即使在今天的文化背景下，这类饰品通常也具备护身符或是法器的特征。还有人会随身携带一些小器皿，但它们并不是珠宝，好比一些盒型纽扣、非洲头饰、火柴盒或是针线盒等。这些物件不为装饰身体而存在，而是以身体为媒介或承载物而存在：身体在这里是装载灵魂的容器。我的作品装载在这些“容器”之中。

创意挖掘

几年前，我开始研究亨利·马蒂斯（Henri Matisse）的作品。我被作品中所营造出的丰富心理空间而深深吸引，它们是宁静的、活力的、安静的、丰富多彩的，构图稳定又精巧别致。他对装饰艺术的表现力让人很感兴趣，作品中的墙纸、家具，以及装饰图案都设计得棒极了。亨利对颜色的使用让人着迷，他的绘画作品能够引起强烈的情感共鸣。谈到学习对于准备工作的重要性，亨利认为人是通过有意识的工作过程进入创作状态的。学习让人感受世界，让艺术家在创作中与世界连接。学习也是我工作和创作过程中非常重要的组成部分，观察、想象、绘画、试验、发现，然后我继续不断地重复这些步骤，一遍又一遍地挖掘想法。素描是我的灵感素材库，它会记录灵感、思想和设计的演变过程。

一旦我得到了满意的草图、形式或想法后，就可以开始进行创作了。这通常是在把握作品整体形式的基础上展开的，我需要确定设计风格、需要使用的材料，以及作品的开合方式。作品在制作的过程中逐渐发展成型，而在此过程中需要不断审视、确定对设计美的理解与把握。我的设计原则是每一件作品都应该秉持一种主导思想，所有的设计决定与审美需求都是围绕这一思想而展开的。如果在审美方式上把握不当，整件作品设计方向就可能出现偏差，从而削弱作品的设计构想与设计目的。

许多事物都会对我的创作有影响。我喜欢观察、阅读，着迷于文化和历史。和许多艺术家一样，我的墙上贴满了感兴趣的东西。护身符元素和空间心理构建方式多年来一直是我的作品灵感来源，但如今已经成为创作基石。

早期，我的装饰作品纯粹是为了表达设计理念。以前我一直认为，与装饰品的巧遇都是因为作品本身需求，我只是在跟从这种需求罢了。随着眼界拓宽，我对装饰品的认识也越来越深，内在的直觉引导我开始读一些经典手稿、了解世界各地的民间文化，后来我又了解了安东尼奥·高迪（Antonio Gaudi）的作品。我发现装饰形式、装饰造型、装饰颜色都有重要意义。对装饰艺术的认识带领我进入一个全新的领域。当阅读那些经典手稿时，我对其中的宗教故事虽然了解得比较模糊，但却被手稿本的装饰性边框所吸引，在我看来这些精美的边框才是最重要的信息。这时我才意识到装饰早已经是作品的一部分了，所以我决定要专心在这一领域进行研究。很快我就发现了许多“宝藏”——如西班牙和墨西哥的无限装饰主义（Amor Infiniti）、伊斯兰和摩尔人的装饰、建筑和园林。装饰是关于快乐、愉悦和美丽的，人类不应该活得索然无味。一个社会的装饰是其文化、精神、信仰和价值的体现与表达，即使没有任何装饰的物品，自我表达也源于其与装饰的关系。

扬·鲍姆，毕加索胸针，1997
8.0cm×3.9cm×0.7cm，铜、珐琅、有色混凝土、925银、不锈钢；钻孔、铸造
比尔·巴楚伯拍摄

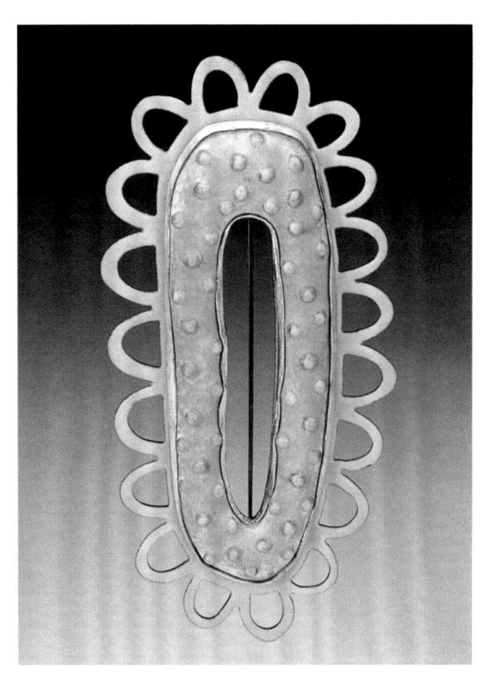

扬·鲍姆，螺旋胸针，1997
9.0cm×4.5cm×0.7cm，铜、珐琅、纯银、不锈钢；液压成型、錾刻、钻孔、铸造
比尔·巴楚伯拍摄

技术说明

在设计制作过程中，我会根据技术图纸来安排制作环节。一般需要考虑几个关键点：作品的尺寸大小、作品中每一层的结构设计安排、层与层之间的连接关系设计、结构组织和材料的使用方式等。我从作品的三维空间角度进行思考，如何将所有零部件组装到一起？这样做是否可行？对这类小体量，又需要开合设计的复杂金属结构？在制作时一定要事先做好计划，有时候甚至需要准备多个方案。各个零部件必须按照特定顺序进行制造，因为每个元素都是相互影响的。金属对我来说是意义重大的，也是其他任何材料无法取代的。每一次用金属这类材料进行创作对我来说都是一项挑战。

扬·鲍姆，传承，1998
7.7cm×4.9cm×1.7cm，925 银、18K 金、珍珠、盐、钢；手工制作
菲尔·哈瑞斯拍摄

扬·鲍姆，备忘录，1999
吊坠盒 25.5cm×17.9cm×3.2cm，主体吊坠 4.1cm×1.9cm×1.9cm，综合材料、18K 黄金、925 银、盐、钢、植物；手工制作
菲尔·哈瑞斯拍摄。私人收藏

好的灵感带来好的设计，并且需要我用金工语言将其表现出来，针对不同的设计需要选用相应的金工工艺进行表现与表达。我喜欢所有的金工工艺，只要确定作品中需要哪种工艺技法，那我就会努力用这种技法将其实现。作品在表达过程中要选择最合宜的工具。对我来说每次制作匣盒类饰品，压模成型是最常选择的技术手段。

我最早制作的“小盒子”结构复杂、形式繁琐。作品分为好几层，每一层都用铰链连接，铰链连接的部分有些会被展现，但有些则会被隐藏起来。我希望作品可以被佩戴在胸口以下的位置，因为它的含义是提醒佩戴者勿忘初心。那件作品具有明显的“护身符”意义，与人关系亲密。后来我开始对整体造型设计更感兴趣。虽然依然喜欢形式丰富、结构复杂的创作方式，但我希望创作的着力点有所不同。我下一系列的作品则较少使用到铰链，作品既保证结构精巧，又兼顾其牢固性，并且可以保持与人的亲密关系。

因为可以借助许多不同的制作方法获得凹陷的、中空的模具模型，所以在正式创作前我会先问自己一个问题“这件作品中要选择哪种制作方法？”我要根据设计构想选择最适合的模具和制作方法。在“符号”这件作品中，我选择使用一个比较简单的块状模具（Silhouette Matrix）将作品的大体结构制作出来。同时我选择以此作为底板，在其中心位置烧制珐琅。在“热辣风格（Hot Style）”这件作品中我解构了两种块状模具形式，创作了两种具有装饰性边缘的框架结构。在其他作品中，我也经常使用解构重组的方式来修改一些原始模具以获得一个全新的作品框架，这些框架的设计与构成都是在模具成型工艺的辅助下才得以实现的。“毕加索胸针”中的红色混凝土部件是使用模具浇铸而成的；作品“备忘录”在制作过程中将模具倒转，而模具是由多个矩阵模具组合完成的。图片中展示了四件吊坠作品。作品“内脏”则使用了两个完全相同的冲压模具制成了一件有一定深度的小容器。

对我来说，制作“小容器”是我设计表达形式的初心。到底为什么要创作呢？我认为应该是为了探索世界，形成自己的世界观，表达所想表达的一切。我收集、分类、过滤、提炼原始素材，把我的经验、品味、思想融入于这个大千世界，将它们转变成一些实实在在的形体与形态。在这里我借用我同事基思·刘易斯（Keith A. Lewis）的一句名言：“当我总觉得我在‘嚼剩饭’的时候，我就应该来重新审视、反思自己，去寻找一些新的焦点和关注点。”

扬·鲍姆，热辣风格，1999
4.0cm×3.1cm×1.6cm，925 银、易拉罐、珐琅、14K 金；液压冲压、手工制作
菲尔·哈瑞斯拍摄

扬・鲍姆，奶油，1999
2.9cm × 1.5cm × 1.0cm，925 银、珐琅、墨、铜；液压冲压、手工锻造
考特尼・弗瑞丝拍摄

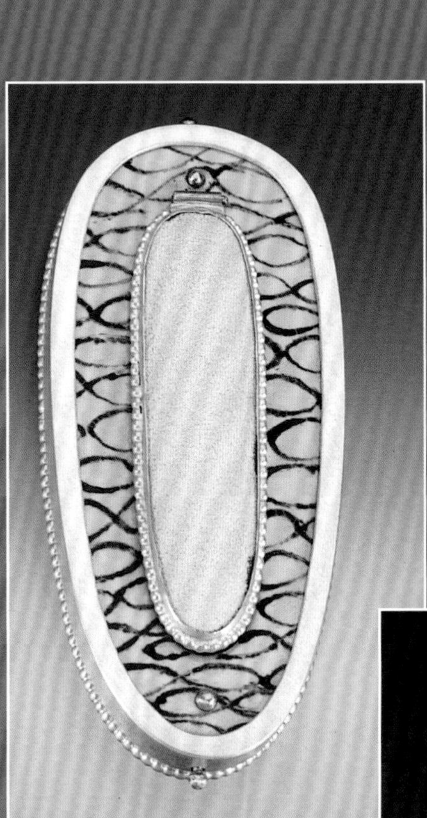

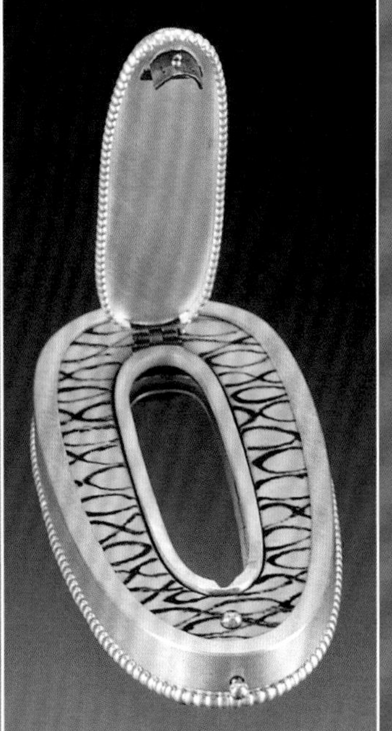

扬・鲍姆，符号，1999
7.8cm × 3.5cm × 1.5cm，925 银、珐琅、铜、墨、14K 金、镍银、不锈钢；手工制作、冲压
比尔・巴楚伯拍摄

手工演示

扬制作模具的方法迷人又有效。她的演示内容包括一些基本技术方法，如构建精良的模具、使液压机作金属成型、錾刻与切割金属，还有一些特殊的技术方法，比如使用电脑软件创建镜像图版和蚀刻金属做图案镂空等。

1 首先需要画草图，越完善越好。

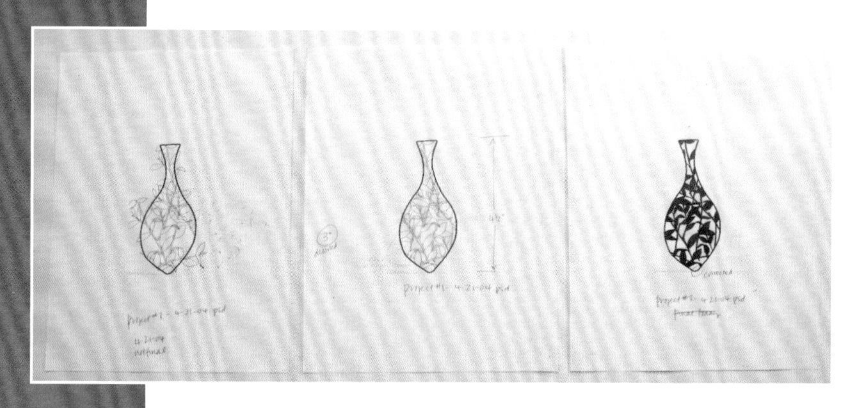

2 用图形设计软件构建装饰图案，使用计算机可以轻松创建出装饰图案的镜像图像。

3 模型板是需要铸造完成的。需要准备一块6.0mm厚的亚克力板材还有一块厚度为18.0gauge的黄铜板面板，其中亚克力塑料板建议购买较大的板材自行切割，而黄铜板在制作一些非对称型的作品时会非常有用。黄铜面板可以保护模具顶部边缘不受磨损。

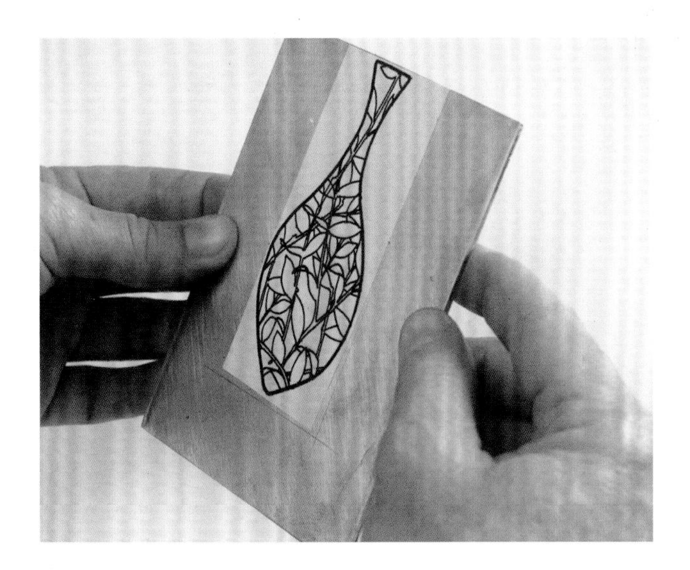

4 模具的尺寸大小是由待冲压型的外形大小决定的。黄铜片作为面板被切割成如图所示的尺寸大小，这里要注意图形的所有边界需要与对应面板边缘等宽。因为该案例中模具的一端为开放口设计，因此该案例只需保证三个侧面边宽相等，我在这里为三边各保留了2.5cm的宽度距离，开放口位于模具居中的位置。

然后将需要切割的图形复印件贴在黄铜板，把两块铜板粘在一起进行精确锯切作业，锯切时，应注意将锯丝尽可能垂直于黄铜板。

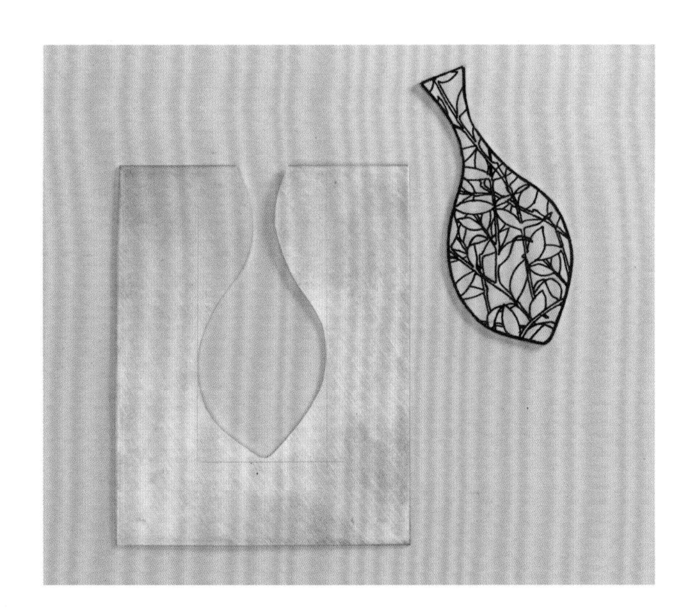

5 用2/0号锯丝做面板锯切作业，然后其他待切割件用更为精确的4/0号锯丝进行作业。

6 将如图三块热塑性塑料面板按模具尺寸进行切割作业，这里要注意每次只切割一块面板。

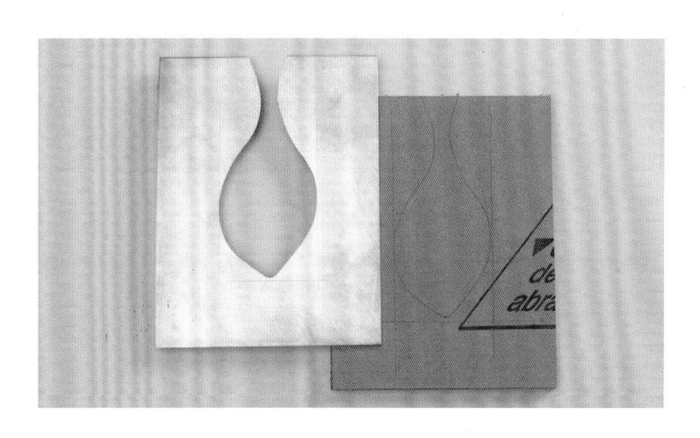

7 利用黄铜板作为模板，将图形轮廓复刻到第一块热塑板上进行锯切作业。模具上最重要的边缘是黄铜面板上的切口轮廓所在的顶部边缘，为顶部边缘略微锉修出较精细的斜面。这里一定要注意热塑板边缘应与黄铜板边缘齐平。

8 液压模具成型过程中会使用多种类型的模具。这里使用的是一种开放式轮廓模具，它是由两块黄铜面板和三块6.0mm厚的热塑板组成的。这些面板都需要用双面胶加以固定。

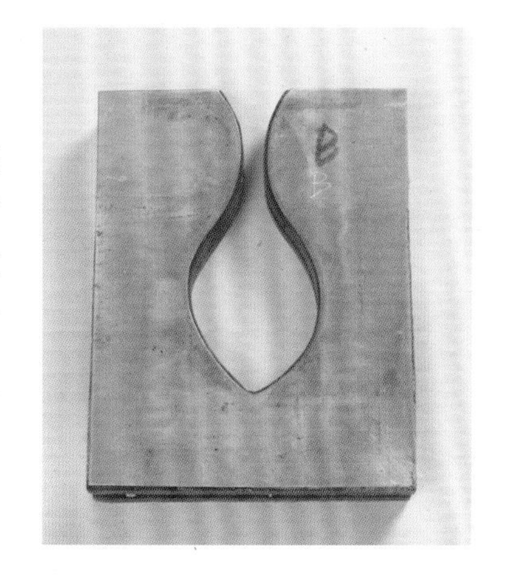

9 用PNP-BLUE菲林转印纸将图形图案转印到金属板上做腐蚀处理。

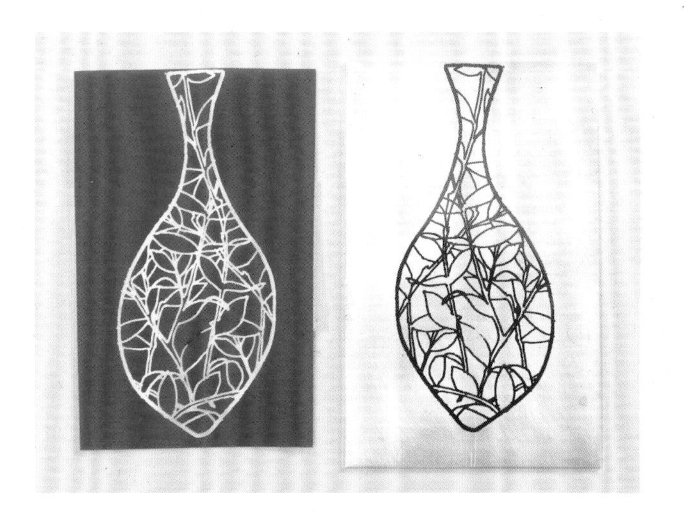

10 PNP-Blue已经将调色剂和图案转印到了银板上，其痕迹可以作为硝酸的抗蚀剂。本节所示的模具成型不会扭曲金属表面的痕迹（此处为表面蚀刻）。

这个案例中金属并不需要完全被腐蚀，腐蚀的目的是方便后期的锯切加工作业。将图案完全转印到整块金属面板上是十分困难的，并且这类需要用来镂空的金属板在制作过程中需要被格外关注与保护。

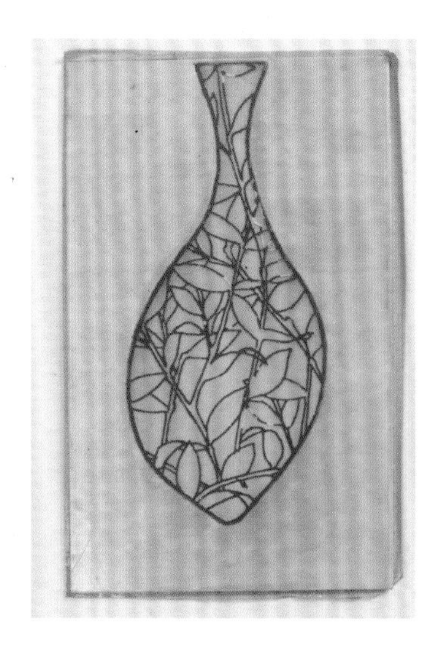

11 已经做过腐蚀处理的金属板。板面上被涂了一层指甲油作保护。

12 在钢架上安装一个20吨压力瓶式千斤顶。千斤顶安装在机器的下方，之后，千斤顶会不断被升高，我们就可以看到千斤顶内闪闪发亮的不锈钢轴承。

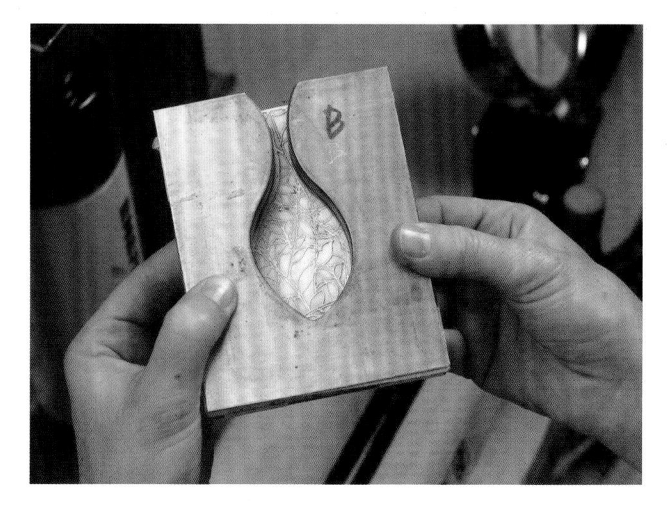

13 银板上完成腐蚀作业后形成图案必须与模具上的切口轮廓对齐。

14 用胶带将金属板固定在模具上，在第一次做冲压作业时，这里一定要确保银板已经完全得到固定。

15 所需的模具材料必须按照以下顺序进行组装，堆叠顺序从下到上分别是：尼龙垫片、贴了金属片的模具板（金属应该在模具板顶部）、一张硬度为 95 的聚氨酯面板，再加上一层尼龙垫片。模具需要在堆叠过程中始终保持居中状态，冲压时也要处于居中位置。

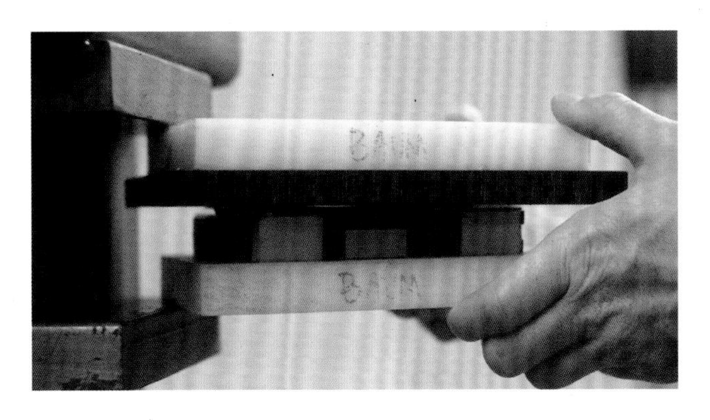

16 将冲压机的压板升高到可以放入“模具三明治”的高度，聚氨酯面板应放在银板顶部。

17 银板开始被推入模具的阴模区（尽管这张照片中看不到聚氨酯的变形变化）。这里可以看到千斤顶内的不锈钢柱被拉伸出来。

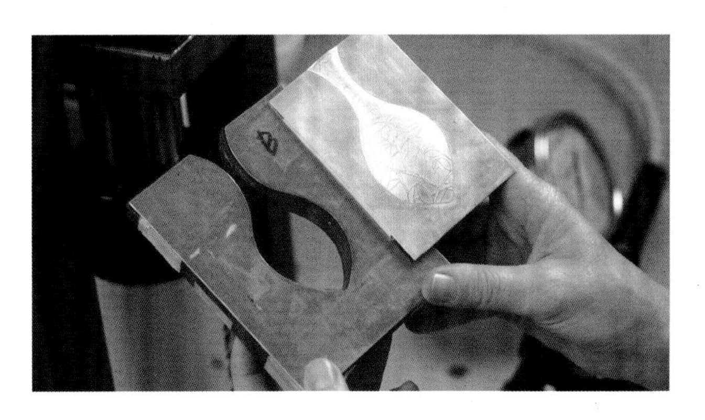

18 一次冲压完成后，使用纸胶带作为铰链方便将银板从模具中取出，检验银板的受冲压程度，一般情况下经过多次冲压作业后就可以得到深度比较理想的作品外形轮廓。银板在两次冲压之间需要经过退火处理。

19 这张照片显示的是与平板状态相比，第一次接受冲压作业后银板的起伏情况。对金属第一次冲压作业是十分重要的，因为这次冲压是用来建立作品的基础轮廓的。第一次冲压时我使用硬度为 95 的聚氨酯面板，压强约为 48.26MPa。

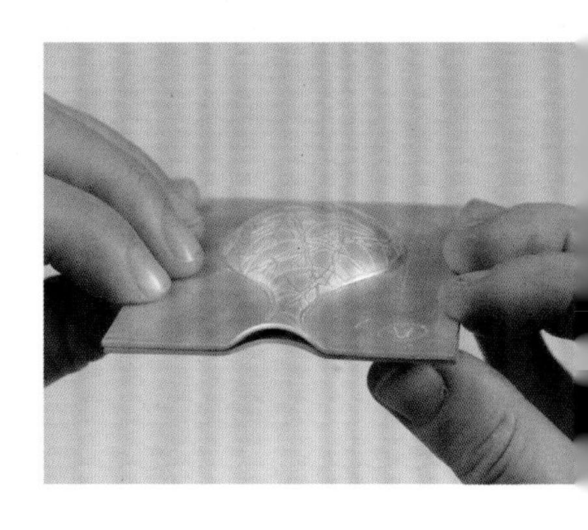

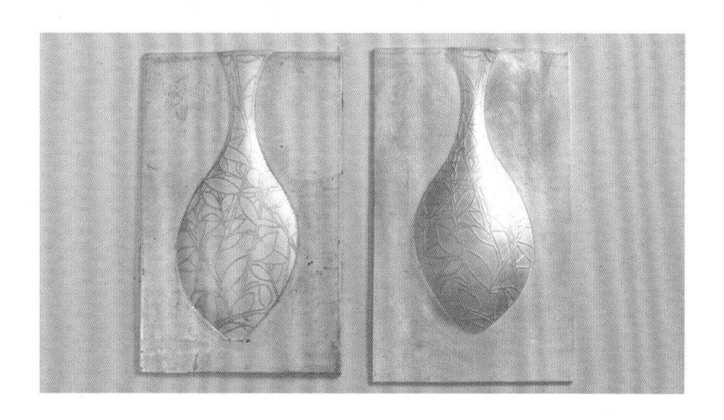

20 金属的第一次与第二次冲压效果对比。在经过冲压后，把硬度为 95 的聚氨酯面板换成硬度为 80 的面板材料。这样随着面板材料越发柔软，金属的延展度也会变大，且延展速度也会变快，此时还需要调低冲压力度。

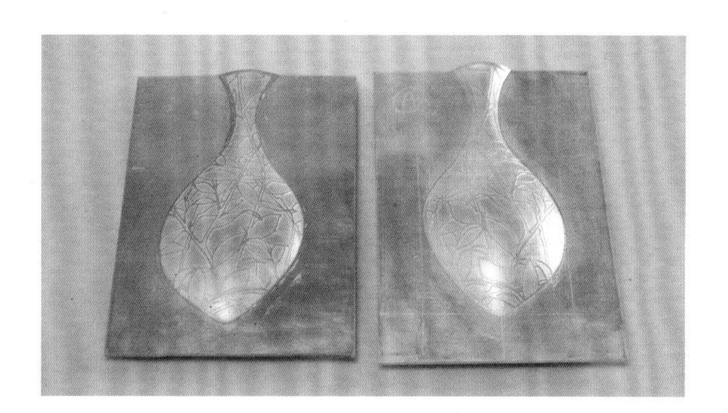

21 这是处于两个不同成型阶段的模型冲压效果。

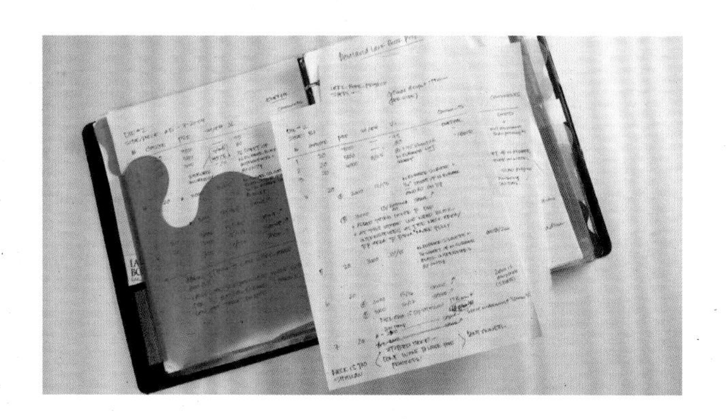

22 每一个模具的成型过程都不一样，我做了如下记录：

- 金属的种类
- 金属的规格
- 每次冲压使用的压力值
- 每次冲压时的起始高度和结束高度
- 使用聚氨酯类型
- 其他相关要素

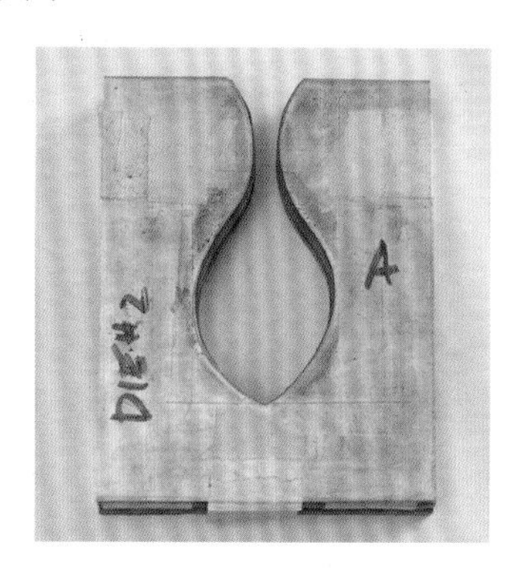

23 这是我为案例作品制作的第一个模具。这个模具的颈部宽度偏窄，所以我决定修改设计，再做第二个模具。

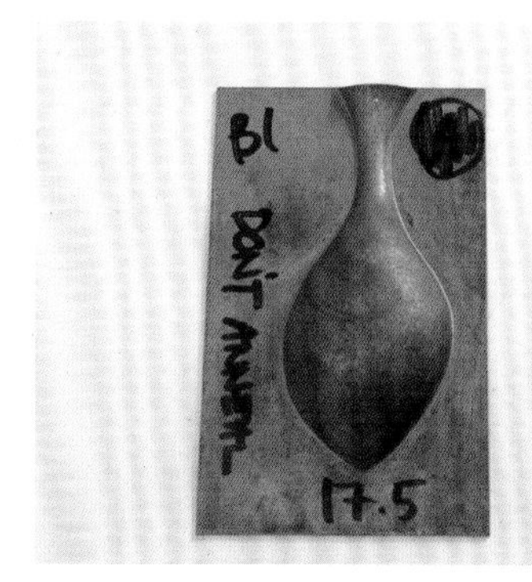

24 这些是经过二次修改后的模具，经过冲压作业后得到如图所示的铜质模型。该过程非常耗时，当需要冲压深度较大的模型时，我一般每侧各压两块聚氨酯板。这样即便其中一块面板出现了状况或破损，还有一块板材可以继续使用，就不必重新开始。可以直接在板材上做记录：如图片左侧的铜胎上记录了这是经过一次冲压的 B 号板材，而右侧的铜胎上记录了这是经过四次冲压的 A 号板材。这两件铜板都已经完成了冲压作业，所以它们不需要再被退火处理了，在铜板上我都记录了它们的高度为 17.5mm。

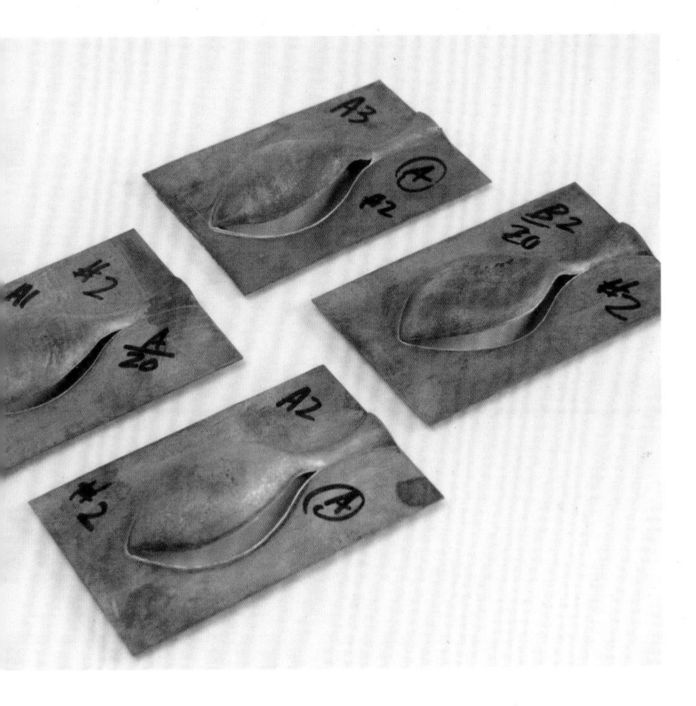

25 这里展示的是一系列破裂的铜质模型。弄清楚模具能够承受多少压力是需要花费时间的，所以冲压作业前期我会选择使用铜板来进行实验。随着投入越来越多的时间和精力，我就可以大致估计一件模型冲压成功大概需要承受多大的压力，当然意外情况也是常有发生的。

在进行冲压作业过程中，我会在模型上直接标注出作业进行到哪个阶段。如果有 4 ~ 8 个模型需要轮流进行冲压操作，而期间我又不得不去处理一些工作室的其他事情，这样的记录方式可以确保不会丢失掉任何重要信息。

以图片为例，圆圈中间有一个大写字母 A，这个标志表示该片材已经经过退火处理，可以用来做冲压作业。而标有 # 2 的记号意味着该板材是用第二种模具压制而成的。而标记 A1、A2 和 A3 则表示该板材在操作过程中分别是朝向不同方向进行作业的。我之所以要标注 A1、A2、A3 等具体数字符号，是为了考查哪种冲压水平下，板材能够承受住压力并形成模型。

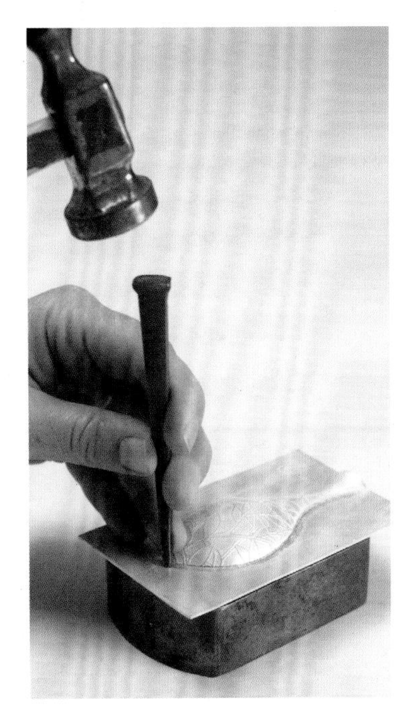

26 在制作三维模型时，两个剖面是否能完全贴合是十分重要的。我通过电脑绘制镜像图片，然后拷贝到黄铜面板上，再经过仔细切割与锉磨后才能开始后续冲压作业。

在将金属模型切割取出前，需要用錾刻的技法将金属模型边缘轮廓做整修。錾刻可以使金属边舒展开来，通过錾刻可以将 95% 的边缘轮廓敲平，而锉修和打磨的方式则会损失掉一部分金属材料，不过无论怎么做我们的目的就是让金属边缘齐平。

27 用砂纸棒确认金属模型边缘的平坦程度。

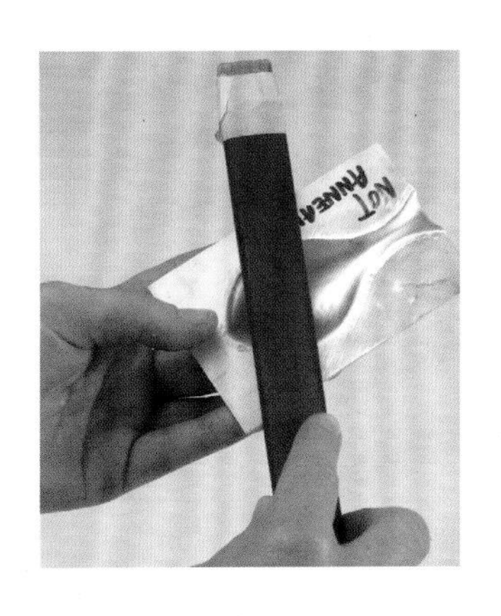

28 如果模型底部区域平坦度不足，就需要再用錾刀在该区域进行重复作业。

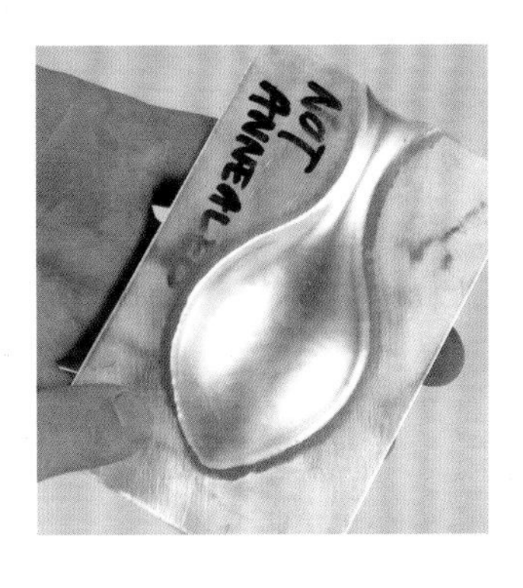

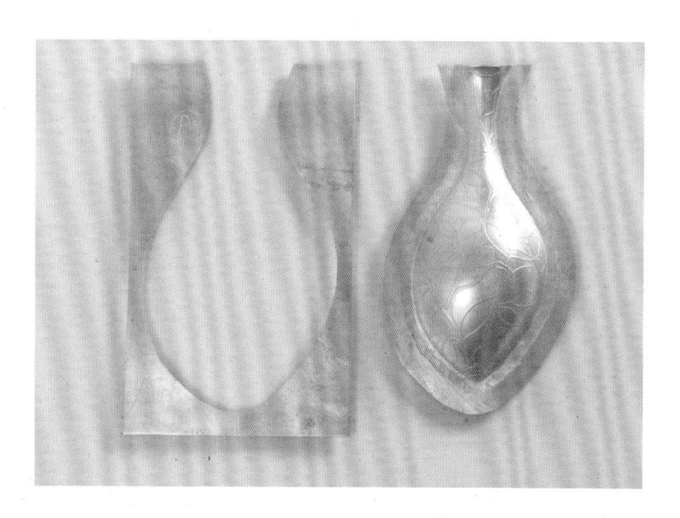

29 由于金属模型仍然附着在整块金属板上时是很难确定其模型边缘是否已经完全平坦的。所以这里需要增加一个中间步骤，就是用圆规沿模型边缘 4mm 的地方画出分隔线，并在切割过程中始终保持锯弓延线向前稳定推进。

30 这就是我做錾刻时最喜欢用的工具。

31 用记号笔覆盖住金属边缘需要找平的地方。

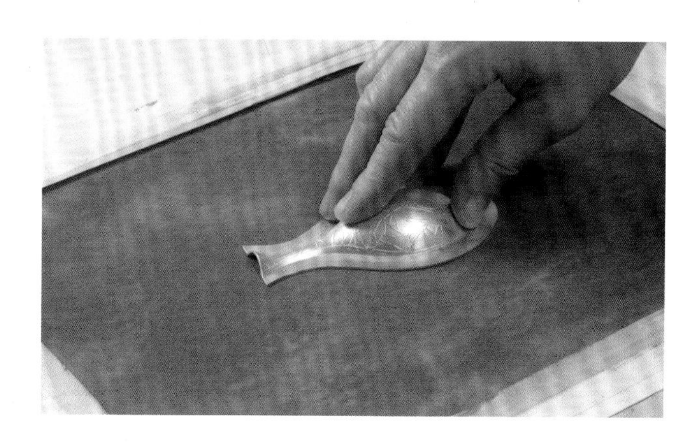

32 当金属模型在砂纸板上来回移动时，墨迹开始逐渐被去除。此时可以区分哪些区域已经是平坦的，而哪些区域不是。

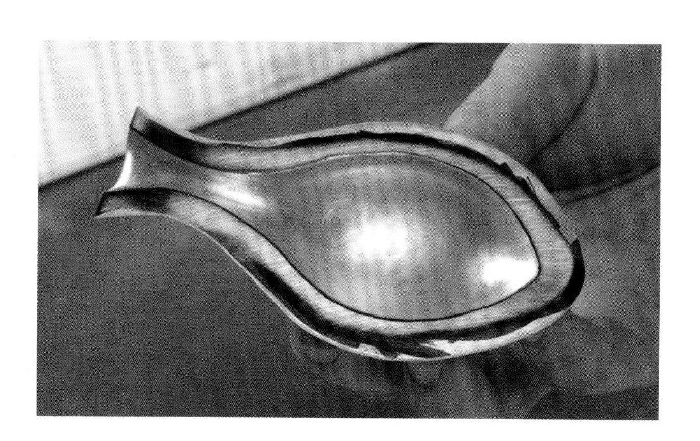

33 如果发现墨迹没有被去除，那就说明此处位置偏低，我会重新在这一区域进行找平、墨迹标记、打磨。

34 边缘找平后，紧紧贴住模型边缘将 4mm 的边锯切下来。

35 切割下来的金属件边缘要打磨平滑。这时候一定要特别小心，打磨过程一定要防止金属件发生扭曲变形。为防止变形，我会用手抵在操作台上作为支撑，同时捏紧金属件。

36 将金属件背面也锉修平整，去除毛刺，显现金属件的真实厚度。

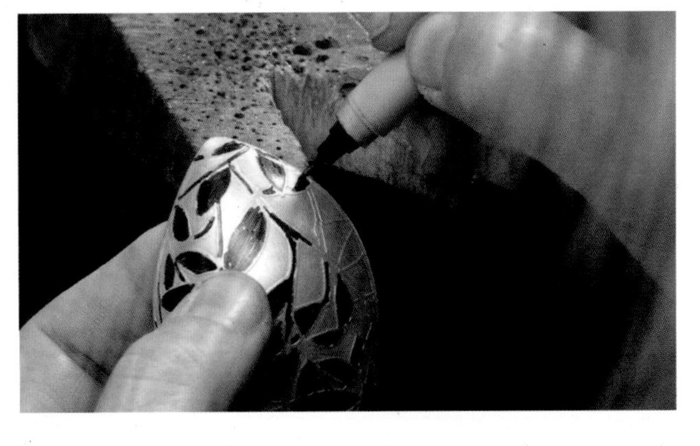

37 用油性记号笔将局部装饰图案进行填充，方便在钻孔和锯切操作时可以清晰分辨出需要作业的区域。

38 在为金属件钻孔以前，用定点针在金属表面戳出凹坑，这一步需要小心谨慎，之后钻孔时就以此凹坑为定点进行操作。

39 以任何角度握住金属件都是可以的，只要这样做可以方便地进行钻孔。将金属穿孔后，再用钻头将该孔眼“拉直”，这样做就方便锯丝按照所需的角度轻松进入孔眼进行镂空了。

40 现在开始锯切图案。

41 图中展示的是两件已经锯切完毕的金属件。锯切完毕后，一定要注意用锉刀做进一步的锉修。

42 为了将两片金属件焊接起来，我在其中一件金属内侧边缘放置焊片。

43 这样，就可以把这两片金属件焊接起来了。

艺术家简介

扬·鲍姆于1994年在马萨诸塞大学获得珠宝与金工专业艺术硕士。她的本科毕业于宾夕法尼亚州阿卡迪亚大学珠宝与金工专业。现在扬在美国陶森大学担任珠宝与金工专业副教授并兼职项目总监。在此之前，她在俄勒冈艺术工艺学院做副教授。扬在许多机构举办过工作营，其中包括肯特州立大学、彼得斯谷工艺教育中心、彭兰德手工艺术学校和门多西诺艺术中心。

扬曾分别在威斯康星大学、威斯康星州麦迪逊分校、马萨诸塞州艺术学院、东卡罗来纳大学等地做过访问讲师。扬在2004年担任尤马研讨会主讲人，也在特拉华当代艺术中心担任现任珠宝艺术工作室的指导。扬于2001年至2003年之间担任北美金匠学会执行委员会成员，于1999年至2003年任该委员会董事会成员。

扬在近十年参加过的展览包括：日本名古屋举办的“四国金属展”；韩国首尔举办的“六国当代金属与珠宝展”；霍夫曼美术馆举办的“OP艺术：珠宝艺术家的眼镜设计”展；俄罗斯装饰和应用艺术博物馆举办的“两个城市的当代珠宝展”。

扬的作品被许多书籍、杂志和报纸报道刊登过，其中包括《500枚胸针》《珐琅艺术》《金工匠人》《美国工艺美术》等。她是国际金属和挂毯杂志的专业撰稿人。她的作品被史密森艺术缪斯仁威克画廊、俄勒冈艺术工艺学院等机构与个人收藏。

扬现在生活在马里兰州的汤森地区，她在那里经营了一家独立的金工与珠宝工作室，在那里她可以为顾客做私人订制，制作出独一无二的设计产品。她的作品还被许多艺术画廊代理售卖。

扬·鲍姆，条纹吊坠，1999
5.4cm × 1.7cm × 1.4cm，925银、珐琅
艺术家拍摄

艺术品画廊

我在这个章节中推荐的艺术家，他们的作品各有特色。我想要分享他们的作品，是因为他们的作品都或多或少影响着我，他们包括布拉德·温特（Brad Winter）、鲁德·彼得斯（Ruudt Peters）、基思·刘易斯（Keith A. Lewis）和克里斯·里克（Chris Irick）。布拉德·温特的作品新奇而精彩。他会拿一些彩色的锡罐做胎体，在表面进行马赛克处理，以此创造出一些可佩戴的小容器。我在1993年爱上了鲁德·彼得斯的作品，特别是他的“毕加索系列”，那些可佩戴的小盒子让人叹为观止。而基思·刘易斯作品中总是将一些空间模型结构转化成极有隐喻色彩的吊坠，这些作品都十分精彩，令人佩服。

我在这里选择克里斯·里克的作品有许多原因。她的作品大概可以被定义为是一种正在寻找心理边缘的可佩戴容器。克里斯是一个技术精湛的金工匠人，她对工艺的把握可以用精益求精来形容。我在1993年看到了一套她制作的用来装盐和胡椒粉的小罐子，我当时不禁赞叹：“多棒的造型，视觉感真好！”她在可佩戴匣盒研究方向做出的贡献一直影响着我，吸引我。

我们应该好好感谢扬·雅格（Jan Yager）和琳达·思雷德吉（Linda Threadgill），是他们为工作室艺术珠宝家们开创了模具成型工艺的先河。扬·雅格的早期项链形式和她的成长故事都在鼓励我要成为一名工作室珠宝艺术家。同样，琳达的作品也一直是我从业道路上的指路明灯。事实上，很多时候我们真的不知道在这个世界上我们会如何引导或是影响他人。

我从一开就喜欢沙纳·克罗伊兹（Shana Kroiz）的作品了。从基本的模具开始，沙纳将工艺巧妙运用并转换为一种感官对象。她选择使用錾刻或其他技法来改变模型的初始形式，这也正是我十分认同并擅长使用的技法之一。沙纳是珠宝艺术家中又一个会用最适合的工具与技法进行创作的例子。

冲压成型工艺可以运用在各种规格和功能的物件上，其中包括制作瓶罐，或者制作茶壶等器皿。我十分欣赏南希·斯莱格（Nancy Slagle）在茶壶作品上对冲压成型技术的理解与运用。她制作的茶壶和香水瓶将模具成型工艺的形式美学发挥得淋漓尽致。

我从学生身上学到了很多东西。在一次工作营中玛丽·皮尔斯（Mary Pearse）提出是否可以使用模型成型工艺制作她正在研究的笼子式样的模型。我当时毫不犹豫地回答她是可以的。过了若干年后，在我在另一个工作营中，我的一名学生梅根·奥曼（Megan Auman）提出了同样的想法，并且进行了个人研究与创作，之后她便完成了两件作品：“口袋研究# 1”和“满满的小花口袋”。

布拉德·温特，无题，1999
8.3cm×3.8cm×4.4cm，钢、铜、薄泥浆、银；手工制作
汤姆·米尔斯拍摄

布拉德·温特，无题，2000
9.2cm × 4.4cm × 4.4cm，钢、薄泥浆
汤姆·米尔斯拍摄

鲁德·彼得斯，亚历克西斯，1992
6.5cm × 6.5cm × 8.0cm，银、玉
罗伯·福尔斯莱斯拍摄

基思·刘易斯，欢喜，1997
9.0cm × 4.5cm × 4.0cm，925 银、丙烯、硫磺；模具成型工艺、铸造
艺术家拍摄。私人收藏

基思·刘易斯，绽放，1998
吊坠 8.0cm × 5.0cm × 4.0cm，925 银、18K 金银合金、铜、珐琅、硫磺；模具成型工艺、铸造
艺术家拍摄。私人收藏

克里斯·里克，无题（盐/胡椒罐），1993
6.0cm × 4.0cm × 4.0cm（较大款），925 银；
手工制作、模具成型工艺
艺术家拍摄

克里斯·里克，漂流，2001
7.0cm × 5.0cm × 5.0cm，木、纯银、925 银、铜、云母、丙烯；手工制作、腐蚀、制模、氧化、雕刻、上漆
艺术家拍摄

克里斯·里克，通道，2002
8.0cm × 6.0cm × 8.0cm，纯银、925 银；
手工制作、模具成型工艺、氧化
艺术家拍摄。纽约尤蒂卡曼森－威廉姆斯，普罗克特艺术研究所收藏

扬·雅格，马刺：一条美国人行道，1996
9.0cm × 9.0cm × 1.0cm，18K 金、珍珠；冲压、手工制作
杰克·拉姆斯戴尔拍摄

扬·雅格，石头项链：空中鸟瞰纹理，1989
最大单体直径为 5.0cm，925 银、花岗岩；冲压、手工制作
杰克·拉姆斯戴尔拍摄

琳达·思雷德吉，无题，1995
10.2cm × 5.1cm × 1.3cm，925 银、22K 金；腐蚀、制胎、空心构造、氧化
詹姆斯·斯瑞德吉尔拍摄。马萨诸塞州剑桥美孚利亚美术馆提供

沙纳·克罗伊兹，胸针，1998
单件尺寸 7.6cm 高，18K 金、14K 金、银、珐琅、木；模具成型工艺、錾刻、雕刻
迈克尔·塞勒斯基斯克拍摄

沙纳·克罗伊兹，破心，2000
单件尺寸 7.6cm 高，铜、珐琅、银、珍珠；模具成型工艺、锻造
诺曼·沃特金斯拍摄

南希·斯莱格，茶具，1993
8.5cm×13.0cm×9.5cm，925 银、木；模具成型工艺、造型、染色
艺术家拍摄

南希·斯莱格，蓝角器皿，1998
21.0cm×9.5cm×7.0cm，925 银、木；模具成型工艺、造型、染色
艺术家拍摄

苏珊娜·阿门多拉腊，水壶，2002
10.5cm×10.0cm×2.5cm，925 银、14K 金银木纹金；液压冲压制模、锻造
大卫德·史密斯拍摄

苏珊娜·阿门多拉腊，丛林香装饰瓶，1993
30.0cm×12.5cm×5.0cm，925 银、24K 镀金；液压冲压制模、铸造、贴箔
杰夫·撒伯拍摄，宾夕法尼亚州卡内贾艺术博物馆提供

梅根·奥曼，满满的小花口袋，2004
单件尺寸 34.0cm × 23.0cm × 14.0cm，气球、铜、氧化层；焊接、模具成型工艺、缝纫
艺术家拍摄

梅根·奥曼，口袋研究 #1，2004
13.0cm × 12.0cm × 4.0cm，铜、氧化；焊接、模具成型工艺
艺术家拍摄

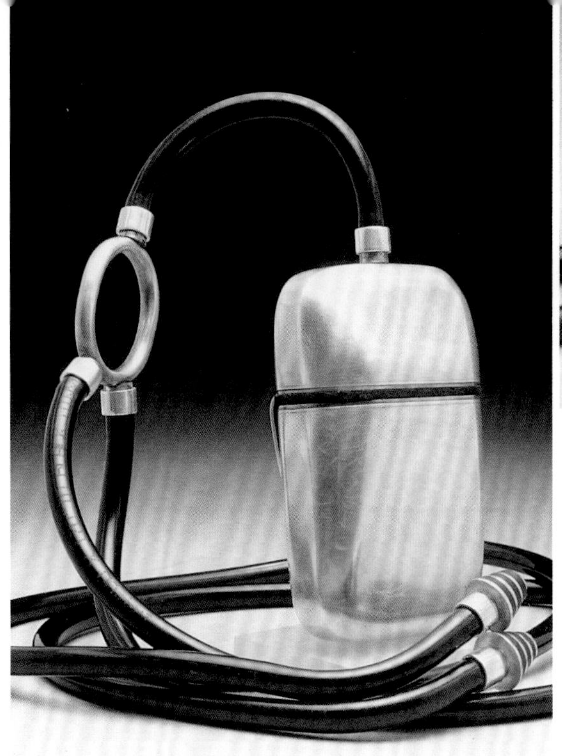

内森·杜比，孤独的音调，2004
7.6cm × 5.1cm × 2.5cm，纯银、925 银、耐热玻璃、橡胶、PVC 管；手工制作、模具成型工艺
艺术家拍摄

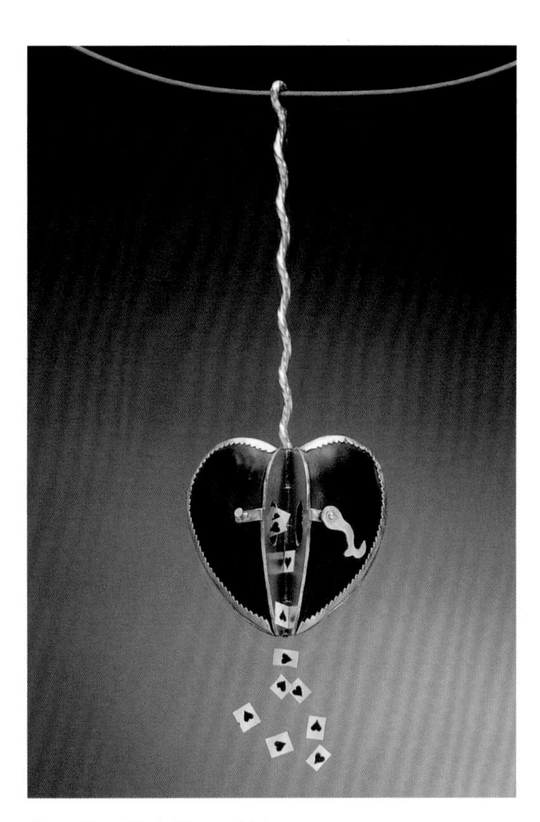

菲利普·霍夫曼，黑桃心，2004
11.0cm × 4.0cm × 1.0cm，铜、银、镍、橡皮；手工制作、液压制模
诺曼·沃特金斯拍摄

雷拉·塔斯，观看 #2，2004
10.5cm × 3.0cm × 1.0cm，925 银、镍银；模具成型工艺
诺曼·沃特金斯拍摄

TOM McCARTHY
汤姆·麦卡锡

汤姆·麦卡锡对一切充满好奇，他的设计作品在材料、功能和形式上都达到完美的平衡。他创作的首饰非常优美，并且尊重佩戴者和材料的历史价值。无论是混凝土、珍珠、雨花石或钻石，每一块石头都是一个关于什么是必要的和什么是美丽的思考。

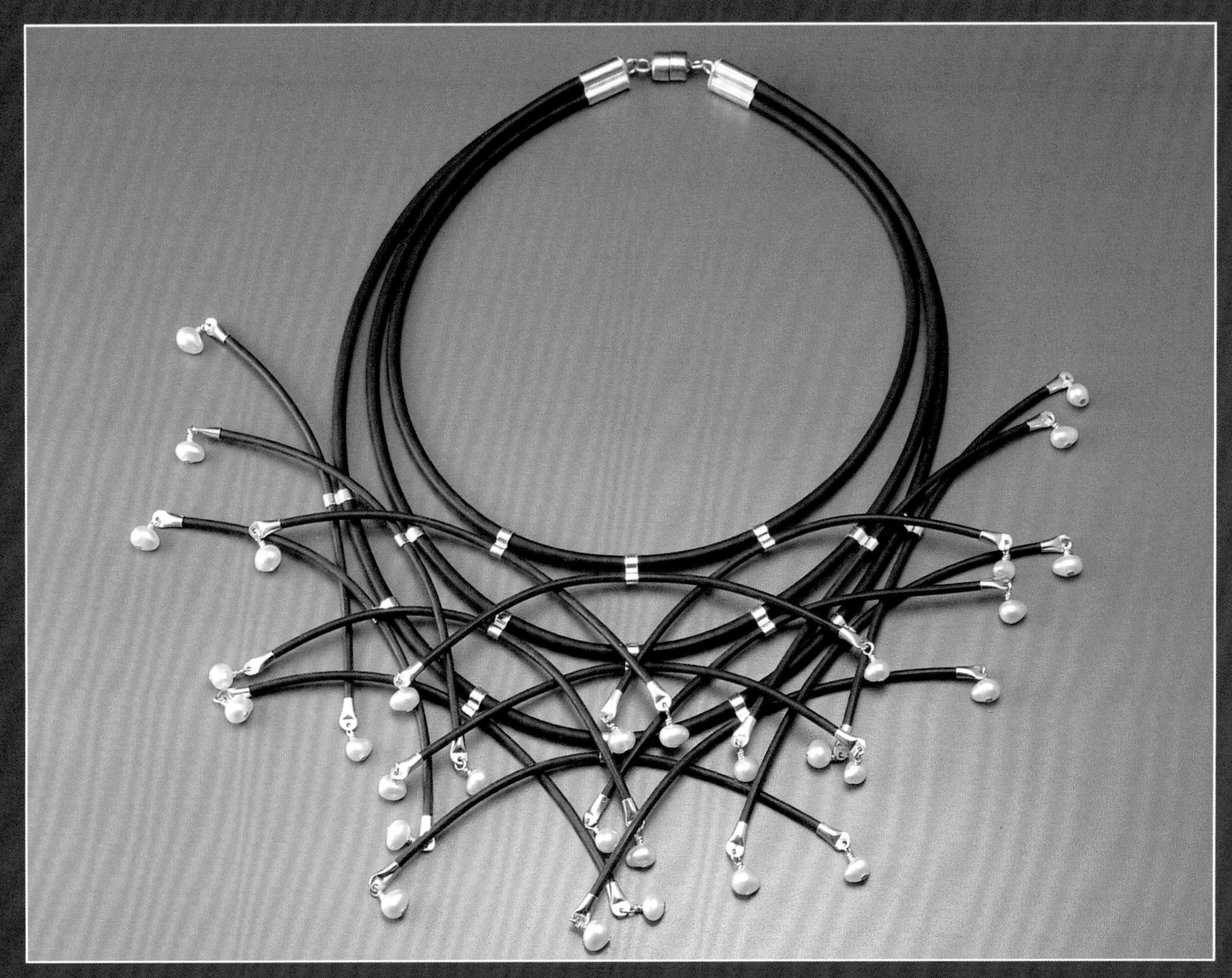

汤姆·麦卡锡，简的项链，2003
20.3cm × 17.7cm × 1.3cm，925 银、珍珠、橡胶；焊接工艺
艺术家拍摄

汤姆·麦卡锡，斯黛西的戒指，2003
2.5cm×2.2cm×0.6cm，18K白金、18K黄金、钻石；锻造工艺、焊接工艺
艺术家拍摄

汤姆·麦卡锡，莎拉的戒指，1998
2.5cm×2.2cm×0.8cm，18K白金、18K黄金、钻石、祖母绿；焊接工艺
艺术家拍摄

重新挖掘工艺特性

“有什么问题吗？”这是一个相当陈旧的开场方式，但这是我设计的开始。我为什么要创作？我应该使用什么材料？我怎么把它们组合在一起？如何佩戴它？回答这些问题总是需要重新推敲最初的想法。在重新推敲中，我可以自由想象可以通过何种工艺完成我的想法。工艺是一种工作方式，也是一系列手工制作的步骤。将工艺视为一种“工作建议”，而不是一个提供制作步骤的“食谱”，你就会知道如何完成一件作品，并且它的结果会远远超出你的预期。

我目前作品的亮点多在于装饰性。首饰是人们装饰身体的一种方法，它可以延续身体外形。当人们处在不同的社会中，装饰的功能需求会发生变化，但所有社会中都有象征性表达的物品。这个假设前提引领着我的工作。它使我专注于创作与身体有关的首饰，使之成为身体象征性表达的一部分。我特意选择精致优雅的可佩戴材料，也经常选择与珍贵材料相比或可以后期处理成珍贵材料的材料。

我认为，在做首饰时要牢记四件事：材料、使用者、首饰本身和传统。我关注材料表现方式，尽量用最好的方式展示它们的美丽。这是一个重要目标，因为大多数贵金属和宝石的开采都不容易，人们通常要花费大量心血才能获得。他们煞费苦心地提炼金属或切割宝石。正如我不希望自己的工作被忽视，我也不想忽视那些制作原材料的工匠的心血。当我第一次使用黄金时，它的高昂成本与珍贵让我感觉到灵感被压制，这让我感觉不自在，就像面对一块非常昂贵的空白画布时的那种害怕。在这个时候，我试着去想它只是金属，然后继续工作。另外，我也努力考虑使用更多的普通材料，如黄铜，紫铜，现成物。这些材料和黄金一样值得尊敬或敬畏。这些材料都有来源，当我要使用这些材料时，我努力维持自己的好运气，以便和它们一起工作。

我注意到首饰本身，因为我创造的每一个首饰都在表达我的想法。当我表达一个关于首饰的想法时，我认为它是值得被听到的，没有人或事可以忽略这一点。我从不忽视一件首饰的背面结构，因为有人会看到这些结构。我也不是为了让它只有功能性。如果我所做的不能让我全情投入，那我就应该去找那些值得关注，值得做的内容。无论想法正确与否，我都需要额外的时间来精确完整地传达它们。毕竟制作首饰需要花去很多时间和精力，比如花上几个小时、一整天或一个星期，所以我会思考有什么额外的东西能加入这个过程中，并且在很多年之后仍能留存在首饰作品中？

与首饰本身拥有同等重要性的是佩戴者。因为我做的是可佩戴的首饰，实际上佩戴者也在完成我的想法。首饰需要有人佩戴才能充分展现它的意义。

一个人要佩戴首饰来表达他们的自我来弥补他们肢体所做不到的部分。佩戴首饰时，首饰成为身体自我表达的一部分，因此要让首饰容易佩戴且牢固。在一天里，我不会担心我的耳朵或手指脱落，因此我也必须让我身体的象征性部分——首饰，不能脱落或损坏。有时可穿戴的饰物故意做得很笨拙，如沉重的王冠，提醒佩戴者沉甸甸的工作责任。然而，我认为，我所做的首饰绝不该如此笨拙，这会令人沮丧。毕竟，我不会去帮助别人佩戴我的首饰。我也不会在那里解释这种笨拙感是有象征意义的。佩戴者只会觉得被忽视，而这不是一件好事。

传统是把材料、物体和佩戴者联系在一起的东西。我用两种方式来接近传统。首先是通过工艺。如果我通过艺术视觉语言来表达我的想法，工艺就是我创作首饰中基本的“语法结构”。良好的工艺是尊重材料、物品和佩戴者的最好方式。然而，当把这种传统观念付诸实践时，人们能够而且应该永远富有想象力。再者，我所认为的传统是那些已经被创造出来物品的深厚历史。我深受来自其他文化、其他时代和其他艺术家的灵感影响。有时我看到一件首饰，会很希望我就是那个制作它的人。拥有过多的视角从来不利于创作。如果我喜欢一件艺术品，它会激励着我，但我不会模仿它。模仿就等于宣称我没有自己的观点。在本章后面所有选出的艺术家作品都会使我兴奋，主要是因为它们是如此独特。

身体是我首饰设计的原型。这并不代表我的作品是具象的。它们很少是具象的，但我认为我的每一件作品都是身体的一小部分。这意味着在创作过程中，我会扩大创作范围，它不局限在只有首饰正面部分可见。我们是人，人是立体的，当我们转向一边时，我们不会因此消失。当我们走近时，我们没有一个人看起来是一样的，而我们的朋友也会从更多的角度了解我们。我梳好头发，然后把衬衫塞进衣服里。所以，我制作每一件作品都会考虑正面，背面和侧面。我也是从象征性角度设计首饰的功能性部分——比如背针、耳钉针、耳针塞。我的目标是让这些元素在制作作品时就能发展出意义，而不仅仅是停留在制作完成后才赋予它们意义。特别注意这些转变对我的审美提升非常重要。我的作品有雕塑感，但不能定义为雕塑。它仅仅意味着它们是一个整体。

我可以让非贵金属材料看起来更珍贵吗？在我的创作中，我一直在研究这个问题。我着迷于尝试非传统材料创作，如橡胶、雨花石、混凝土，让它们可以佩戴，看起来更优美。

我选择橡胶有几个原因。我喜欢它的线性结构和可变化造型的特性。橡胶让我的作品“舞动”起来。我喜欢将它的黑色调与其他元素进行对比，比如与珍珠的颜色对比。这种廉价与奢侈之间的冲突十分独特。

用雨花石来创作有多重考虑。我被它们随意优美的造型和

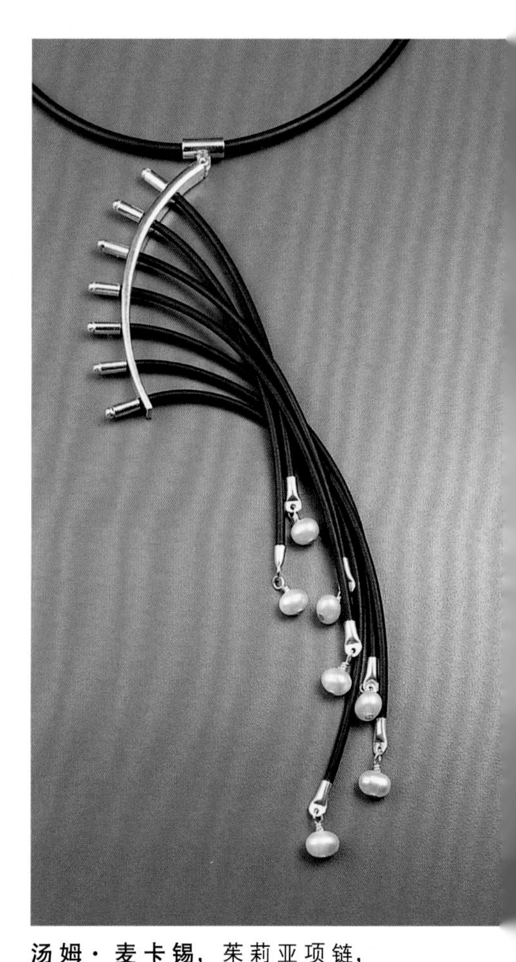

汤姆·麦卡锡，茱莉亚项链，2002
30.0cm × 7.6cm × 6.0cm，925 银、珍珠、橡胶；锻造工艺、焊接工艺
艺术家拍摄

感性气息所吸引。当用不同的方式在雨花石上创作，如与珍珠结合时，我被它们美丽的对比所感动：亮与暗、对称性与不规则性、奢侈与廉价。在早期的实验中，我用金刚砂磨针来制作珠子，然后我发现，我可以用球型金刚砂磨针做一个珍珠镶嵌底托。为什么不使用底托和打孔镶在雨花石上固定珍珠？有了这个技术，我就不必再加入一种类似的金属材料来固定雨花石了，没有什么比直接将石头和珍珠结合更完美了。这是一种创新使用传统工艺的方法，采用一个非常干净和安全的方式显示了两种材料的优势。这个设计挑战了传统中“珍贵”的概念。雨花石可以被视为和珍珠一样具有商业价值，这两个元素相互依赖，从而产生共鸣。工艺特性也被重新挖掘。

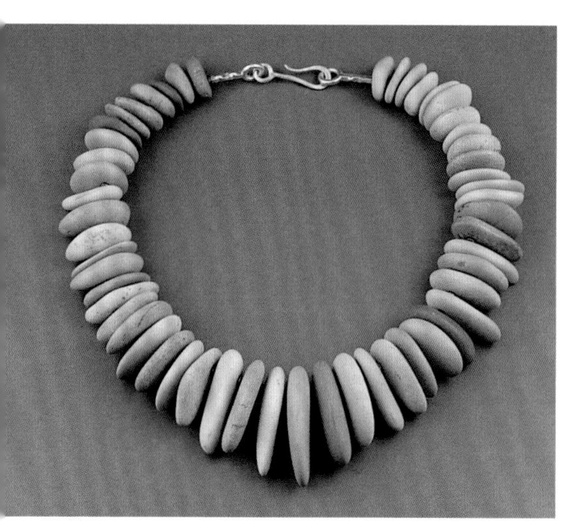

汤姆·麦卡锡，玛莎的项链，1997
16.5cm × 15.2cm × 1.9cm，镍银链子、925 银、雨花石；焊接工艺
艺术家拍摄

重新挖掘工艺的例子也可以从另一个作品中看到，这个作品叫《可变项链》。这件作品也可以证明，镶嵌不只是镶嵌宝石。每个组件是一个中空的盒子，约 6mm 高。项链可以用四种不同的方式佩戴。中间的吊坠可以加在项链上，也可以单独佩戴。项链一面是黄金和钻石，另一面是白金与黄金弧形。晚上和白天都适合佩戴。当中是用白金嵌在一起，而不是焊接。我这样制作有三个原因：首先，在盒子里装镶嵌座更容易清洁和抛光（焊接时白金上频频出现红斑）；其次，镶嵌底托提供了一个立体框架，让项链各个部分可以组合；最后，我能够将最后焊接的链子藏在盒子内。

在做《可变项链》的时候，我把盒子的边、钉子和间隔垫片串在一起，观察这些材料是如何连在一起的。我没有放上盒子的前后两块金属片，盒子只有框架。我很喜欢这个阶段的项链。在这个实验之后，我开始用银和金制作《启示》。就我个人而言，《启示》比《可变项链》的黄金和钻石部分更漂亮。我密切观察组装时的空间结构，会经常想到新的思路。《启示》很大程度上依赖修饰，这大大启发了我之后的创作。

我把混凝土融入首饰的灵感来源非常特殊。我对瑞克·史密斯和霍斯·黑利的雕塑感兴趣，这两位艺术家成功地将混凝土与金属结合。我还发现在城市建筑中钢和混凝土时常结合在一起，这非常吸引人。对我来说，暴露在外的钢筋锈斑，停车收费器或道路指示牌旁边锈迹斑驳的人行道，甚至从铁垃圾桶中流出来的铁锈都有很多美丽的图案。我能采用混凝土这种最最普通的材料吗？

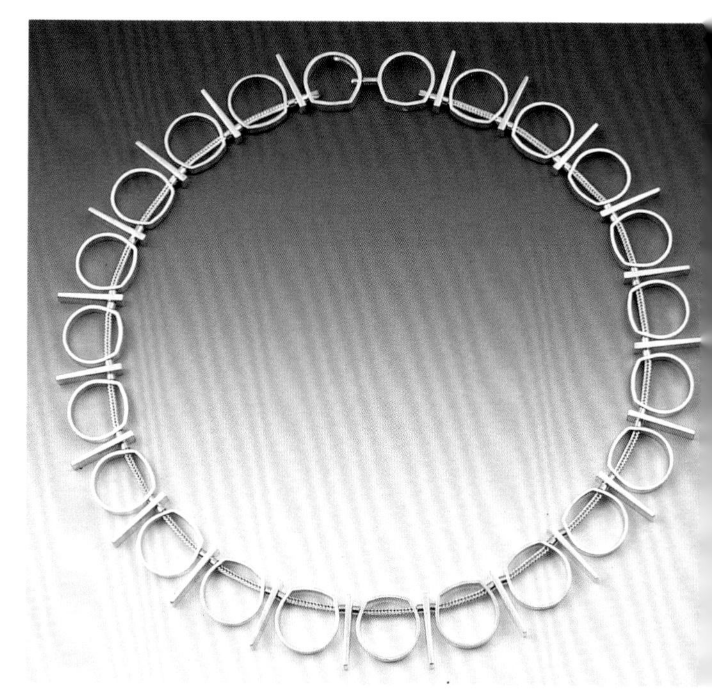

汤姆·麦卡锡，启示，1996
15.2cm × 15.2cm × 0.6cm，925 银、14K 金；焊接工艺、浇铸工艺
艺术家拍摄

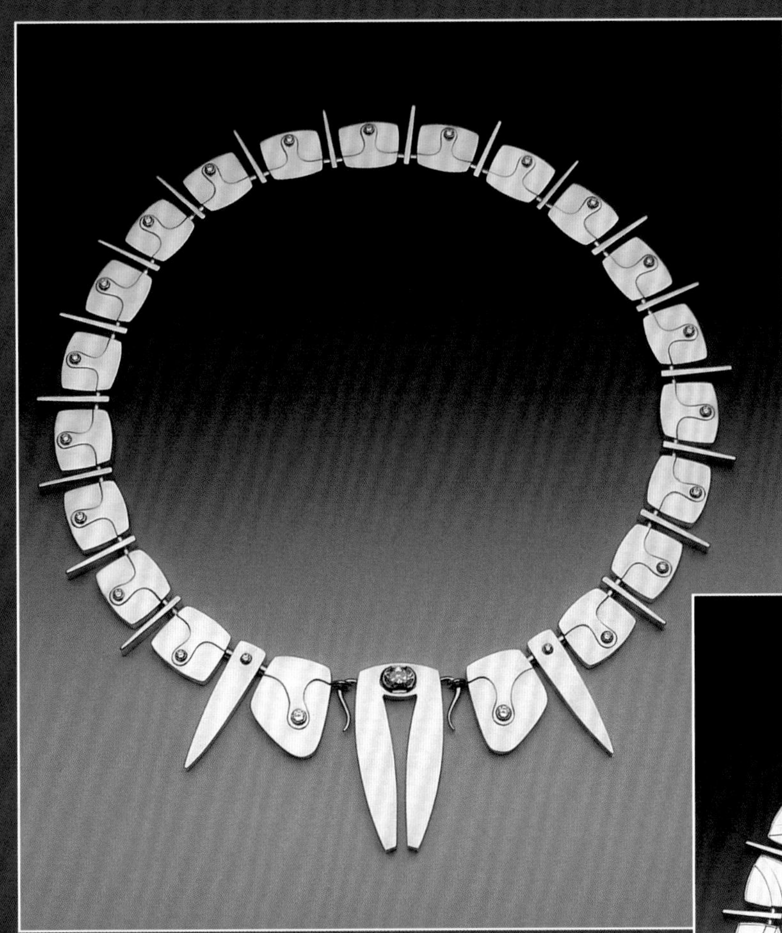

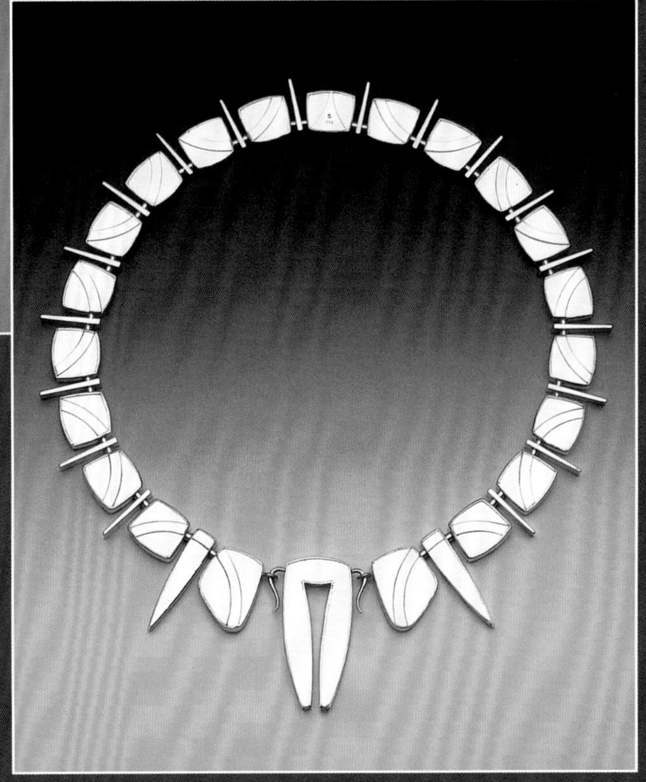

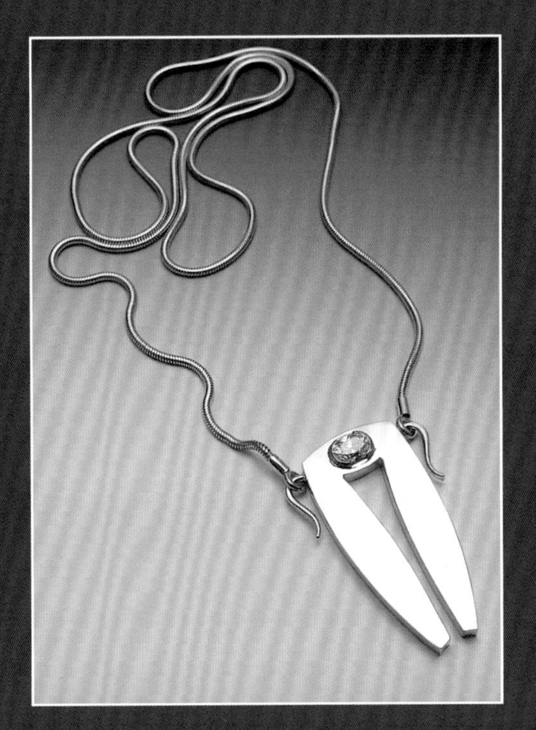

汤姆·麦卡锡，可变项链，1996

21.5cm×17.7cm×0.6cm，14K 金、钻石；锻造工艺、浇铸工艺、焊接工艺

史蒂夫·梅尔泽拍摄，北卡罗来纳州夏洛特敏特手工艺设计博物馆

瑞克·史密斯，无题，2004
68.5cm×25.4cm×25.4cm，低碳钢、混凝土、铜锈
汤姆·米尔斯拍摄

汤姆·麦卡锡，简的戒指，2003
2.5cm×2.0cm×2.0cm，925 银、钢、水泥、氧化锆石；焊接工艺
艺术家拍摄

汤姆·麦卡锡，凯瑟琳的胸针，2004
3.5cm×2.5cm×0.6cm，925 银、钢、水泥；焊接工艺
艺术家拍摄

让它可以被佩戴？与城市灵感相结合？混凝土首饰《凯瑟琳的胸针》和《简的戒指》是回答这些问题的早期实验作品。

对我来说，首饰的概念非常具体化，珍贵是它始终让我感兴趣的特点。我总是喜欢使用珍贵的材料，但最近我一直在扩大我的创作范围。使用任意材料作为装饰手段已有很长的历史。那么，珍贵到底意味着什么？黄金一直被认为是一种珍贵的材料，但远远超过我们从科学角度能解释的那种概念。在科学发展起来之前，社会就有非常具体化的材料概念。材料好坏是由它是否“健康”或者年龄大小区别的。炼金术士认为铅是黄金的“青少年期”，最终“成熟”后会变成黄金；铅是“患病的”黄金，当“治愈”以后，它能再变成黄金。采矿是一个“分娩”过程。炼金术士对身体的理解是他理解世界的试金石。（这个看似过时的观念实际上是非常有用的，用来点评首饰设计时可以说它看起来是健康的还是病态的？）作为一个首饰人，我竭尽所能制作珍贵首饰，重新挖掘工艺特性。古语有言“猪耳朵做不成丝线袋（巧妇难为无米之炊，朽木不可雕也）”，我却想要用“猪耳朵做丝线（无米作炊）”，为佩戴者增添亮色。

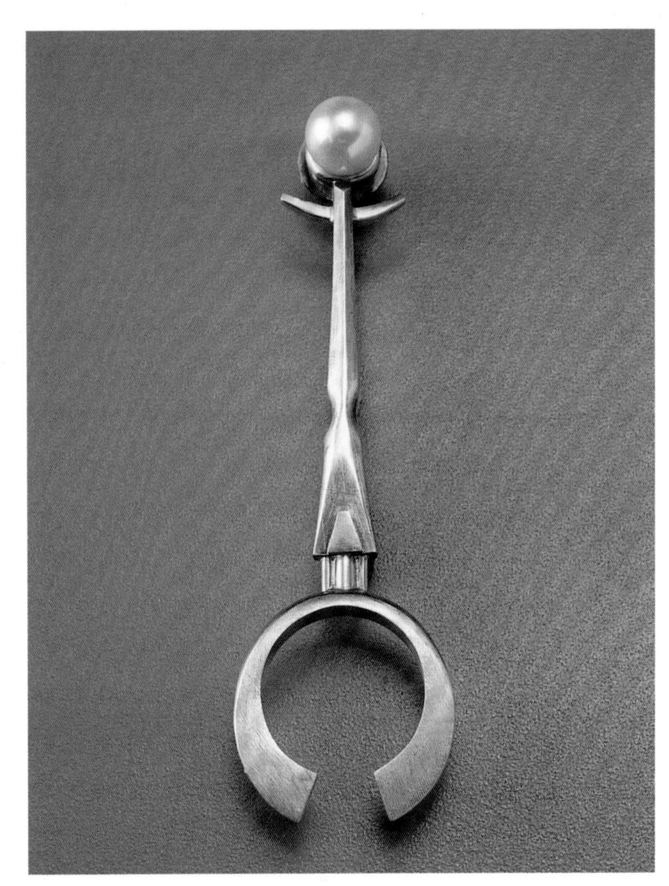

汤姆·麦卡锡，大卫的胸针，2003
6.7cm × 1.9cm × 1.2cm，925 银、18K 金、珍珠；锻造工艺、焊接工艺
艺术家拍摄

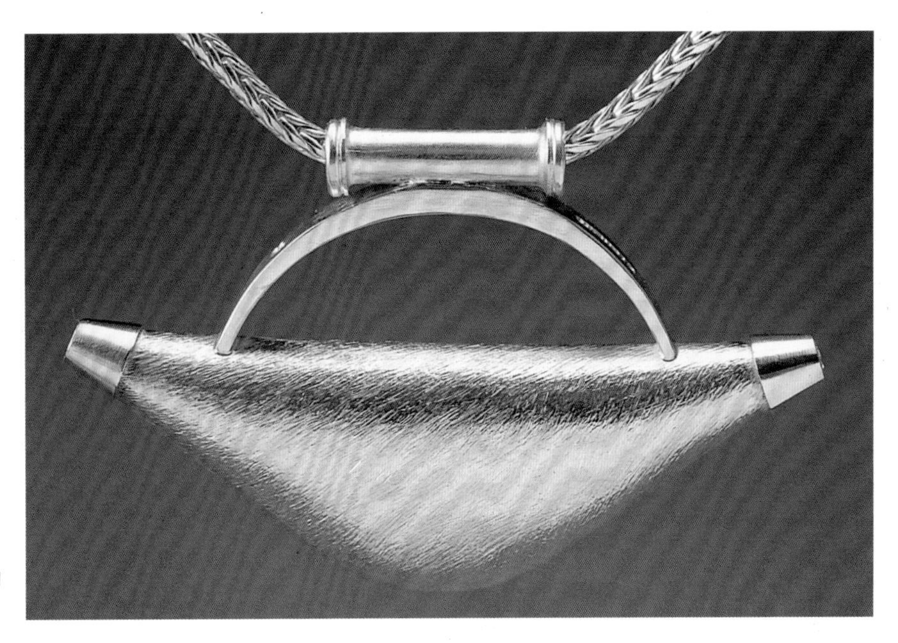

汤姆·麦卡锡，凯伦的吊坠，2002
4.4cm × 2.7cm × 1.0cm，925 银；中空结构
艺术家拍摄

手工演示

汤姆将珍珠直接固定在雨花石上，这种工艺和所选的材料都是经过设计和思考的结果。他的戒指制作过程融合了传统和创新的方法，融合了他的设计思考，包括审美要素和可佩戴性。此外，汤姆演示了几种在混凝土表面增加锈斑的方法。

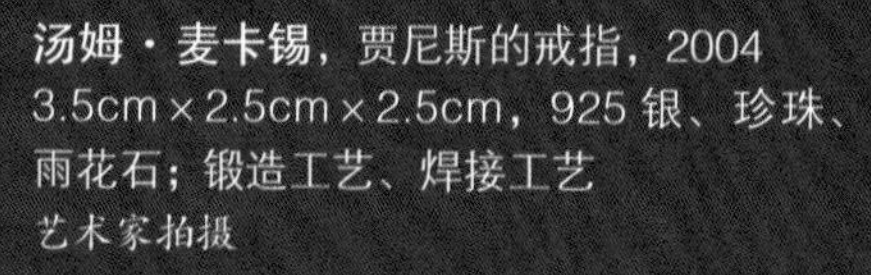

汤姆·麦卡锡，贾尼斯的戒指，2004
3.5cm×2.5cm×2.5cm，925 银、珍珠、雨花石；锻造工艺、焊接工艺
艺术家拍摄

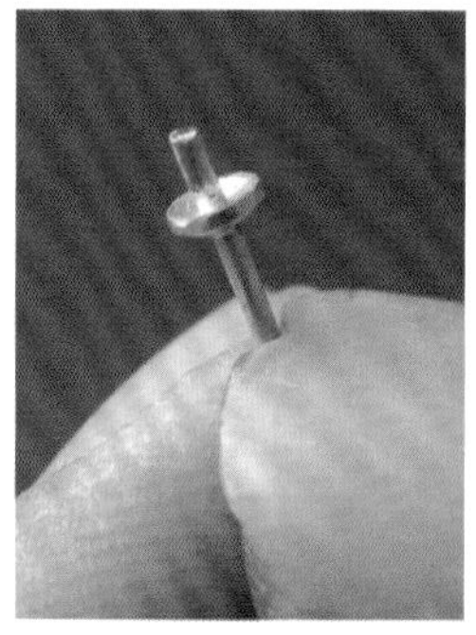

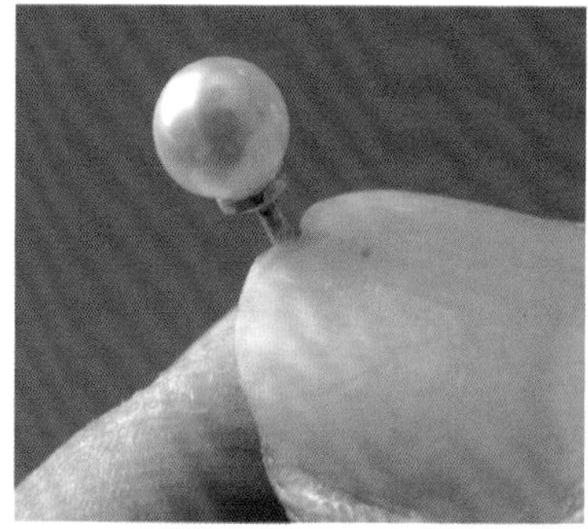

1 传统的“底托加金属针”镶嵌珍珠的方法是镶嵌这种戒指的原型工艺。

2 为雨花石制作底托，切割一块金属片，它与石头的形状相类似。

3 把金属片放在木窝中用木锤轻轻锤打，不要敲得很突出，让它突的程度贴合石头的轮廓。

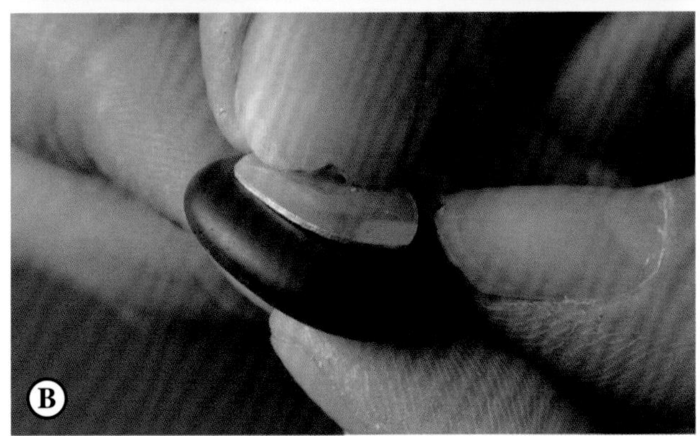

4 用钳子调整金属片的形状（图 A）让它贴合石头（图 B）。

5 在石头上钻一个孔，将吊机倾斜一个角度，用2mm 的金刚砂针在石头的表面磨出一个圆孔（见图）。这是中心钻孔的唯一方式，要把石头打穿（通常情况下，我在水里操作，为了拍摄清楚，我没有在水里操作），然后把吊机头竖起来。

6 这张图片演示了正确的钻孔手势。在旁边的容器里放入适量的水，这点水可以淹没钻孔，但不会淹没整个金刚砂针。慢慢地钻孔，并时常拿起砂针，清除孔里面的灰尘。

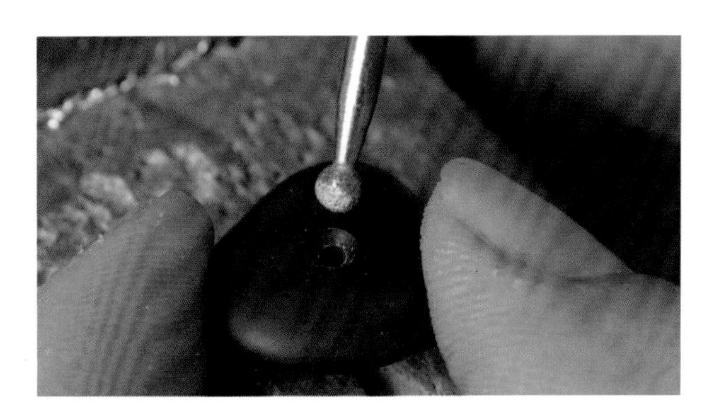

7 用球形金刚砂磨针将孔顶端掏成半球形，形状应该和珍珠类似。这个过程也应该在水中进行。

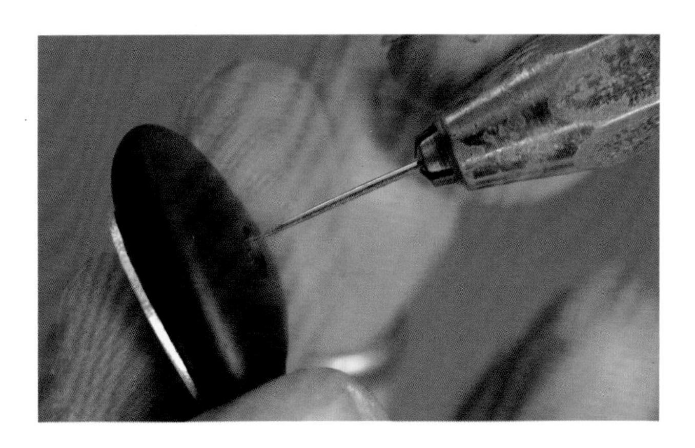

8 将钻孔和球形打磨完成以后，把金属片底托放到雨花石下面。对准底托的位置，在孔中插入针（在金属板上标记孔的位置）。

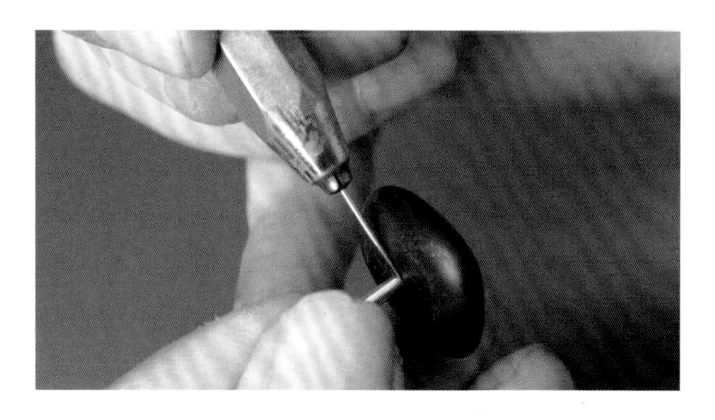

9 将一条直径 2mm 管壁较厚的金属管插入雨花石的圆孔中，它的顶部应该与圆孔的底部持平。我在金属管上做了长度标记。在退出金属管的时候把管子切割到这个长度。

10 将一根 18 号规格的金属丝插入管中，金属丝的长度要足以伸出管子的两侧。然后焊接好，形状像欧式“擀面杖”。

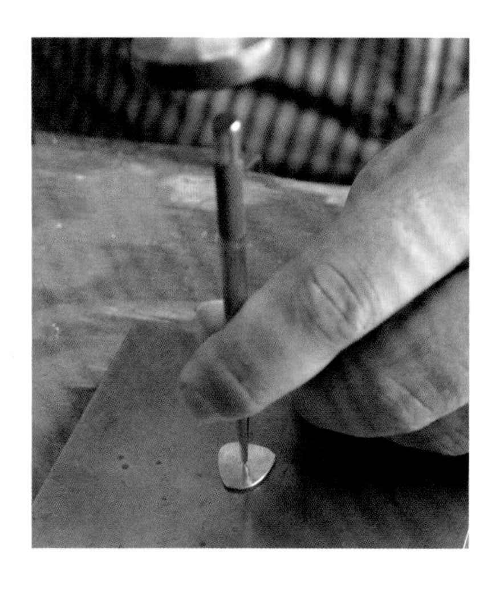

11 用一个尖头錾子在第 8 步的金属底托上（见图）划定位标记，戳出小凹坑，然后在凹坑处钻孔，尺寸是 18 号规格。

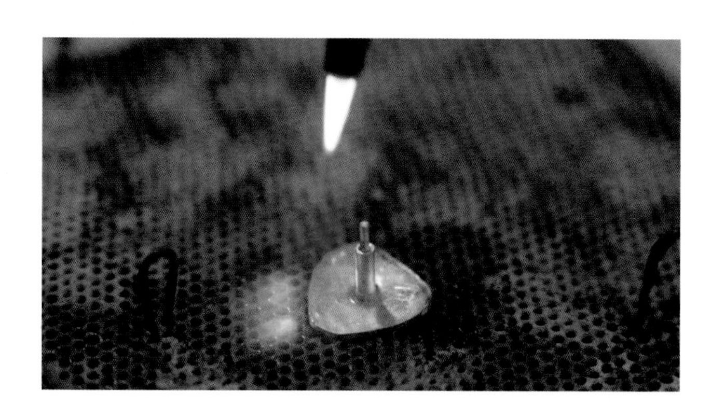

12 将欧式“擀面杖”插在金属底托的孔上，然后焊接到位。这个部分成了石头的底托和金属针。雨花石和 18 号规格的金属丝也成了珍珠的底托和针。

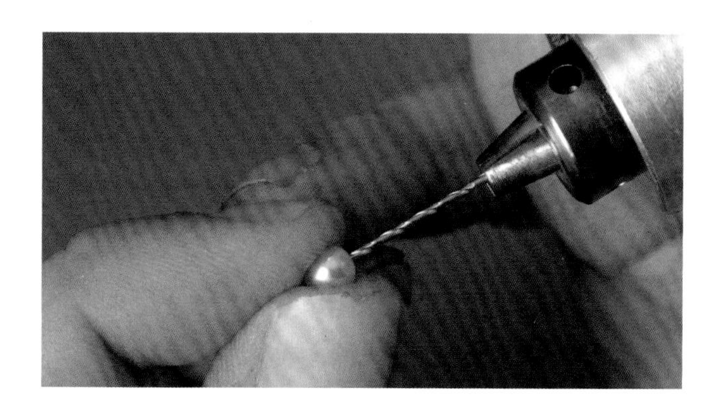

13 由于珍珠的孔不够 18 号规格金属丝的直径，可以用一个麻花钻慢慢扩大孔的直径。

14 雨花石底托和戒圈的过渡部分是一个切掉尖的圆锥形状底托。要做这样一个底托，首先做一个金属圆环，大小约为圆锥完成状态时最宽处直径的 2/3。图为从左到右是完成圆环过程。

15 把底托放在锥形窝墩（窝砧）中，露出一部分。然后用锤子捶打。

16 底托完全捶入窝墩中成型。

17 锤好的底托移到窝墩内下一个较小的孔中。将与锥形窝墩配套的锥形的錾子插入到底托中。

18 底托从窝墩中取出，将锥形上部分挫平。

19 到圆锥形底托下部焊接一小块金属片，封住底部金属片的弧度与底托底部弧度一致。

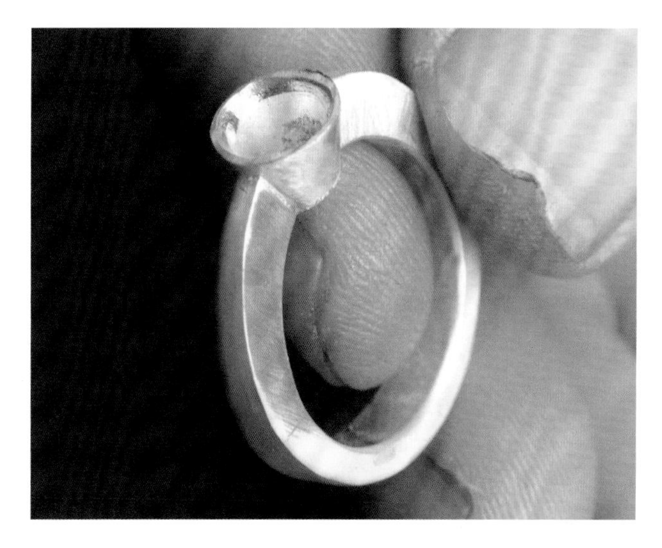

20 这是完整戒圈和底托焊接之后的效果。

21 在雨花石底托背面用划针标记出圆锥底托的位置。在雨花石底托上钻一个通风孔，然后把圆锥底托焊在雨花石底托上。

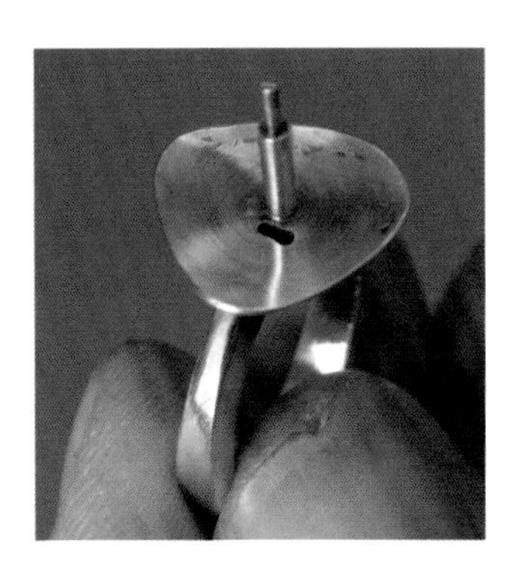

22 这张图片显示的是组装完成的金属部件。注意金属针前面的孔，这是焊接通风口。

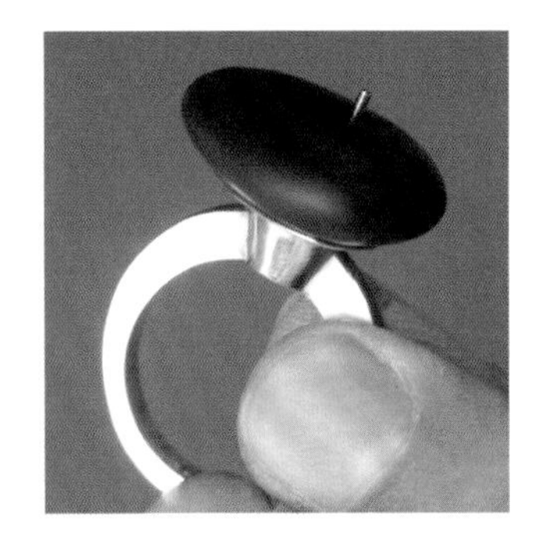

23 清洗打磨金属部分，然后用环氧树脂胶把石头粘上去。

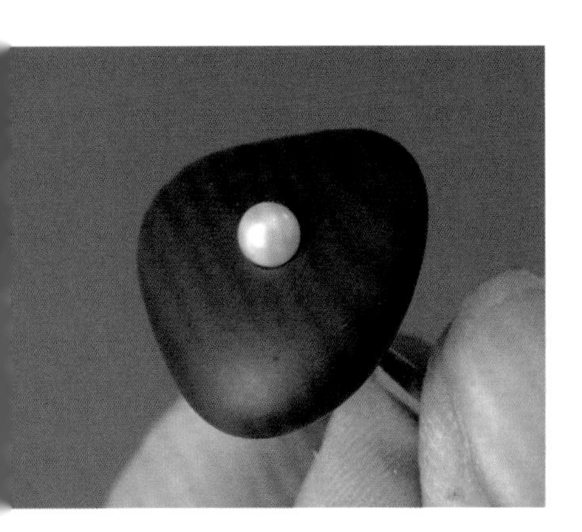

24 用环氧树脂胶将珍珠固定在金属针上。

25 最后完成的雨花石珍珠戒指。

混凝土表面锈蚀

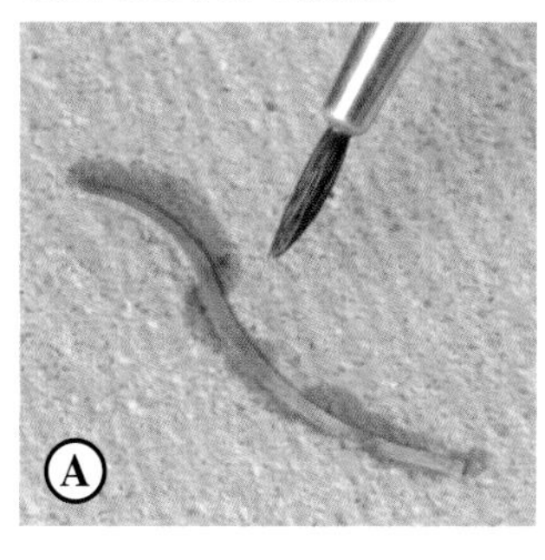

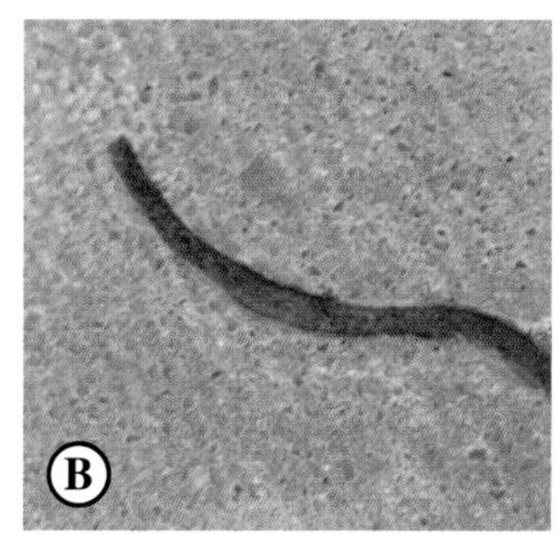

1 有很多方法来锈蚀混凝土，无论是单独的还是很多一起锈蚀。这里直接应用盐水在混凝土中嵌入钢（图 A）。盐水是一种电解质会加速生锈进度。图 B 显示了盐水锈蚀过程的结果。

2 为了进行大面积、特定区域的锈蚀，把钢丝绒绑在混凝土上，然后每天多次用盐水浸润。

3 这里是钢丝绒和盐水浸泡的最终效果。这个效果会让我每次都想去“洗”这块金属。

4 把钢丝碎片放到盐水中浸泡，就可以得到“水彩效果”。这种方法是由埃翁·斯特里特曼推荐给我的。他是一个艺术家，我有幸在彭兰德学校与他共事。

5 用刷子把生锈的溶液直接涂到混凝土上。完成锈蚀后，用可以渗入水泥的胶水密封混凝土。如果混凝土中嵌着钢，也需要给作品上蜡。

艺术家简介

汤姆·麦卡锡20年前开始制作首饰，当时他参加了一门大学选修课程。在艾奥瓦州格林内尔学院完成历史学学士学位后，他决定钻研首饰。他先后在纽约州奥尔巴尼当学徒，在彭兰德手工艺术学校作为核心学生磨炼自己的工艺，在北卡罗来纳州罗利的一家珠宝店的工作为汤姆打下了金工和宝石镶嵌修理的坚实基础。汤姆在伊利诺伊州卡本代尔的南伊利诺伊大学完成金工硕士学位。1990年毕业后，他曾在佛罗里达州的贝莱尔佛罗里达海湾艺术中心做驻地艺术家，后来在那里建立金属工作室并在那里教学。

汤姆自己的工作室成立于1992年，工作室制作限量版和定制珠宝。他在金工制作和设计上面的专业技能让他很受欢迎，他曾是彭兰德手工艺术学校、约翰C. 坎贝尔民间学校的工作坊发起人和讲师。

他已经收到了佛罗里达州克利尔沃特皮内拉斯县艺术委员会的三项艺术基金。

汤姆的作品被许多博物馆和私人收藏。包括北卡罗来纳夏洛特手工艺设计博物馆和佛罗里达州拉戈海湾艺术博物馆。他的作品曾在众多展览上展出，包括“聚光灯95”（圣彼得堡美术馆，佛罗里达州）、“汤姆·麦卡锡个展”（亚力欧唐德，新奥尔良，路易斯安那州）、第40届全国工艺品展览（西肯塔基大学，鲍灵格林，肯塔基州）和“汤姆·麦卡锡，装饰艺术”（海湾艺术博物馆，拉戈，佛罗里达州）。

汤姆的作品曾被刊登在《宝石》和《美国手工艺》杂志上，他是佛罗里达州工匠艺廊和北卡罗来纳州彭兰德艺廊的代表。

艺术品画廊

我带着仰慕之情选择这些作品。我欣赏他们的作品时，很希望这些作品是我做的。

悉尼·谢尔（Sydney Scherr）的作品展示了一种我永远掌握不了的工艺。玛西娅·麦克唐纳（Marcia Macdonold）像爵士乐手那样制作首饰。她的即兴创作是对故事最好的润色。安迪·库珀曼（Andy Cooperman）制作象征性首饰，里面有自己危险经历的伤痛和印记。艾伦·麦卡西艾（Aaron Macsai）的首饰作品技艺精湛，充满生命力——这不是一件容易的事。D.X. Ross 虽然年过八十，仍然看起来像 20 岁，他的项链连接了耐人寻味的中世纪和 20 世纪，极富人情味。

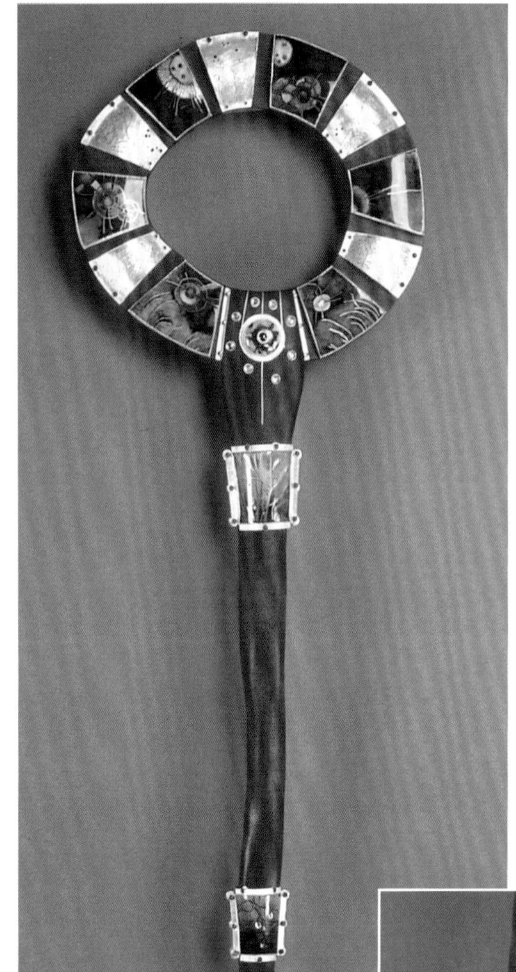

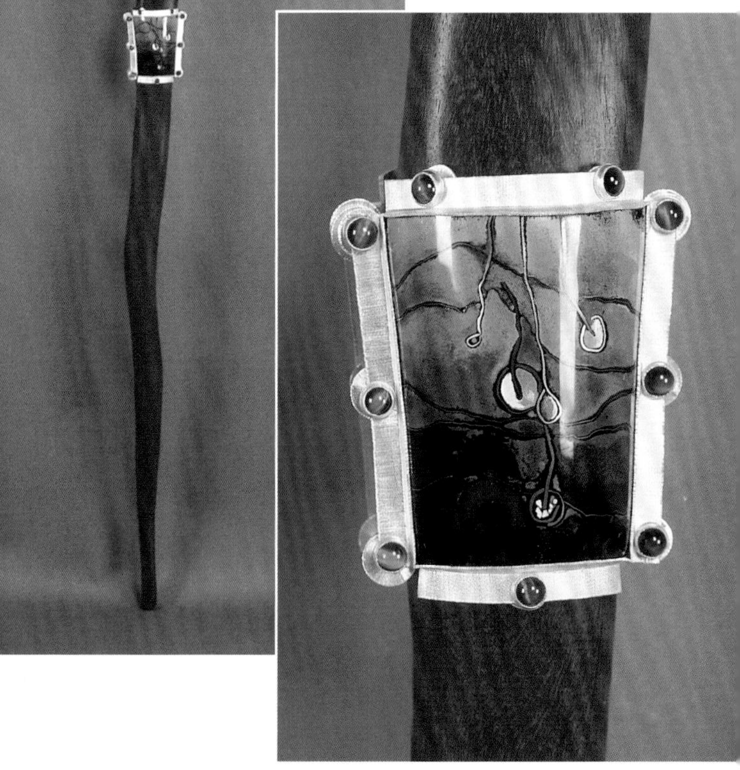

悉尼·谢尔，成长的韵律护身符摇响器，2002
218.4cm × 50.8cm × 11.4cm，景泰蓝、925 银、纯银、砂金石、石榴石、赤铁矿、绿松石、发晶、虎眼石、星光红宝、紫心锭；焊接工艺
塞思·泰斯·路易斯拍摄

悉尼·谢尔，黄水晶和欧泊羽毛套链，2004
3.8cm × 2.5cm × 106.7cm，景泰蓝、黄水晶、红宝石、22K 金、18K 金；手工焊接工艺
塞思·泰斯·路易斯拍摄

玛西娅·麦克唐纳，新西兰马桑黑白胸针，2002
10.2cm × 6.4cm × 2.5cm，蛋壳、金、木头、绘画、925 银；弧面玻璃
哈珀·萨夸拍摄

玛西娅·麦克唐纳，内部对话，2004
7.6cm × 7.6cm × 1.3cm，925 银、木头、绘画、沙、热塑性塑料
哈珀·萨夸拍摄

玛西娅·麦克唐纳，对比统一，2004
10.5cm × 5.1cm × 1.3cm，925 银、木头、绘画、再生锡、扫帚柄
哈珀·萨夸拍摄

安迪·库珀曼，螺旋钻，2000
高度6.4cm，925银、紫铜、石灰石、14K金、18K金、22K金与925银合金、光学纤维磁盘、钻石；焊接工艺、铆接
道格·亚普尔拍摄

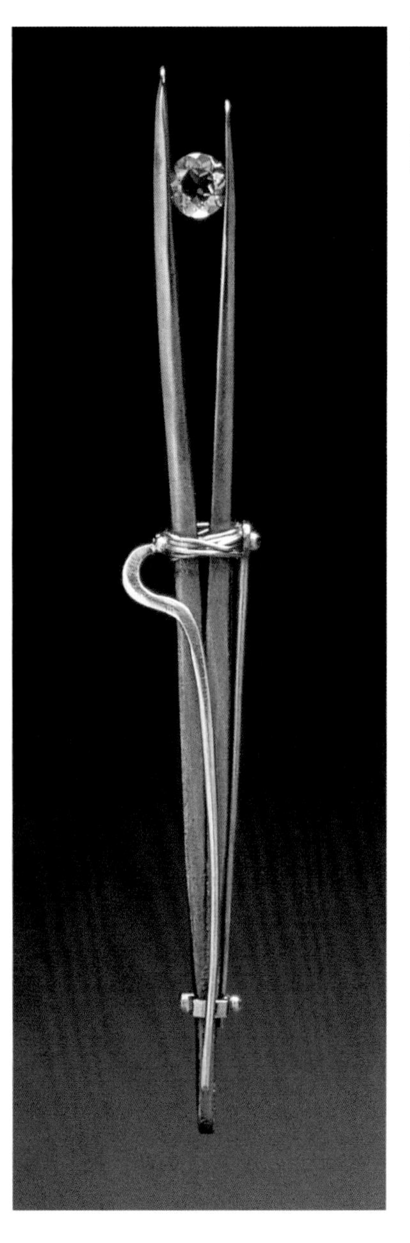

安迪·库珀曼，钳子，1998
高度5.1cm，石灰石、14K金、18K金、卢比莱碧玺；锻造工艺、焊接工艺、铆接工艺
道格·亚普尔拍摄

艾伦·麦卡西艾，跳动的镶嵌板实验性手镯，1998
2.5cm×18.0cm×0.7cm，18K 黄金、18K 白金、18K 玫瑰金、18K 绿金、14K 黄金、925 银、铜；手工镶嵌、锻造、挫修、焊接、模具冲压、铆接、合金、腐蚀、喷砂、抛光、氧化、铰链连接、挤压
艺术家拍摄

艾伦·麦卡西艾，胸针熔合与插入式镶嵌，1999
4.0cm×4.0cm×0.4cm，18K 黄金、18K 玫瑰金、18K 绿金、14K 黄金、925 银、铜、钻石；手工镶嵌、挤压、穿孔、锻造、缠绕包裹、熔化、合金、腐蚀、氧化、吹制玻璃珠、铆接工艺、挫修
艺术家拍摄

D.X. 罗斯，海的公主头饰，1993
11.0cm×5.0cm×3.0cm，925 银、22K 金、18K 金、冬青玛瑙、砾石欧泊（铁欧泊）、琥珀、铜锈；手工焊接、熔化、雕刻
加利福尼亚州米尔斯山谷的苏珊·卡明斯画廊提供照片

D.X. 罗斯，神秘宝藏（细部），1996
60.0cm 长，925 银、22K 金、18K 金、宝石、木头、玻璃、贝壳、铜锈；手工焊接、雕刻

MARIA PHILLIPS
玛丽亚·菲利普斯

对新技术和材料的不断研究激发了玛丽亚·菲利普斯的灵感，让她的创作充满了挑战。她利用电铸工艺探索人工和自然事物的构造，传达生命循环和自然规律变化的想法。这种过程就像在经历生活，结局既诱人又充满无序感。通过控制和颠覆原材料，玛丽亚创作的雕塑感作品充满张力和神秘感。

玛丽亚·菲利普斯，玩具，2000

7.6cm×3.8cm×1.3cm，紫铜、银、珐琅、钢、植物纤维、玩具零件、豆荚；综合材料组装、焊接、电铸

道格·亚普尔拍摄

制作方式——一种“培养”方式

电铸工艺——通过电解过程，各种金属可以沉积到金属或非金属物体上，这是我制作可佩戴的独一无二首饰的主要方法。我一直认为电铸是一种培养自己风格的方式。将现成物、有机材料、手工雕蜡件组合在一起，一旦（在电解液中）“成长”，就会呈现独特的形式、纹理和式样，这是我不能通过任何其他加工工艺实现的。电铸给我提供了一个机会，可以创作细腻的小尺寸的混合材料物件，让我表达对生命轮回和转瞬即逝自然演化过程的感受。大多数时候我用电铸工艺结合金工制作来进行造型和各种表面肌理的处理，以此来表现作品形式和概念。有时我享受电铸工艺制作过程中的形式变化，电铸工艺可以扭曲金属让其变得粗糙，有时我也会借助它精准的复制能力。电铸工艺十分迷人，原因在于其实现作品的方式是独特的，并充满各种可能性。

玛丽亚·菲利普斯，渗透， 2004
12.7cm × 4.4cm × 1.3cm，紫铜、银、在胸针中找到的不锈钢、珐琅；现成塑料零件、电铸工艺、焊接工艺、成型工艺
道格·亚普尔拍摄

一个令人满意的发现

我在西雅图华盛顿大学读研究生二年级时就学会了电铸。当时，我正在研究各种替代材料和工艺方法来制作可佩戴的非贵金属首饰。虽然我的基础材料仍然是金属（主要是钢），我也结合内脏、织物、木材、纸张、石膏、现成物和自然材料，所有材料基本上是我手边就能找到的材料。我发现了几个成功的组合，但没有发现我希望的灵光乍现的瞬间。

当我发现这个问题时，我正好看到杰米·班尼特（Jamie Bennett）的电铸和珐琅胸针系列作品（见对页左图）。《优先权》这个系列改变了我对首饰的看法。杰米通过有机造型，纹理和色彩彻底地改变了我所熟知的首饰形式。杰米在接受采访时说，“（我）是在探寻一种打破边框或框架束缚的珐琅首饰，强调形式的自由。边框……似乎很正式，代表奢侈品珠宝，这是我拼命想要

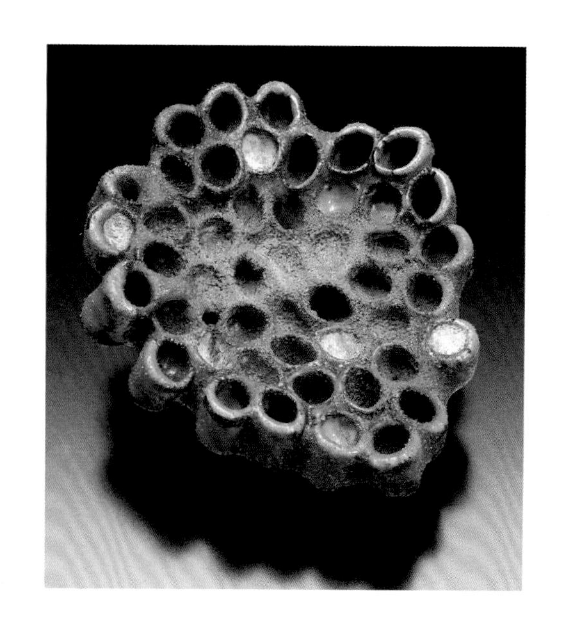

玛丽亚·菲利普斯，蜂巢， 2003
7.6cm × 4.4cm × 1.3cm，紫铜、不锈钢、珐琅、麦秆；电铸工艺、综合材料组装、胶水固定、焊接、低温焊接
道格·亚普尔拍摄

避免的。”这个概念引起了我的共鸣，我也尝试追求这种形式。

通过进一步研究，我意识到电铸能帮助我捕捉和转化有机材料和现成物材料。我一直无法通过金属成型、金属抬压或金属铸造来创造细微的形式变化来表达我感兴趣的东西。这些工艺都是一成不变的并且过程非常繁琐。电铸是一种摆脱金属板材和金属丝固有的平面和线性特质的有效办法。它使我能够制作复杂的、轻量级的中空造型。它可以制作流线型，有纹理的，无缝的圆弧形，这是一种颠覆。电铸正是我在寻找的工艺，可以激发我灵感的工艺。

我发现电铸和电镀工艺在 19 世纪初就已经存在了。它被用来复制博物馆藏品的完美复制品、大规模复制生产劳动密集型的艺术作品和制作便宜的珠宝。今天，电铸和电镀仍被用来制造印刷板、电路板、餐具、汽车和航空航天设备以及众多的消费产品，包括纪念品、玩具和珠宝。在 20 世纪中叶，艺术家开始用工业加工工艺作为艺术品的创作手段。一些早期的美国艺术家尝试用电铸作为一种创作方法。例如琼·施瓦兹（June Schwarz），埃莉诺·莫蒂（Eleanor Moty）和斯坦利·莱彻斯特（Stanley Lechtzin）。自 20 世纪 50 年代后期，琼使用管状形式制作物件，继续打破这一工艺流程的限制。

检查工艺流程

电铸与电镀不同，电镀层表面镀有非常薄的金属层。而电铸沉积的金属层更厚更重，从而能形成自支撑结构。我看了奥皮·乌切特（Oppi Untract）的书《首饰：概念和工艺》，并在华盛顿大学的技师罗杰·霍纳（Roger Horner）的帮助下，了解了化学实验室的蓝色电铸池的使用方法。一个基本的电铸系统由电镀镀液整流器，曝气器，加热单元（可选），过滤系统和支持阳极和阴极的导电母线组成。

要使用不同的化学成分电铸不同的金属。在这个案例下，我们用的是硫酸铜溶液，它由硫酸铜、硫酸、盐酸和蒸馏水组成。整流器是电源，把家庭交流电（AC）

杰米·班尼特，无题，1987
12.0cm × 19.0cm × 1.3cm，珐琅、紫铜、不锈钢；电铸工艺
迪安·鲍威尔私人收藏，马萨诸塞州伦诺克斯市的西恩纳画廊

斯坦利·莱彻斯特和丹妮拉·克纳，25E 胸针，1981
22.2cm × 7.6cm × 5.1cm，银镀金、紫水晶；电铸工艺
艺术家拍摄

琼·施瓦兹，#2090，1996
直径 14.0cm × 9.5cm，金属箔、金属丝、紫铜珐琅；电铸工艺
M·李·法尔瑞拍摄

玛丽亚·菲利普斯，谜，1999
11.4cm×7.6cm×2.5cm，钢丝、紫铜、珐琅、金属丝；电铸工艺、焊接工艺、编织球型、雕刻
道格·亚普尔拍摄

转到直流电（DC）上。阳极是悬浮在电解液中磷化的铜条，当正电荷被激活后，铜条会慢慢溶解并释放出铜离子。铜离子进入电解液平衡出其他离子，然后依附到物体阴极。阴极（物体）带有负电荷并完成电镀过程（参阅第 178 页，图 A 和 B）。根据创作物件所需的表面纹理效果、表面厚度和电铸的速率，电铸的时间可以从 2 小时到 20 小时不等。我更喜欢低压慢速的电铸方式，这意味着在较长时间内控制整流器运行在 0.5 ~ 1V。在这个电压下电流将在 5A 和 12A 之间。然而，电流读数会因为阴极（物体）的表面面积不同而变化。低压慢速的过程可以形成更精细、更细致的电铸表面。增白剂是一种有机化合物，可以添加到电铸过程中有助于金属沉积过程。添加增白剂会使表面坚硬，明亮，金属颗粒结构紧凑。在需要的时候添加增白剂，它会随着电铸时间变长而越来越少。我尝试过制作暗淡的和明亮的表面，每一种都有自己的特点，可以适用于不同的情况。不放增白剂能产生暗淡的木纹表面。有几种方法来制作一个粗糙起伏、菜花状的表面。建立初始电铸层之后，逐步增加电压并结合使用非充气或未经过滤的电铸溶液能快速促进形成不规则的电铸层。

当气流不通或搅拌时，电流会倾向于物体的突出区域。离子主要是被任何突出的物体吸引，由于这些区域具有较高的电荷密度，导致更为密集和粗糙的活动。像闪电会被吸到教堂的尖顶，电铸的离子总是会更靠近尖尖突出的部分。这种倾向性也解释了为什么凹进去的区域效果不理想。另外，如果需要细致的均匀的形式，特定的电镀环境是必需的。经过多次尝试，我发现用微晶蜡填补任何超过 3mm 的凹坑能提升电铸的效果。在整个电铸过程中，适当的曝气和过滤、旋转物体、物体与

玛丽亚·菲利普斯，裂隙，1998
91.4cm×12.7cm×3.8cm，紫铜、银、珐琅、电缆、豆荚；电铸工艺、雕刻、铆接工艺
道格·亚普尔拍摄

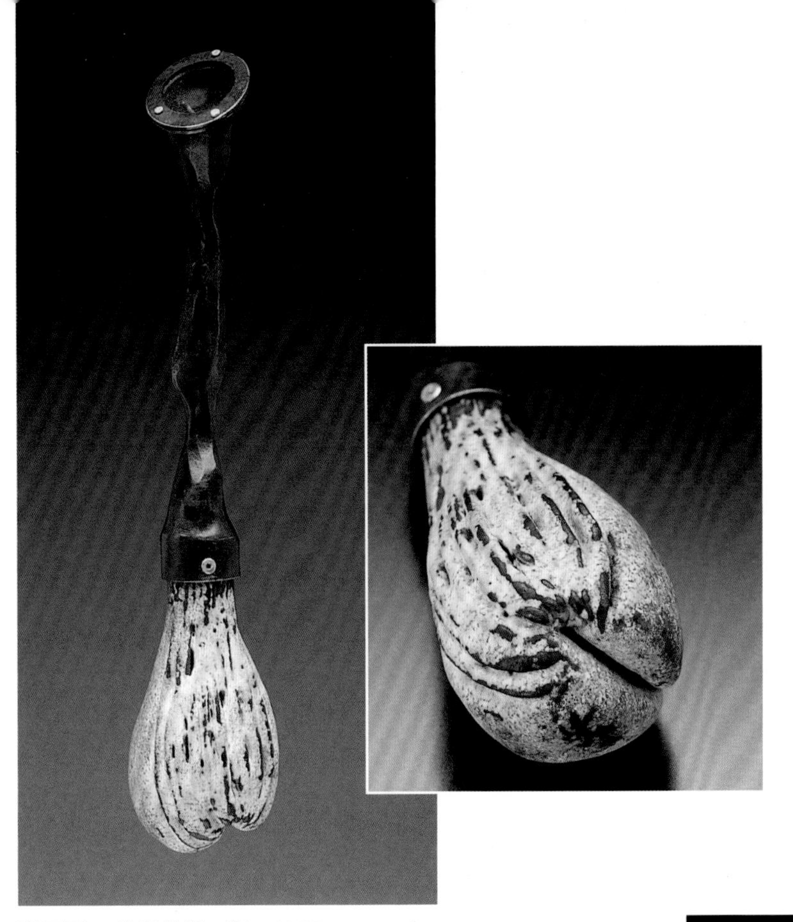

玛丽亚·菲利普斯，囊，1997
12.1cm × 3.8cm × 1.3cm，钢、紫铜、珐琅、云母；锻造工艺、焊接工艺、电铸工艺、雕刻、铆接工艺
道格·亚普尔拍摄

阳极的位置、低压慢速的电铸，都有助于形成那种可控的、显著的、稳定的效果。

最初有尝试电铸一切材料的想法。然而，电铸材料必须要有一个平衡的化学成分，并且重要的是要知道有些材料可能会污染电铸池。因为几乎所有的东西，包括不导电的物体，可以用涂上导电涂料让它导电，这是必要的，这样的密封方式可以避免降解和污染电铸池。从一开始我就使用有机材料并立刻养成了密封任何可能多孔或可降解的材料的习惯。我使用各种聚氨酯胶喷漆密封材料。每一次密封时，可以根据材料的大小、形式和质地来进行有目的的密封。我更喜欢液体密封剂，因为它能渗透中空物体的内部空间。经过反复试验，我了解到任何有机物在密封后会枯萎，被悬浮在电铸池中不论多长时间都会吸水膨胀。这种膨胀会破坏物体表面的导电性，有机物质会暴露在酸性溶液中并开始腐烂。因此，聚氨酯胶能加入任何吸水材料的内部和外部进行密封。

将一种金属电铸到另一种金属上时，相容性也很重要。用硫酸铜浴可以电铸大多数有色金属，包括大多数铜合金，但我没有太多锌或锡合金的成功案例。高质量的超级不锈钢可以电铸，但普通钢或铁会干扰化学平衡。

玛丽亚·菲利普斯，回忆，2003
11.4cm × 5.0cm × 0.6cm，紫铜、银、不锈钢针、珐琅、铅笔、豆荚枝；焊接工艺、电铸工艺
道格·亚普尔拍摄

如果你不是很确定结果，最好用测试材料来预演。玻璃容器中，在少量电铸液中放置少量金属样品。10小时后，如果物体没有被腐蚀，你可以假定它可以电铸。在多种情况下，用聚氨酯胶和导电涂料密封金属是一种好选择。随着使用变化，每个电铸池都会有特定的化学成分。因此，为了保持电铸池的成分平衡，仔细地整理清洁和电铸工艺的经验是同样必要的。

在我的制作中，我使用蜡、有机物和塑料物体的组合。它们通常容易被压碎，经常变位、喷溅并覆盖侵蚀的表面。我通过定期实验，已经累积了一些蜡、有机物和塑料物体的组合方式。我的周围都是这些组合形式的物品，把它们结合在一起可以建立不同组合之间的关系，制作有意思的、独特的整体造型。用微晶蜡作为过渡材料可以创造独特的造型。微晶蜡非常容易塑形，并且与表面添加剂结合良好。将沙子、污泥、种子嵌到蜡里可以产生非常有趣的表面，这种组合方法填补了我直觉的空白。尽管通过电铸可以完美地复制这些金属件，我却更喜欢在制作过程中找寻微妙的、意想不到的变化。这些变化可以是疤痕和褶皱，也可以定义物件特性的内在特质。

虽然这项工艺具有瞬间令人满意的吸引力，但在这个过程中有一些时刻可能是具有欺骗性和令人沮丧的。特别是在早期阶段，我很难想象一个完成的物件会是什么样子。导电涂料可以帮助解决这一难题，因为在涂了涂料后，物体可以呈现出铜的外观。当在进行电铸时，我知道物件最终大概的效果，但最终电铸的结果只是闪亮的或暗橙红色。这时我就会提醒自己，这只是一个半成品，我还需要用更多方式来改造物件。

在大多数情况下，我会预先决定我是否要改变电铸材料，用传统金工手段来加工和补充整体形式。在某些情况下，电铸后的形态会提示附加元素的位置和形状。这些元素可以与冷连接或焊接相连。在某些情况下，焊接一个多孔电铸物件时会出现问题。我遇到过像海绵一样的物件，它们会把焊料吸收到凹槽中。使用少量的焊接并打磨焊缝可以缓解这个情况。另一种选择是先完成所有的焊接，然后将物件放到电铸池中电铸焊接处。如果有不想电铸的部分，可以用聚氨酯胶密封这个部分，之后可以将聚氨酯胶去除。尽管电铸物体的壁厚不一致，如果将外形退火，细小的部分可以手工调整。然而，较薄的壁区容易损坏或开裂。

在电铸铜上进行的大部分着色和表面处理都会有效

玛丽亚·菲利普斯，延伸，2000
86.4cm×3.8cm×0.6cm，紫铜、银、珐琅、钢、自然豆荚、手风琴扣带；焊接工艺、电铸工艺、雕刻工艺、铆接工艺
道格·亚普尔拍摄

果。我发现这些工艺和材料非常相容：铜锈（如硫化肝和硝酸铜）、附加金属的电铸、珐琅、彩色铅笔、棉屑（植物绒）、彩色树脂浸漆和油画。制造互补元素或应用色彩可以赋予作品新的意义。这种装饰建立在结构和电铸上面，让作品叙事角度发生变化。

在我的制作过程中，电铸仍将发挥重要作用。它激发了我对再生和腐朽的兴趣。通过它，我能表达对生命循环的感知和短暂自然循环过程的感受。电铸给了我任何其他的金属工艺无法达成的机会，即可以实现精确的、细节丰富的、小尺寸的作品形式。这种工艺潜力巨大。在艺术创作中，那些愿意研究它的人会发现它的自由性，甚至可能发现自己灵光乍现的瞬间。

玛丽亚·菲利普斯，奶荚，2002
81.3cm × 10.2cm × 10.2cm，紫铜、925 银、珐琅、小枝条；焊接工艺、电铸工艺、雕刻工艺、铆接工艺
道格·亚普尔拍摄

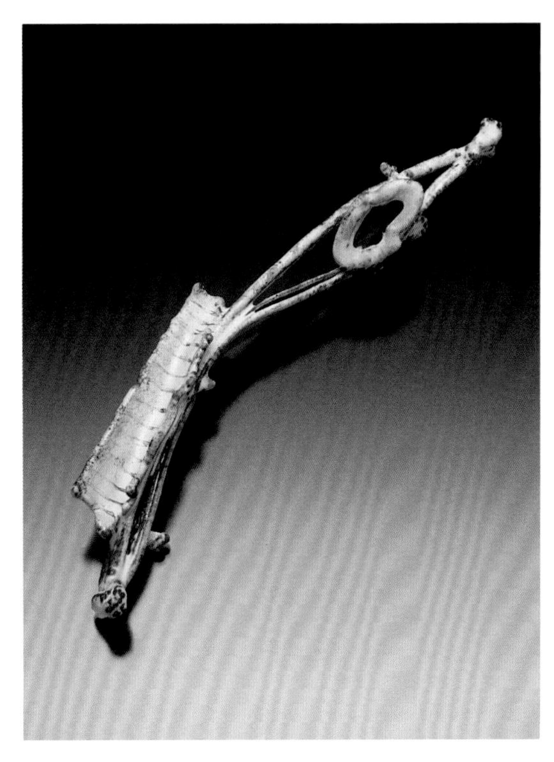

玛丽亚·菲利普斯，碎片，2003
15.2cm × 2.5cm × 1.3cm，紫铜、银、不锈钢、珐琅、现成的塑料零件；电铸工艺、焊接工艺、综合材料组装、低温焊接
道格·亚普尔拍摄

手工演示

在这个系列中，玛丽亚介绍了几种电铸方式。她演示了如何准备三种电铸材料：混合材料，蜡，金属。在电铸物件时，玛丽亚探讨了去除原模型的方法。电铸的成品是一个轻质铜，它可以作为某个首饰的部件，也可以作为一个单独的首饰物件。

玛丽亚・菲利普斯，癔症，1997
11.4cm×3.8cm×1.3cm，钢、紫铜、珐琅；焊接工艺、电铸工艺、雕刻工艺、铆接工艺
道格・亚普尔拍摄

1 电铸的三种材料，左起：蜡质雕刻固体；塑料零件的混合材料：组装浇口蜡和豆荚；钩编 30 英寸铜丝。

准备混合材料

2 这些是用来组装混合介质形式的单独材料：现成的塑料、浇口蜡和豆荚。可以用旁边的工具进行组合。

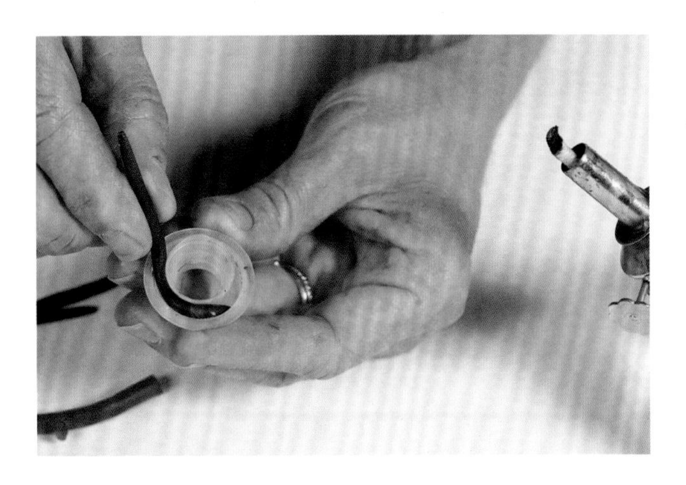

3 任何超过 3mm 的凹陷处都填充微晶蜡。那些电铸不到的凹陷处会对整体结构有影响。

4 用熔蜡工具给蜡加温，将蜡的枝干连接到蜡锥上。

5 有机物在密封前必须完全干燥，所有有机或多孔材料必须在电铸前密封。我用聚氨酯胶涂层因为它能保留物体的细节。我把豆荚放在聚氨酯胶中，去除多余的漆，然后让它完全干燥。不同的物件可能需要不止一层聚氨酯胶。如果必要的话，暴露的内部空间也应该密封。

6 密封胶完全干燥后，豆荚附着在蜡枝干上。

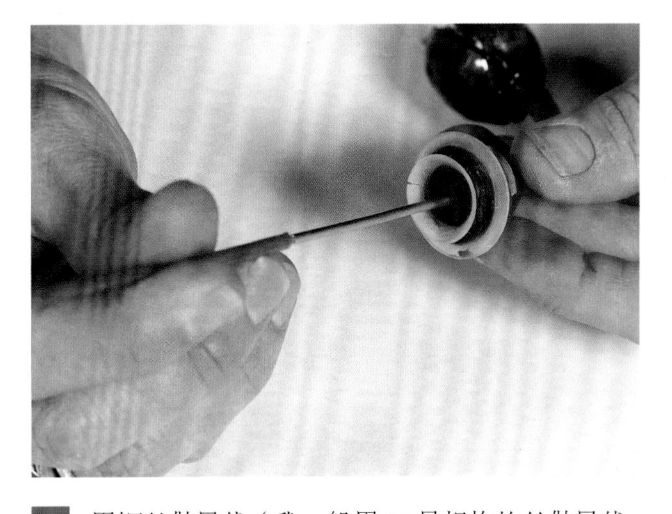

7 用铜丝做导线（我一般用 16 号规格的丝做导线，比较重的丝能让物件在电铸时不漂浮在池里），将导线连接到一个物体，然后连接到电铸池的阴极（负极）。放置引线很重要，应该从设计的角度考虑，也要从连接的角度来考虑。

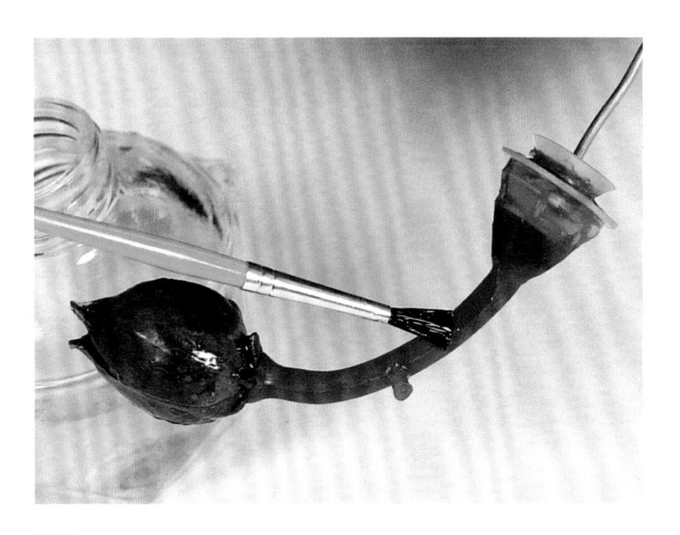

8 在涂上导电涂料之前，物体必须没有任何油脂或污垢。我使用工业酒精、洗涤剂或水来清洁物件，然后再涂导电涂料。

9 导电涂料必须先搅拌，让涂料充分混合。可以使用一种由水溶性无毒黏合剂与悬浮铜粒子组成的导电涂料。本产品可用不同浓度的蒸馏水稀释。含有铜或银的有机溶剂型涂料也存在，但不能用水稀释或清洗。

10 整个物体都涂上了导电涂料。如果通过一层油漆仍能看到物体的表面，可以让它干燥 1 小时，再多涂一层涂料。图示的这种透明程度可能是涂料太薄的原因。涂上更多的导电涂料可以让导电层变厚。

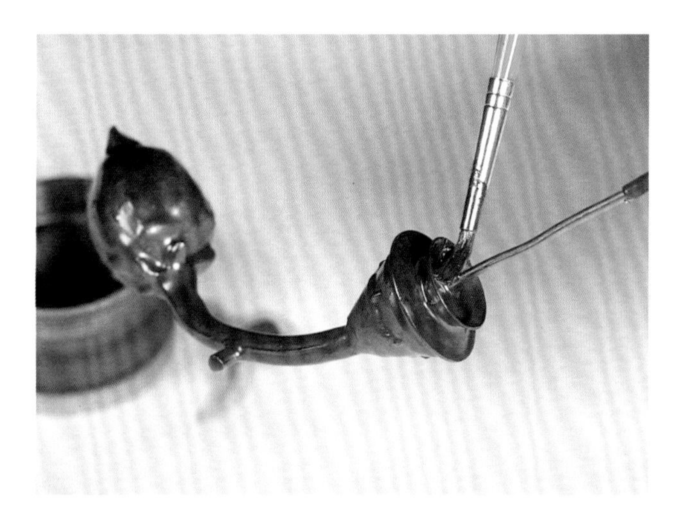

11 连接点必须牢固，并用导电涂料覆盖。让涂料干燥至少 1 小时，然后将物件放入进电铸池。

12 当使用固体蜡时，制备步骤与混合材料相同，但整理阶段略有不同。此处以一个铅锤纹理的微晶蜡为例。

13 将导线插入蜡模中。

14 用导电涂料涂蜡模，连接点也要涂好，干燥至少1小时。

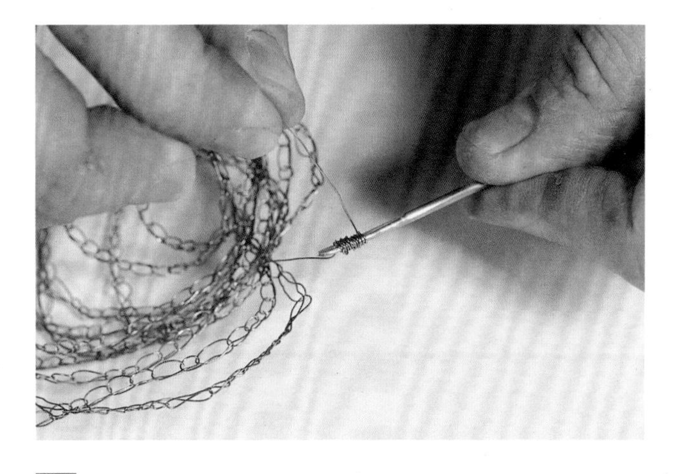

15 电铸过程是加厚薄铜皮加粗铜丝的好方法。使用钩针编织一个想要的丝状造型，使用30号规格的金属丝。将金属丝的末端用钩针穿过导线的孔，然后缠绕起来固定。

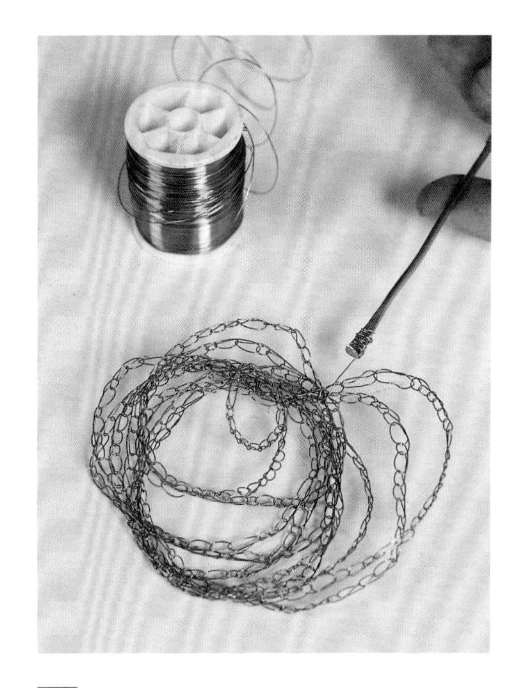

16 除非导线已经粘在金属物体上，否则不需要导电涂料。如果用了胶水，连接处和任何涂过胶水的位置必须涂上导电材料。用酸洗、漂洗用或工业酒精清洗物体。记住，不宜使用与电铸溶液不相容的金属。某些金属可能会产生化学反应并弄脏电铸池。

17 模型都涂好涂料并干燥了，三个部分都准备妥当，准备电铸。

18 取下电铸池的盖子。最好在任何除了装物件和拿物件的时候，都保持电铸池是盖着盖子的。

电铸池

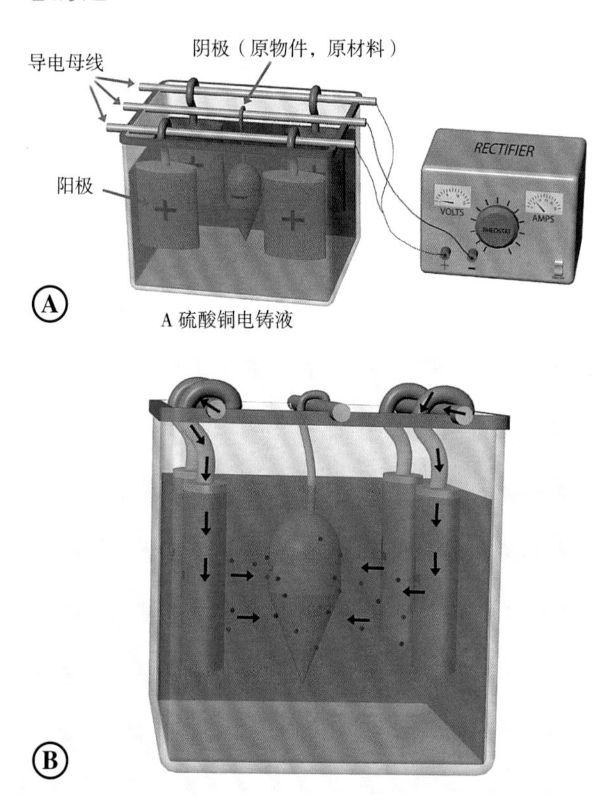

图 A 显示电铸池的装置
图 B 显示在电铸池里发生了什么

19 把物体放进电铸池。

20 用软管夹把物件单独分开固定阴极（负极）棒上，然后拧紧软管卡箍。软管夹提供了一个安全的连接，防止物件浮动。

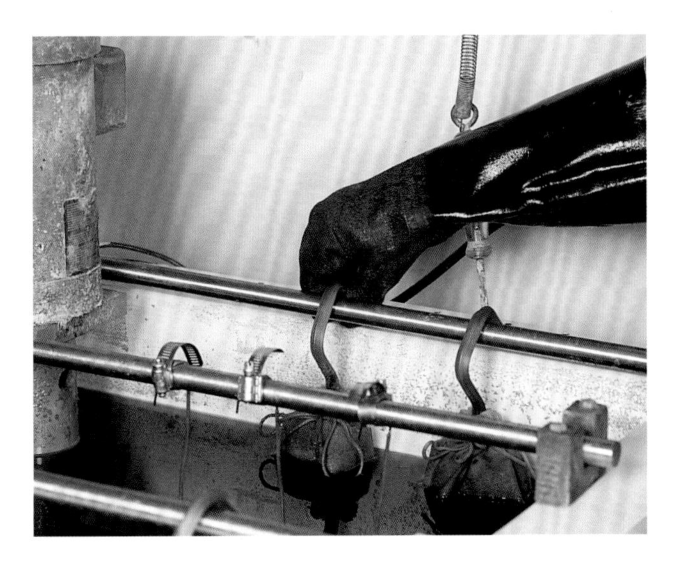

21 阳极（正极）位于物体的两侧。理想情况下，阳极的表面积应与电铸物体的表面面积相近。阳极太大或太小，都会产生问题。

22 打开整流器，调节变阻器使电压调至 0.75 和 1V，电流 5 ~ 12A。最好先用较低的电压来电铸表面。为了实现精细和精确的细节，应维持一个非常低的电压和更长的电铸时间。如果更多的是电铸小型区域，要在几个小时中间增加电压或电流（如果功率增加太快，电铸有“燃烧”的风险，物件可以电铸，但拿出来的时候电铸层可能会脱落）。电铸时间的长短会影响电铸层的厚度，电铸时间可以持续 2 ~ 12 小时。

23 等 15 ~ 30 分钟后检查电铸进度。在检查前关闭整流器和通风装置。拿起阴极棒，仔细观察物件，确保在整个表面有一层薄电铸铜。如果在电铸时使用增白剂，物件将有一个光亮的表面，否则，表面会变成暗橙红色，看不见导电涂料。如果可以看到导电涂料，继续电铸，15 分钟后再检查。如果没有产生电铸，检查所有的连接点，然后冲洗和干燥物件再涂另一层导电涂料。

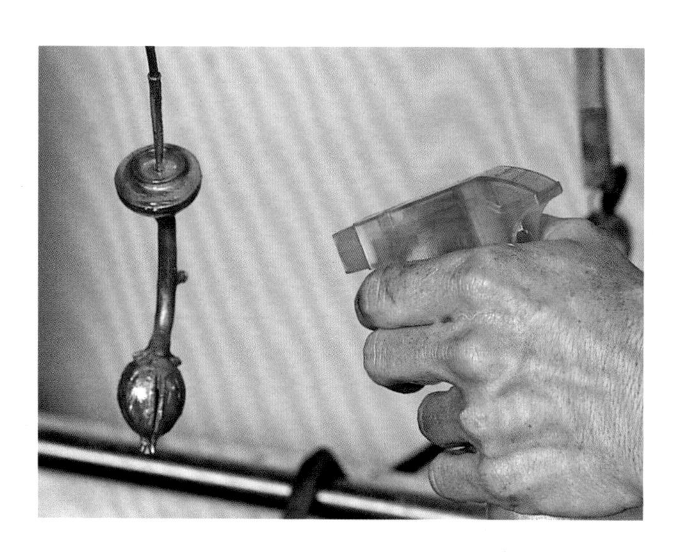

24 经过 10 小时的电铸，物件电铸层达到所需的厚度。在取出物件之前，把它们留在电铸池里，用蒸馏水冲洗。这样，任何留在表面或在物件中多余的电铸液将被清除，留在池中。

25 为了确定金属电铸沉积量，我测量导线并将其与导线的原始值进行比较。在这个例子中，金属沉积前导线 2.05mm（12 号规格）。金属沉积后，测得的导线 3.26mm（8 号规格）。据估计，沉积的金属的近似厚度为 0.6mm（介于 22 和 23 号规格）。然而，整个电铸件的壁厚并不完全一样。

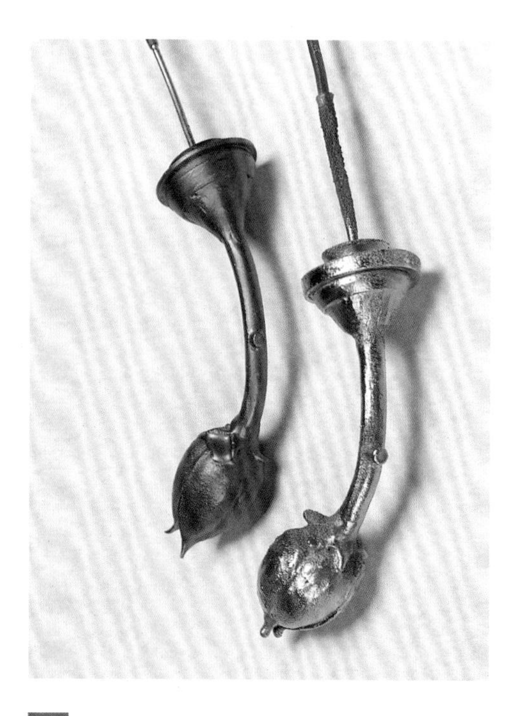

26 这张照片对比涂完导电涂料的原物件（左）和经过电铸的物件（右）。

移除原始材料：炉烧法

27 有时候原始模型可以留在电铸层里。如果原始模型是多孔的，那么必须把它移除，否则，在电铸一段时间之后物件吸收的溶液将会析出。在去除原始模型时，我习惯在炉中烧掉原始模型。在烧完所有原始物件之前，必须在物件上钻至少两个孔释放加热过程中产生的气体。如图片所示，我在不显眼的地方钻了一个小洞。

28 在炉烧时请在电铸层上保留导线，防止电铸层变得比预期的要薄（用导线连接的物件再清洗后可以回到电铸池中重新电铸）。在超过3个小时的炉烧时间里，我慢慢提高炉内温度到676.7℃。维持这个温度2个小时，然后关闭炉子让它冷却。燃烧混合材料时会释放有毒有害气体，适当的通风是很重要的。

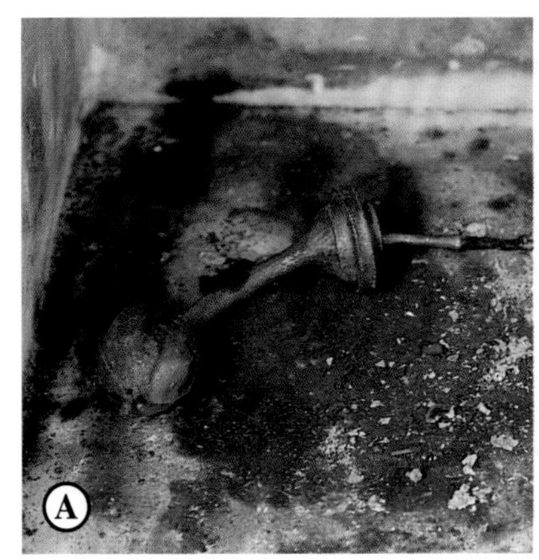

A

B

29 燃烧之后，电铸件有氧化层（图A）。残留物也可能留在电铸物件内。使用压缩空气，敲打物件或用清水冲洗来清除内部残留物。酸洗电铸物件去除表面氧化物，然后冲洗电铸物件的表面，用铜丝刷刷干净（图B）。现在可以对电铸物件进行进一步加工或表面处理。

移除原始材料：焊枪加热法

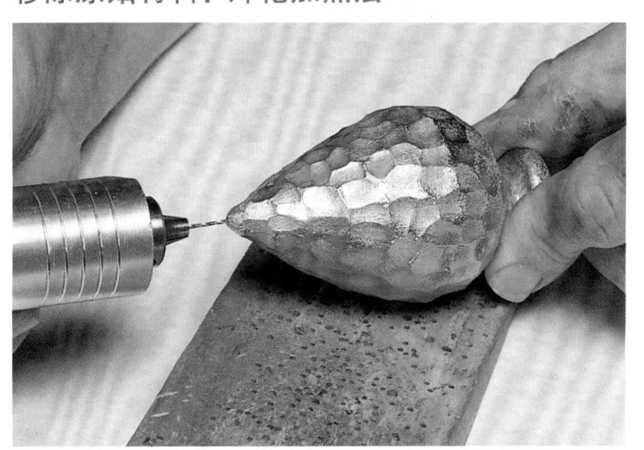

30 在金属表面钻孔，要认真考虑这些孔的位置，让蜡可以从电铸件中流出。

31 我在一个大的咖啡罐里放一个不锈钢滤网，滤网的位置离罐子底部约7.6cm。在罐子里装满了5cm的水，高度大概在不锈钢滤网下面。我把电铸件置于不锈钢筛网上（见图），电铸件还连着导线，然后将咖啡罐加热。当水煮沸时，蒸汽会让电铸件变热，蜡会慢慢流出。这种技术比加热整个蜡芯要安全得多。

32 当蜡完全流出后，我轻轻烘烧电铸件，烧掉所有残留的物质。电铸件放在一个焊锅上，在焊锅下面放置一个盛液盘（这一步要非常小心，要确保通风良好的地方工作。蜡是易燃材料，可能会燃烧起来。如果蜡烧起来了，把焊枪从电铸件上拿开直到火焰熄灭。然后慢慢地把焊枪火焰放到电铸件上，直到它不再燃烧）。等待电铸件冷却。之后是打磨表面，漂洗和铜丝刷清理。

33 这张图片显示了三个物件电铸之前和电铸之后的对比。

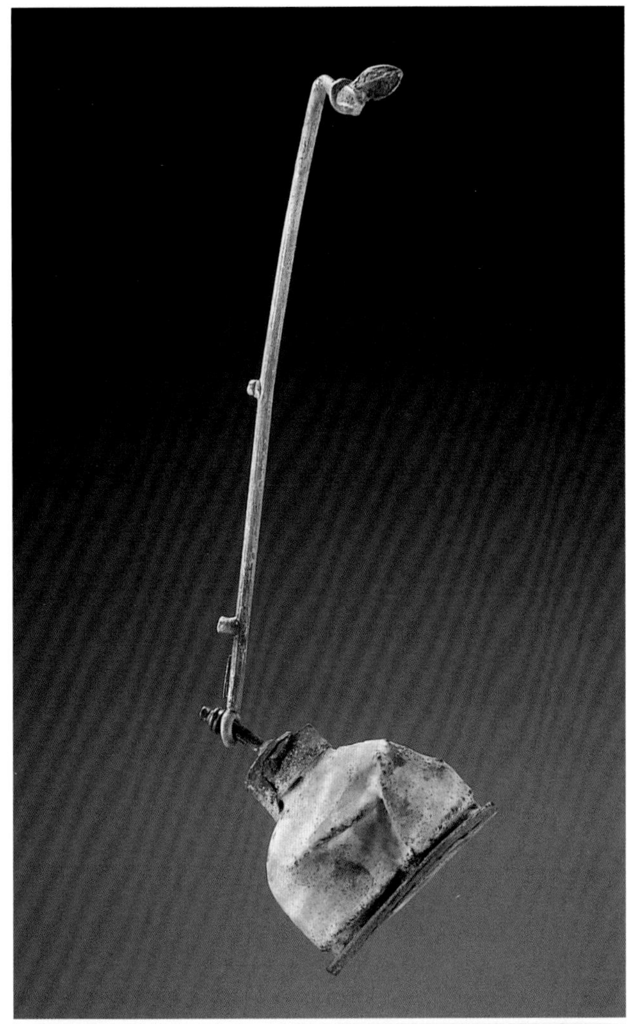

艺术家简介

玛丽亚·菲利普斯是一位独立艺术家，她的工作室在华盛顿的西雅图。1997年，玛丽亚·菲利普斯在华盛顿大学获得了她的艺术硕士学位。

玛丽亚经常在美国和其他国家举办展览。她已经在多个地方举办个展，地点包括加州米尔谷苏珊康明斯画廊、俄亥俄州肯特州立大学和密苏里州圣路易斯工艺联盟。最近她参加的艺术家群展包括“收集”（维多利亚和阿尔伯特博物馆，伦敦，英国）、“建筑传统，对西北部表示敬意的礼物”（塔科马港市艺术博物馆，塔科马，华盛顿）和“转换：当代小型金属和首饰作品”（国家装饰金属博物馆，田纳西州的孟菲斯）。她的作品已被收录在《1000枚戒指》《500个胸针》《现成物艺术》以及杂志《美国金匠》《美国工艺》《装饰》之中。

在2004年，玛丽亚被授予艺术家信托/华盛顿州艺术委员会奖学金。她在威斯康星州希博伊根米迦勒的科勒艺术中心的艺术/工业项目中作为驻地艺术家。额外的驻地包括北卡罗来纳州的彭兰德手工艺术学校（由沃霍尔基金会和国家艺术基金会主办）、华盛顿的普拉特艺术中心及俄勒冈工艺美术大学。

玛丽亚·菲利普斯，月缺，2004
10.2cm×4.4cm×1.3cm，银、紫铜、珐琅、不锈钢针；现成的塑料零件、电铸工艺、铸造工艺
道格·亚普尔拍摄

艺术品画廊

电铸工艺为艺术家提供了复制非常精细物件和独特形式的可能性。这里所选择的首饰、器皿和雕塑是为了阐释电铸工艺的制作过程。此外，这里展示的作品展示了各种表面处理，有电铸铜的自然氧化、各种铜锈、珐琅、镀金和镀银。

所有这些艺术家中，琼・施瓦兹花了大量时间进行电铸工艺探索，多方向发展。她的早期作品包括各种珐琅，如浅浮雕和雕刻珐琅。最近的作品采用精细或密集的电镀表面，她用薄金属来转换织物般的效果，这是她作品的基本形式。

布鲁斯・梅特卡尔夫（Bruce Metcalf）和夏娜・克罗茨（Shana Kroiz）用电铸元素与木材和金属的组合。在许多情况下，梅特卡尔夫通过剥离或油漆来丰富电铸表面，而克罗茨采用植绒或珐琅。

南希・沃登（Nancy Worden）用现成物和各种形式创作了轻盈牢固的领饰，它们具有政治性和幽默意味。基思・路易斯（Keith Lewis），另一位对政治和个人问题有看法的艺术家，采用电铸工艺形成粗糙的纹理，在一件作品中同时实现厌恶感和美感。不同的铜锈进一步强调形式的细微差别。

凯瑟琳・A・英格拉哈姆（Katherine A. Ingraham）通过穿孔改变了塑料和家用物品。穿孔的物品电铸完成后，她用珐琅和氧化结合的方式来增加纹理和图案。杰米・班尼特用手工制作的造型和有纹理的蜡模创作抽象的有机作品，作品表面用精细的珐琅进行修饰。

莎拉・布雷赫特（Sarah Obrecht）作品的雕塑表面质感类似于琼・施瓦兹的作品，不规则的镀铜板、表面腐烂的感觉都很好地展现了莎拉雕塑的有机感。

在《发芽》作品中，有一系列精致的电铸铜和银的形状，维娜・拉斯特（Vina Rnst）用这些模仿了自然。梅丽莎・赫夫（Melissa Huff）在有机物上电铸了几层铜。她在整个物件上先电铸一层，然后再电铸一层嵌进湿珐琅。结果有点像雕刻珐琅的效果，色彩丰富，表面是有对比的氧化铜纹理。

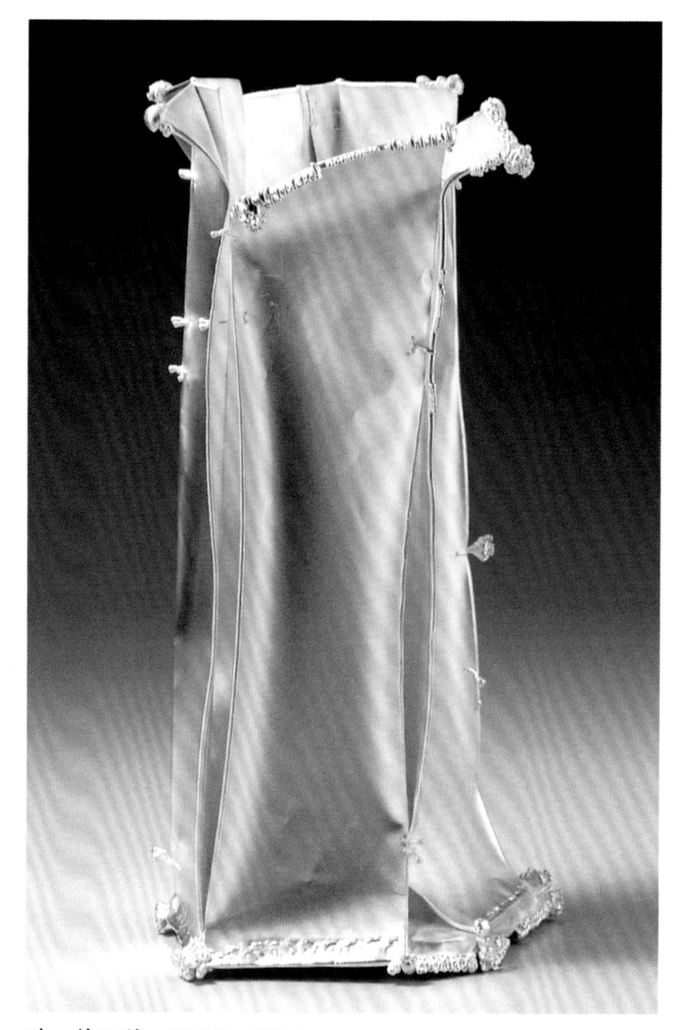

琼・施瓦兹，#2253，2004
29.0cm × 11.5cm × 11.5cm，铜箔；电铸工艺、镀银
M・李・法尔瑞拍摄

基思·路易斯，35个逝去的灵魂，1992～1993
6.0cm×3.0cm×3.0cm，925银、紫铜、黄头、钢、木头、塑料、铜锈；绘制上色、染色
艺术家拍摄。私人收藏

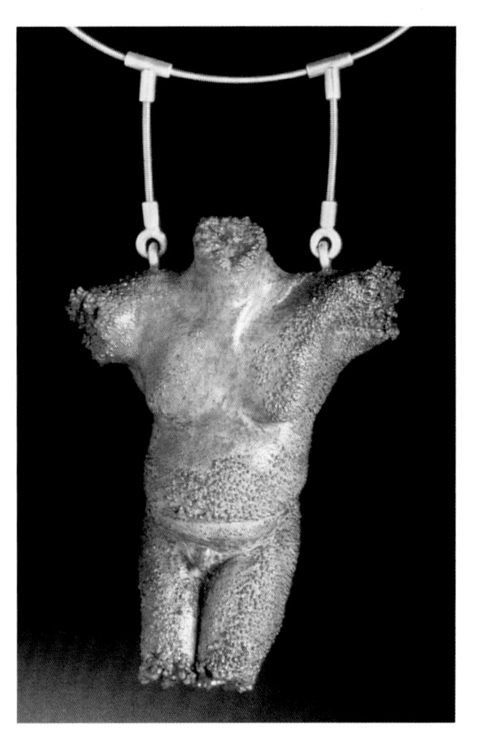

基思·路易斯，赤裸蓝色有丘疹的胖子，1992～1993年
吊坠，11.0cm×6.0cm×4.0cm，紫铜、925银、钢；氨/盐锈蚀、电铸工艺
艺术家拍摄。私人收藏

布鲁斯·梅特卡尔夫，嘴唇和叶子项链，2002
37.0cm×28.0cm，枫叶、冬青、紫铜、24K金、黄铜、23K黄金叶子；绘画、雕刻工艺、焊接工艺、电铸工艺、镀金属工艺、机器加工
艺术家拍摄。宾夕法尼亚州费城海伦德拉特画廊收藏

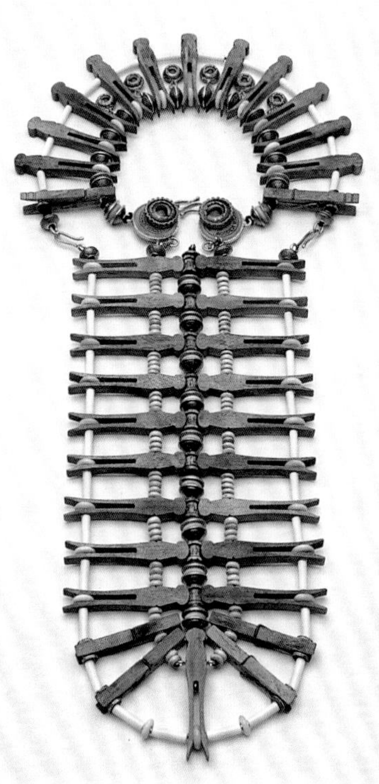

南希·沃登，外骨骼 #2，2003
正面 99.1cm × 10.2cm × 1.9cm，反面 49.5cm × 20.3cm × 1.9cm，
紫铜、银、木头、骨头、玻璃；手工焊接、铆接工艺、电铸工艺
雷克斯·吕斯泰特拍摄。华盛顿萨特的威廉特拉弗画廊收藏

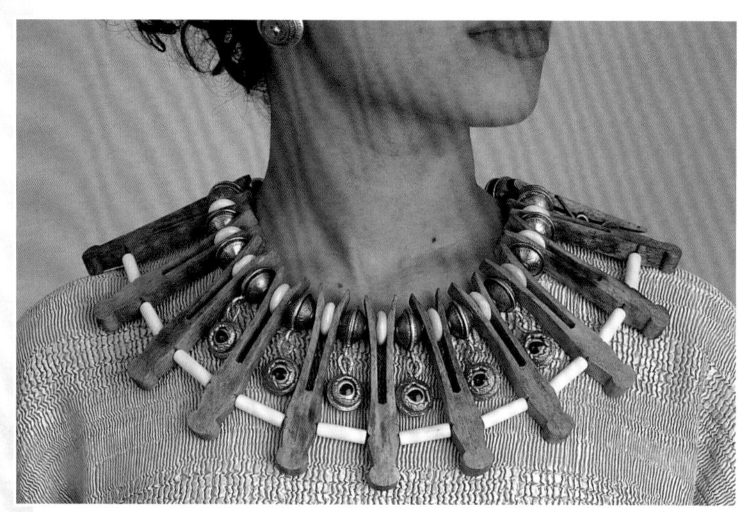

南希·沃登，厄里斯克革的钩子，2004
正面 58.5cm × 6.5cm × 3.5cm，反面 51cm × 3cm × 3.5cm，
紫铜、银、铜、玻璃、软木、皮革、铜锈；手工焊接、电铸工艺
雷克斯·吕斯泰特拍摄。华盛顿萨特的威廉特拉弗画廊收藏

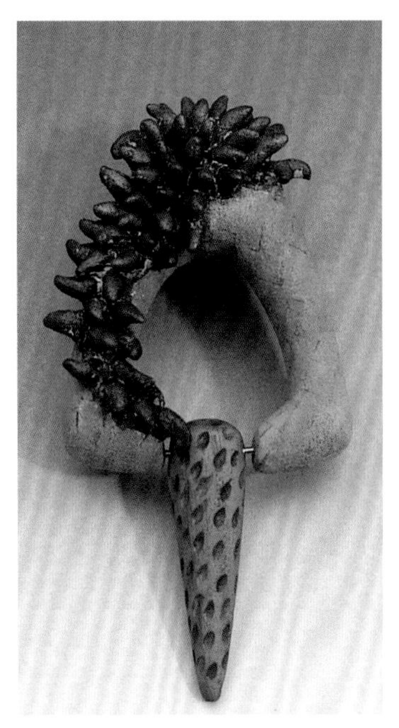

夏娜·克罗茨，胸针，1991
12.7cm×3.2cm×1.9cm，紫铜、银、珐琅、桑木；电铸工艺
艺术家拍摄

凯瑟琳·A·英格拉哈姆，这是你的健康系列，2000
左侧物件大小，20.3cm×10.2cm×10.2cm，紫铜、珐琅；电铸工艺
迪安·鲍威尔拍摄

杰米·班尼特，尤菲莉亚领饰，1991
11.4cm×1.9cm×1.3cm，珐琅、紫铜、18K金、20K金；电铸工艺、焊接工艺
斯托姆拍摄。唐娜·施奈尔私人收藏

凯瑟琳·A·英格拉哈姆，这是你的健康系列，2000
25.4cm×15.2cm×19.0cm，珐琅、紫铜；电铸工艺
迪安·鲍威尔拍摄

莎拉·布雷赫特，伊甸园的花丛 #3，1999
76.2cm × 22.9cm × 17.8cm，紫铜、铜锈；电铸工艺、焊接工艺
丹尼尔·弗米利恩拍摄。私人收藏

莎拉·布雷赫特，苔藓支架，2001
40.6cm × 22.9cm × 10.2cm，紫铜、铜锈；电铸工艺、焊接工艺
艺术家拍摄。亚利桑那州斯科茨代尔市马泰里亚画廊私人收藏

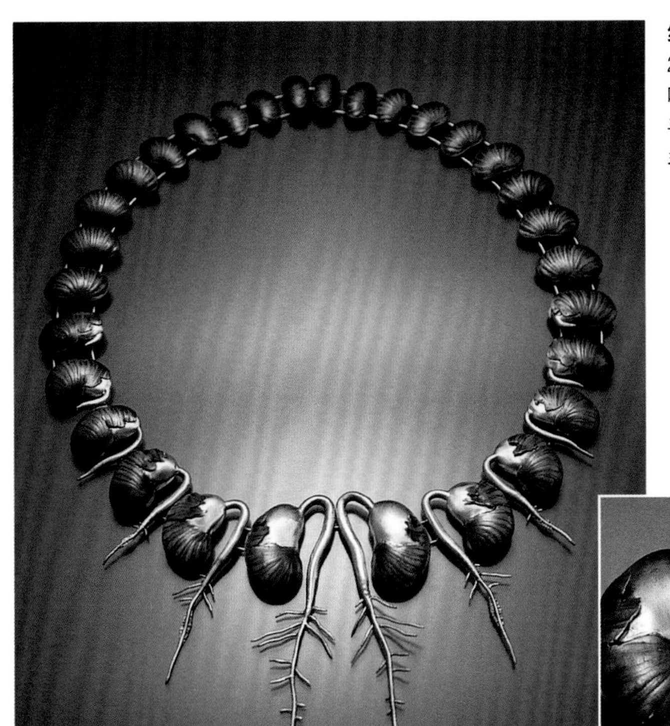

维娜·拉斯特，发芽，2004
28.5cm×23.0cm×1.3cm，纯银、925银、紫铜、黄金叶子、铜锈；滚轴绘画、液压、手工锻造、电铸工艺、手工焊接、氧化、镀金工艺
玛丽亚·菲利普斯拍摄

梅丽莎·J·赫夫，凤凰百合，2001
12.0cm×4.4cm×2.2cm，珐琅、紫铜；电铸工艺、内填珐琅
威尔默·泽赫拍摄

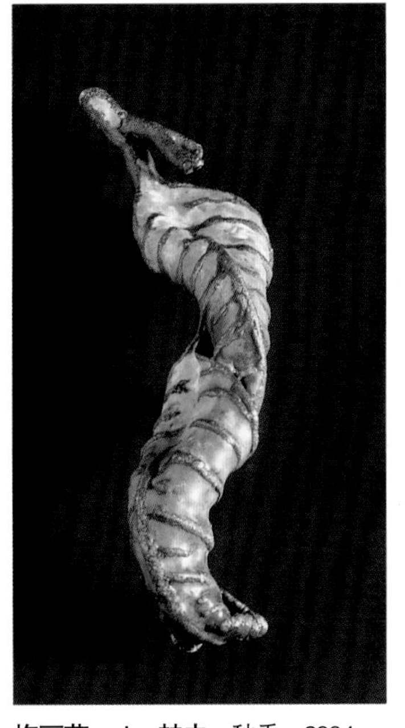

梅丽莎·J·赫夫，秋季，2004
10.0cm×2.5cm×1.9cm，珐琅、紫铜；电铸工艺、内填珐琅
威尔默·泽赫拍摄

维娜·拉斯特，一截项链，2004
32.0cm×19.5cm×2.9cm，纯银、925银、黄铜、石灰石、紫铜、环氧树脂、染料；锻造、乌贼铸造、镂空雕、凸纹冲压、手工焊接、电铸工艺、外层树脂
艺术家拍摄

MARY ANN SCHERR
玛丽·安·谢尔

艺术家，创新者，教育工作者。

玛丽·安·谢尔极具天赋，她在金属工艺方面颇有造诣，在相关领域的教学方面也贡献颇多。当她发现金属腐蚀可以把她两种创意热情——绘画和金属融合在一起时，她走上了一条独特的创意之路，并在这条道路上坚持了超过40年时间。玛丽·安·谢尔的首饰融合了时尚和设计元素，她的首饰和她本人一样都很特别且情感丰富。

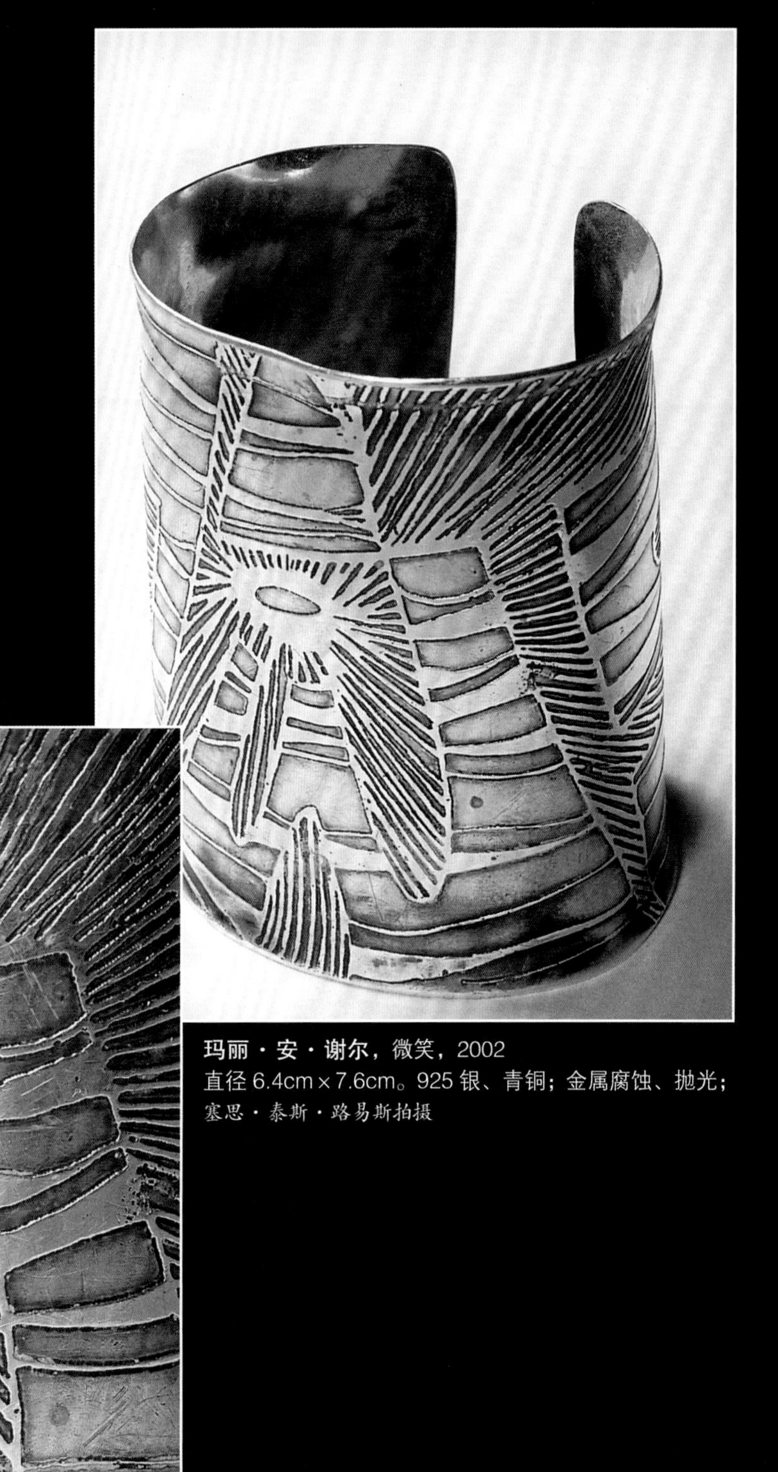

玛丽·安·谢尔，微笑，2002

直径 6.4cm × 7.6cm。925 银、青铜；金属腐蚀、抛光；

塞思·泰斯·路易斯拍摄

绘画与金属的融合

"一个突然的意外，灵感伴随着第二直觉将记录和保存从当下直至未来的人性。"

——理查德·巴克敏斯特·富勒

我认为，深谋远虑的建筑师、设计师理查德·巴克敏斯特·富勒（R. Buckminster Fuller）在描述直觉时，也是在描述"创造力"。在我做设计师、教育工作者和实践艺术家的这些年中，我认识到总是会有崭新的方式来解决问题。我也发现老师真的不需要怎么教学生变得更有创造力。我相信学生会自己学会那个过程，我会让他们在相关的可能性中学会自己解释。撇开这种教学方式潜移默化的影响不谈，每个人的创造力是天生的。人们需要做的是保持好奇心，拥有发现的眼睛并且维持自己的独特性。

只要我手里有蜡笔，我就会开始绘画。当我差不多九岁的时候，离我住处 1.6km 远的地方有一个面包店。在那个年代，我的钱并不多，每个星期的零用钱是 3 美分。我定期买白色的面包包装纸，把它当作珍贵的图画纸。在小学和高中时，我的目标是成为一名艺术家。我拼尽全力，朝这个目标努力。在那个年代，人们看待那些对机械工程感兴趣的女性的角度与今天有很大不同。商业课程的老师被我的想法吓到了，我认为自己是一个拿着带锯的"纯粹女孩"。当时有一门艺术课的作业是写一篇关于未来梦想的文章，我写了一篇题为《纽约帕森斯艺术学院》的文章，这篇文章对我未来的岁月是一种预言。多年以后，我成了帕森斯设计学院产品设计系的负责人。作为一名克利夫兰艺术学院的学生，插图和设计是我最喜欢的研究项目。另外，雕塑、陶瓷、绘画、速写和其他艺术学科也同样对我有吸引力。我热爱每一个创造性过程的瞬间并痴迷于找寻在哪个领域能创造奇迹。

我有幸在职业生涯中可以探索不同的艺术领域。接连而来的机会对我来说是挑战，同样也让我感到兴奋。二战期间，我离开了艺术学校，成为 Goodyear 飞机海军

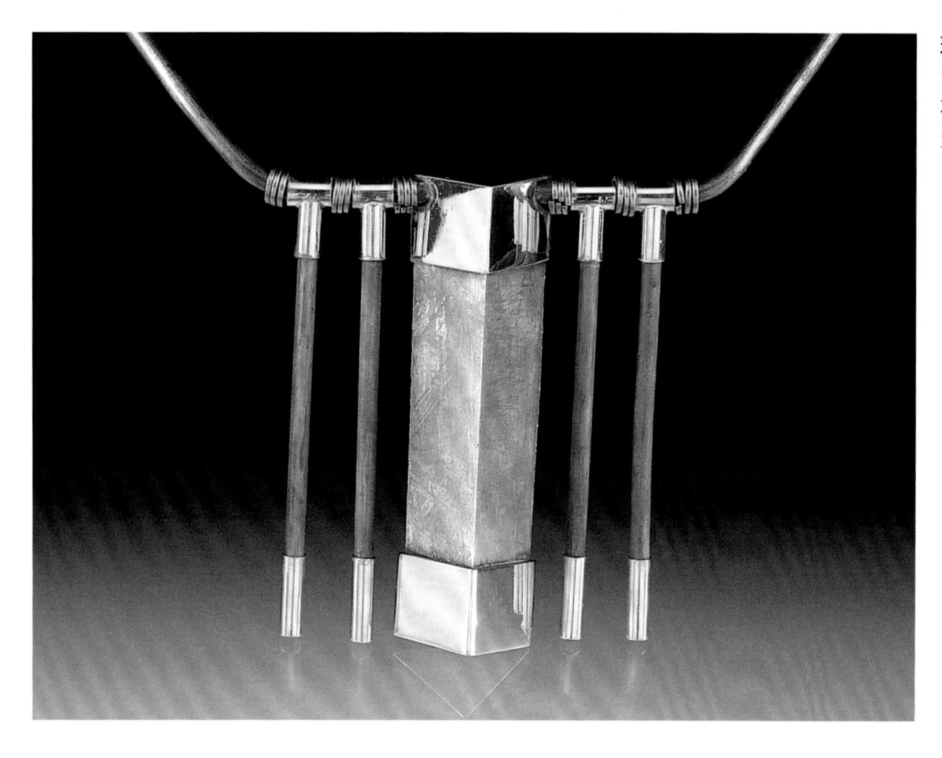

玛丽·安·谢尔，树的空间，2000
15.0cm × 22.5cm，14K 金、不锈钢、陨石、铜锈；金银丝细工艺、焊接、镶嵌
塞思·泰斯·路易斯拍摄

玛丽·安·谢尔，手镯，1975
直径 2.5cm × 7.6cm，24K 金、925 银；图片腐蚀、金属腐蚀、金属细工、金属成型
塞思·泰斯·路易斯拍摄。马萨诸塞州陶顿市的里德和巴顿金匠学校提供照片

乎存在无限的可能性和潜力。绘画元素在其他艺术形式中非常常见，但在金属加工中似乎很少见。在我早期的金属作品中，这种缺失影响了每一个设计想法。这是绘画，绘画元素丢失了！对于绘画的关注激发了我对金属腐蚀进行了为期 40 年的研究。我很想将金属加工工艺与绘画结合在一起，传统金属腐蚀工艺加强了它们之间的联系。

我开始寻找有关抗蚀试剂和化学品的信息，我用这些方法把绘画处理在金属表面上。在欧皮·乌切特（Oppi Untracht）的书《金属工艺和首饰的概念与技术》中，介绍了一些 15 和 16 世纪早期盔甲上金属腐蚀的应用方式（见下图）。这些早期方法为现在使用的许多金属腐蚀工艺奠定

部的制图员和插画师。后来，我在伊利诺伊州芝加哥市的广告公司担任成稿设计师和平面设计师，在俄亥俄州的克利夫兰担任时尚插画师，也做过贺卡设计师，在密歇根州的底特律担任福特汽车公司汽车设计师，一本书插图设计师，一种塑料墙壁概念的设计师，玩具设计师，雕塑家，壁画设计师，画家，餐具和饼干瓶设计师，为雷诺兹铝公司做礼品包装设计师。我的职业生涯非常灵活，这一切都应该归功于在克利夫兰艺术学院两年坚实的基础课程。

后来，我与设计师、艺术家塞缪尔·谢尔（Samuel Scherr）结婚，并在他的产品设计事务所担任过产品设计师。随后，一个新的美丽小生命改变了我的世界。有限的时间和想要创作个人艺术的想法激励了我，我参加了所有能参与的艺术课程如亚克朗市艺术学院和博物馆开设的金属加工课程。这就是我如何重新回到使用金属工艺创作的故事。

用三维立体的方式思考，并用机械工程的方式制作。如把一根细细的丝焊接到小洞上，所有这些对我来说都非常有吸引力。一块 30.5cm × 30.5cm 标准纯银片似

玛丽·安·谢尔，脚部使用的“豌豆荚”护甲，意大利北部（米兰），1575 ~ 1600 年
41.9cm × 36.8cm × 17.8cm，钢上腐蚀
马萨诸塞州伍斯特希金斯军事博物馆提供照片

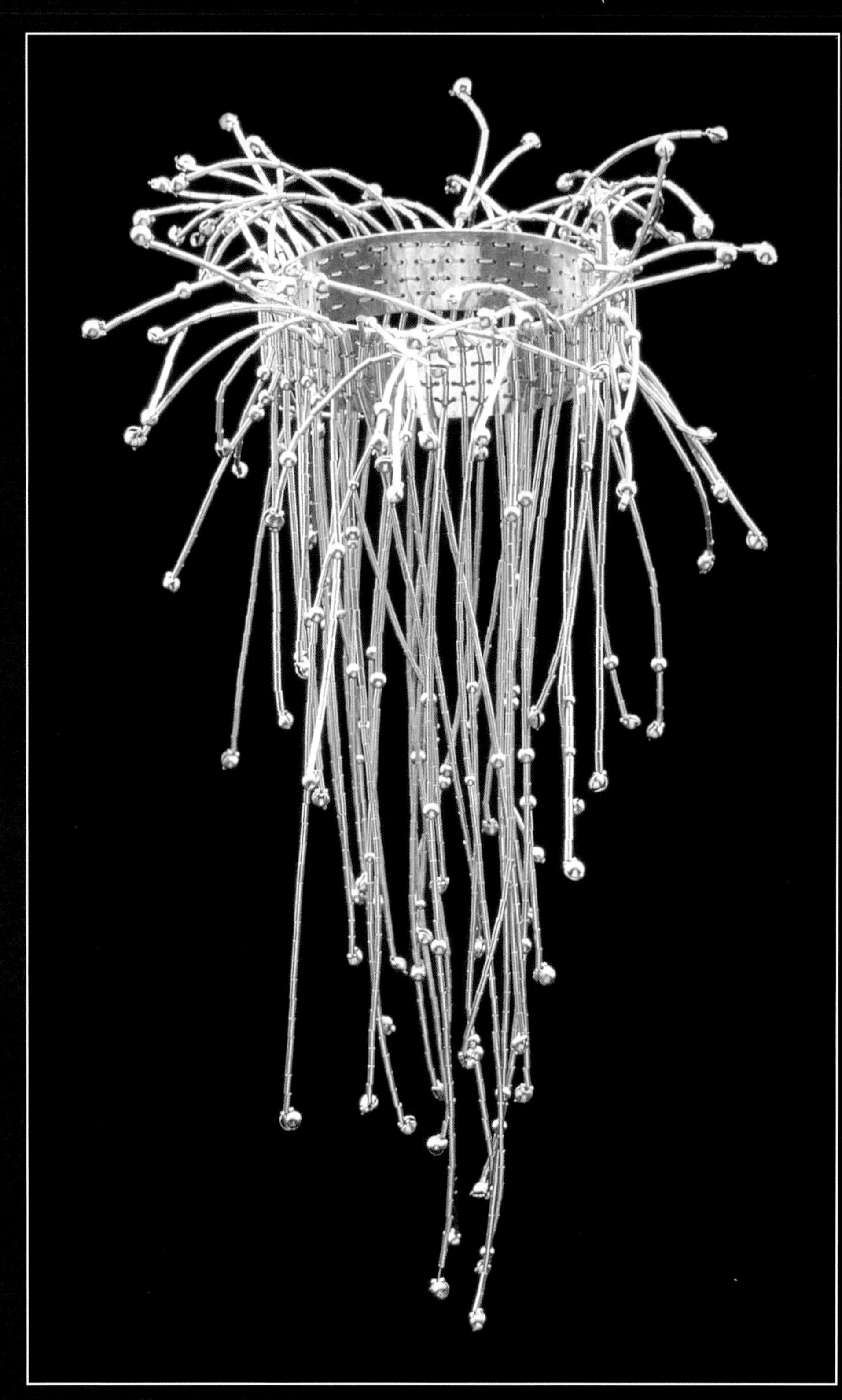

玛丽·安·谢尔，“瀑布”袖口，1998
15.0cm × 20.0cm，925 银、14K 金；焊接、串珠
塞思·泰斯·路易斯拍摄

了基础。虽然现代社会不再需要用剑和盔甲，这些腐蚀工艺还是被重新应用在锋利的大马士革刀剑上。

我第一次使用金属材料时就觉得非常有趣。尽管当时我严重缺乏金属加工基础训练，但仍执着于对金属进行更深入的研究。我手边几乎没有现成可用的资料，书籍稀缺。我不知道如何焊接，该用哪些工具和加工工艺，所以只能通过实验学习大多数工艺，显然，这是一种错误的方式。一本名为《锡潭艺术》的出版物是我当时唯一的参考资料。在 20 世纪 40 年代后期，一些充满好奇心的金匠试图探索个人创作方向，随后他们开始逐渐被大众熟知和认可。随着我对基础工艺越来越熟悉，找寻更好的在金属上应用绘画的方法对我越来越重要。

学习金属腐蚀工艺中酸的混合方式和蚀刻独特的合金也成为我研究的关键。化学方法和化学家的研究资料对我的研究非常重要。化学词汇和安全措施也被加入了研究中。

在这段时间里，我收到一份设计委托，要求设计一个带有埃及风格的袖扣。为了完成这项工作，我不得不把注意力集中在描绘细致的绘画上。我一直很满意自己随意自由的加工方式加工金属，但它的随意性往往会破坏设计的意境。为了控制这种随意，我不得不小心地将图像拷贝到金属表面。每一个步骤，线条、形状和原始图画的色调是用硫酸纸复刻的，这样才能精确地描绘图像。然后将图画腐蚀到金属表面。在加工制作过程中，需要对每一步都进行监控（硫酸纸和 4H 铅笔成了我必不可少的工具）。我在金属上画了图像，并且用酸进行蚀刻，完成了埃及袖扣的设计。

玛丽・安・谢尔，循环，1992
27.5cm × 17.5cm，925 银；酸洗蚀刻、焊接、锻造
塞思・泰斯・路易斯拍摄

每一个时代，新材料的开发和新工具的发明都会催生金属腐蚀工艺的新发展。个人需要和相关加工技术常也会促进产品和设备的发展，以适应或开发视觉图像的创新应用。接下来介绍一种新型且对当代金属腐蚀工艺有显著的促进作用的应用。

日本理想科学工业有限公司开发了一台名为 GOCCO 的小型蚀刻印刷机，可以将纸和织物的彩色丝网印刷工艺进行微型化处理。丝网印被用于各种艺术图像的拷贝以及版画工艺中。GOCCO 蚀刻印刷技术非常理想，可以在包括金属在内的很多不同表面拷贝图像、照片、图案、纹理和文本。用小型印刷机只需一个小时就能完成腐蚀。它使用无毒化学物质，可以在金属、布、玻璃、纸和黏土上腐蚀深浅不一的图像，可以腐蚀单个或者多个数量的图像。

GOCCO 蚀刻印刷机也可用于化学方式穿透金属，代替更加复杂的手工锯切操作。镜面图像可以精确地拷贝和印在透明片上，然后进行双面丝网印。每面图图案被印刷在腐蚀在金属板的两侧并进行腐蚀，形成双面镂空透光图案。

一种称为“图像—腐蚀”的系统可将图像固定在铝上。用特殊设备可以对铝进行阳极氧化工艺着色。在很多地区都有这种工艺。

照片腐蚀经常被用于印刷杂志和新闻报纸。这是一项精细的工艺，对于艺术家而言，使用这项工艺需要大量的时间进行钻研和相应的设备支持。

电路板转移膜（PNP，蓝印薄膜）可以被“熨”到金属上，作为腐蚀图像的抗蚀剂。先用标准激光复印机复印图片再用塑料薄膜在金属上拷贝图像。将图像复印到膜上，并用均匀的压力和热量熨烫，将膜上的图像熨到金属上。金属上的图像质量是由熨烫的热量决定。之后移走塑料薄膜，用常规方式来腐蚀金属。

用一台热敏传真机可以将原始图像印到金属上，然后通过防染抗腐蚀印刷法进行拷贝。在热敏传真机上放置图片、热黏合织物和塑料筛网。将打印图像贴在框架里，作为丝网印版。将丝网印版放置在一块干净的金属板上，用沥青胶滚轴滚压金属板，随后使用传统的腐蚀方法。

一些油性记号笔可作为抗腐蚀的工具。艺术家可以使用这些简单的工具直接在金属表面作画。我强烈建议在使用记号笔作画之前对记号笔进行抗腐蚀测试。根据记号笔的大小或笔的粗细，画出的线条则可粗可细，变化自如。在进行金属绘画前要清洁金属表面。可以使用传统的腐蚀方法，但是建议加入弱酸剂。

这些只是艺术家希望用腐蚀工艺来丰富金属表面的一些可能性。对于喜欢画画的艺术家来说，在金属上腐蚀复杂图案或纹理能够满足这些要求并且过程十分有趣。

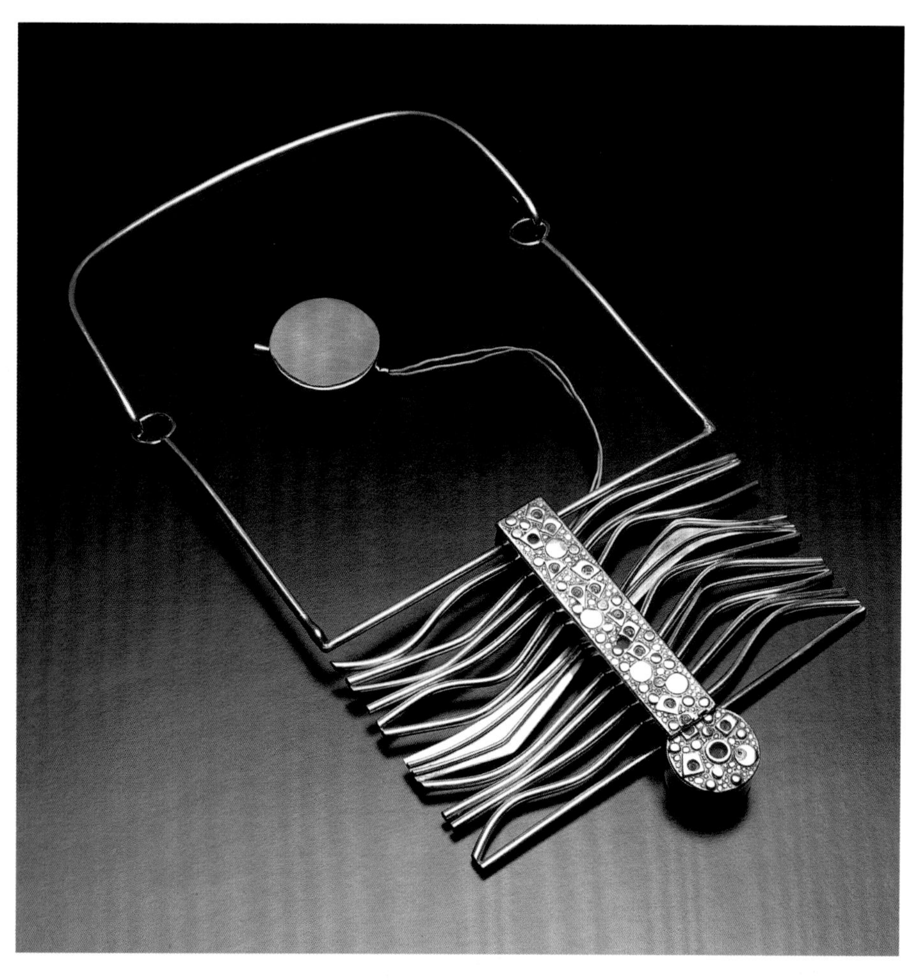

玛丽・安・谢尔，听诊器，1971
直径 17.5cm × 25.0cm × 1.3cm，14K 金、925 银、光学纤维、电池、电子心率检测仪
塞思・泰斯・路易斯拍摄。华盛顿史密森学会提供照片

手工演示

玛丽·安演示了一种直接有效的腐蚀方式，把素描图像做成金属蚀刻。为了清晰地显示画面，玛丽·安准备了照片和金属，使用沥青抗蚀剂转移并刻画图像，添加纹理和色调，制备和测试酸洗溶液，排除故障，进行腐蚀工艺，最终完成一件作品。

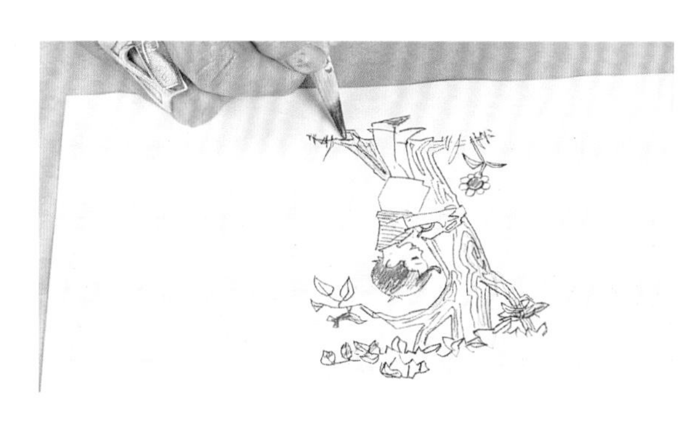

1 用一支4H铅笔来精细描绘图画。在当地的艺术商店可以买到绘画指南和模板，这些指南和模板在绘制金属上的图案时能帮助描绘精确的线条。

2 用高密度石墨铅笔涂黑图画的背面。商业“复写纸”也是一种合适拷贝图像的工具。

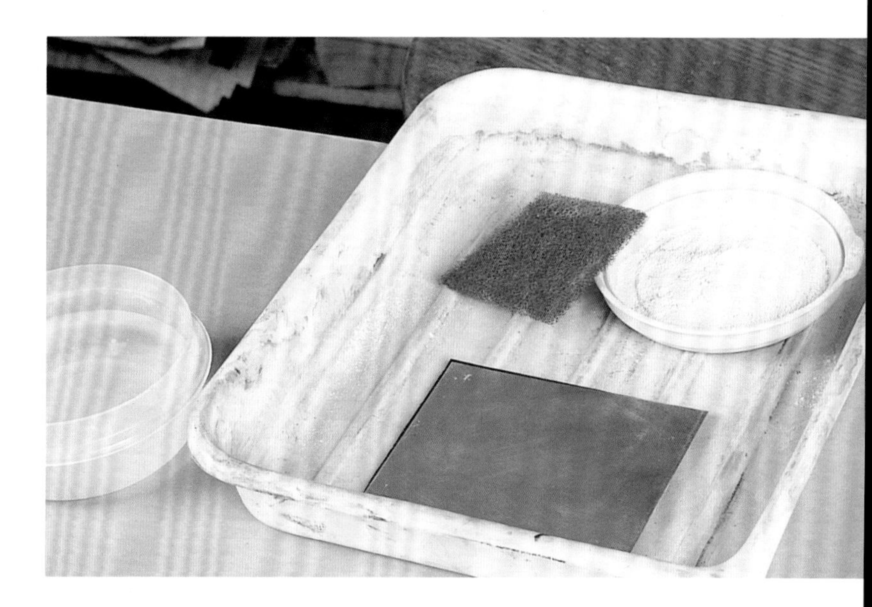

3 所有金属表面必须不含天然污染物，如氧化物、指纹、植物或动物油。为了达到这个目的，需要用去污粉擦洗所有的金属表面和边缘。

（金属不应该用钢丝球或厨房清洁剂如肥皂清洗）在清洗时，水会均匀地留在金属表面。观察金属表面上的水迹，如果水迹断断续续，表明氧化物和其他污染物的存在，需要额外的擦洗这些地方。金属片完全晾干后，把它放置在干净的纸上。

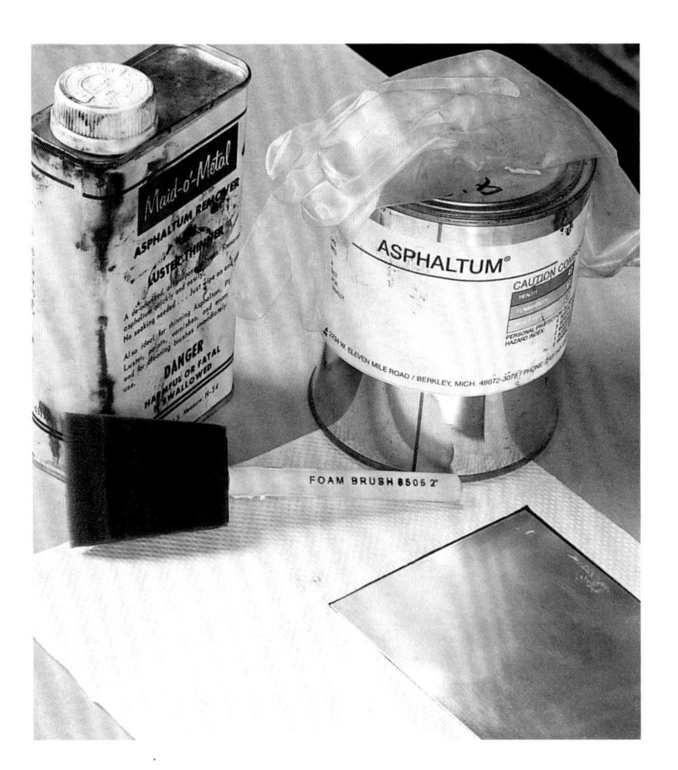

4 在金属片上涂上抗蚀剂如沥青或沥青清漆。这是一种精制焦油物质。虽然有许多抗蚀剂可用于腐蚀工艺，但我更喜欢这种快干、可控的耐酸材料。

5 将沥青均匀涂于金属的一面。15 分钟内，沥青摸上去会有一些干燥。我建议用一小块金属样品来确定抗蚀剂的效果。它应该有一个干燥、有黏性的表面。在涂上沥青几个小时之后，内部应该仍然是黏的。但值得注意的是，如果沥青完全干燥了，它会变得很脆，难以操作。

6 用胶带将抗蚀剂覆盖的金属固定到工作台上，这可以防止在拷贝图像时金属板滑动。

7 把图片放在金属上。用胶带将图片的边缘固定好。胶带以铰链状固定，这样会让图像更容易拷贝。图片要经常揭开，不要用胶带完全固定。

8 我用高密度HB石墨铅笔描摹主要线条和形状。(详细图案和色调之后画上去)

9 仔细注意描摹过程中要用力一致。我建议轻轻触碰画面，只将石墨图像转移过去，不要破坏沥青层。

10 如图完成了绘画。记得要经常拿起图片检查拷贝图像。

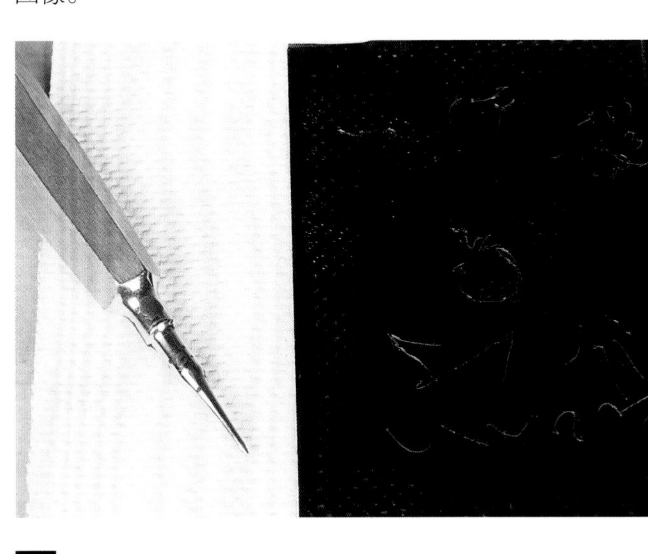

11 移除拷贝用图。在涂沥青的金属表面留下的石墨图像将作为参照图。为了画出均匀的线，拷贝精确的图像，我会使用绘图辅助工具，如塑料模板尺，圆模板，直尺和法国曲线板。

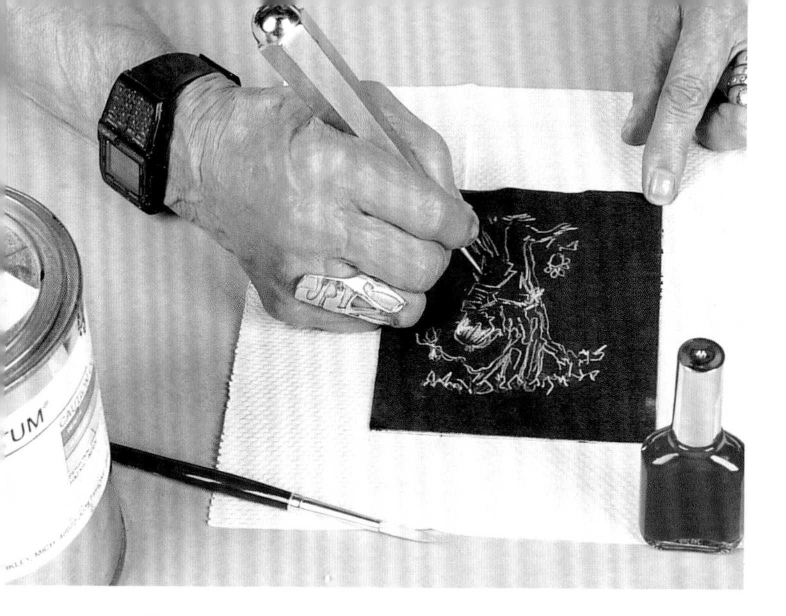

12 我画出不同间距不同纹理的线条来进行灰色调到黑色调的过渡（建议在设计图案之前先用铅笔实验，看不同的色调可以达到怎样的效果）。无论金属露出在哪个位置，酸都会腐蚀它。腐蚀区域的颜色将比金属板表面更深，并会氧化变暗。轻轻地划每一条线，在金属上留下划痕即可，划得太重容易划坏金属。把多余的沥青清理干净，防止它沉积在划线的位置。划完后可以调整画面。

13 画错的线条可以用有颜色的指甲油覆盖修改。

14 不想被腐蚀的金属表面位置必须全部涂上沥青和指甲油。如图示，金属背面和边缘会被涂上沥青。另外，需要把金属片支撑起来，防止沥青流入已经绘制好的图像里。不同气候条件下抗蚀剂干燥时间会变化。由于彻底晾干将能控制酸“流出”，建议晾干放置几个小时以确保彻底腐蚀。

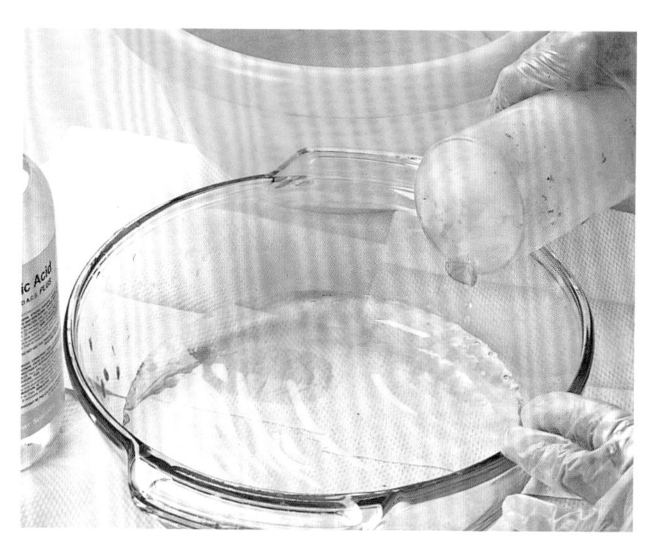

15 酸洗时要格外小心。如果酸洗不当就会有危险。配置酸洗溶液时，必须做好所有的安全措施。确保阅读和遵照溶液的使用说明，并且熟悉紧急情况的处理方式。当在室内工作时，我都会戴上化学面罩、安全护目镜、手套和围裙，并确保室内有足够的通风。如果不使用面罩，酸性挥发物会损伤人体黏膜系统。

废酸处理

小苏打可以中和酸溶液。处理任何酸，首先添加少量的小苏打，等泡沫消失，然后继续添加小苏打，直到粉末沉淀到溶液容器的底部。然后将废酸和苏打溶液储存在容器中进行常规化学处理。

酸洗

酸洗溶液配方可能会因为酸洗的金属不同而有所差异。这里我演示的是酸洗银的配方，其他酸洗溶液组合如下表。每种金属需要单独的容器和酸洗槽。当同时腐蚀两种金属时，金属表面会形成金属化合物，会导致两种金属无法同时腐蚀。

酸洗溶液配方

金　属	配　方
纯银	一份硝酸（69%~70%浓度）
青铜	三份水
黄铜	
紫铜	
金	一份硝酸（69%~70%浓度）
铂金	三份盐酸
锡	一份硝酸（69%~70%浓度）
	五份水
镍	两份硝酸（69%~70%浓度）
	三份水
铁	一份盐酸
钢	一份水
不锈钢	一份硝酸（69%~70%浓度）
（某些合金）	两份盐酸

工具和用品

两个可以放置不同的金属片大小的容器。第一个容器是用来混合酸的，容器侧壁的高度必须高到可以搅拌酸溶液，高度约 3.8cm。第二个容器里混合水和 110.4g 的小苏打。同时也需要准备铜钳子和不锈钢划针。

测试配方

向容器里加水，水量要没过金属片，然后取出金属片准备制作酸洗溶液。这个酸洗溶液的配方大约是 1/3 的酸和 2/3 的水。把酸加到酸洗容器里，将一块金属试验片放入容器。如果金属表面上没有变化或没有气泡，那么说明酸洗溶液浓度太低，需加入更多的酸。如果金属表面形成大量雾气和气泡，说明酸洗溶液浓度太高，需加入更多的水。一旦金属片开始从容器底部向上冒泡，就把画好图的金属片放到容器里。

16 需要经常搅动酸洗溶液，不然酸洗溶液中的气泡会在金属上产生纹理。

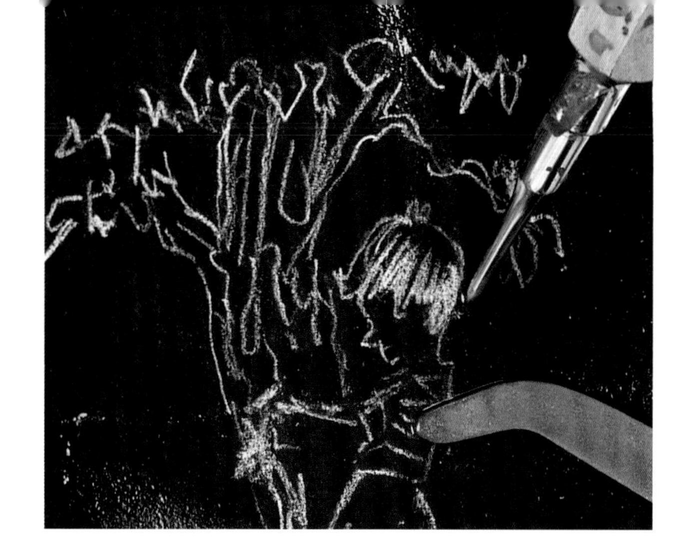

17 腐蚀时间从 10 到 30 分钟不等，时间长短取决于酸洗溶液浓度。把金属片放在容器里之后，用不锈钢划针测试腐蚀程度。如图所示，用划针拖拽沥青表面，查看金属蚀刻深度。腐蚀深度应大约是金属片的一半厚度。

偶有黑色的沥青浮在酸洗溶液中是正常的。这种情况发生时，不要从酸洗槽中取出金属。酸洗溶液是在腐蚀图像边缘开始蚀刻。

这种情况不会导致蚀刻图像丢失。但如果在蚀刻过程中，在金属上的图像外观发生改变时，或者初始划线没有穿透抗蚀剂情况下，可以取出金属，并进行重新划线然后放回到容器中。

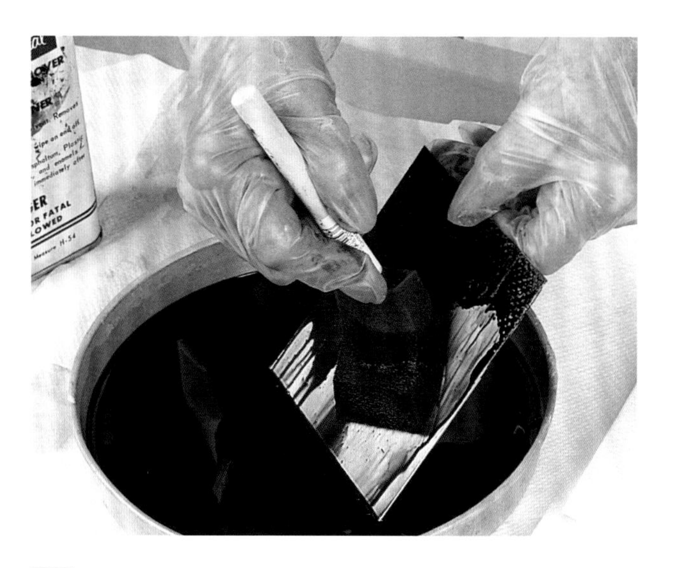

18 用漆稀释剂如矿物油去除沥青，用丙酮溶液或含丙酮的洗甲水清洗指甲油。最后用纸巾擦干金属。

19 用 0000 级钢丝球擦洗腐蚀好的金属表面。擦洗后可以看到腐蚀图像精细的线条和完整效果。

20 如果要氧化腐蚀好的图像，可以把一块硫磺（高硫酸钾）溶解在 4.9mL 干净的热氨水中。这种混合溶液是黑色的，可用在已经腐蚀好的地方。溶液干了以后，用小苏打轻轻擦亮未被蚀刻的金属，把金属表面抛干净，图像会更清晰。然后用清水冲洗金属片，把它晾干。

艺术家简介

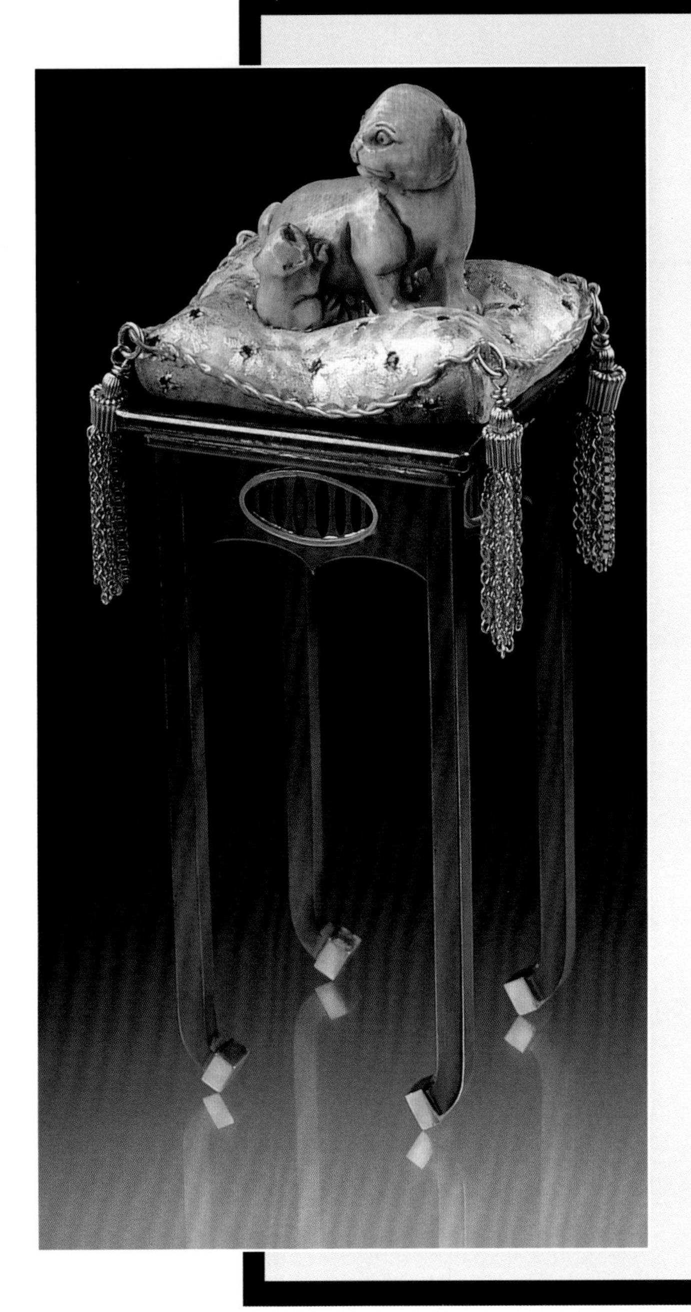

玛丽·安·谢尔是使用非传统金属材料的先驱艺术家，她使用的材料包括不锈钢、稀土金属、铝和低碳钢。她的工作室开发独特的艺术产品，也包括限量版艺术品和批量生产的艺术品。她还拥有自己研发的金属腐蚀工艺专利。

她曾任纽约帕森斯设计学院产品设计系主任，在肯特州立大学肯特学院担任金属工艺副教授，负责研究生教学。她也曾在多所大学任教，包括北卡罗来纳州达勒姆的杜克大学、罗利梅瑞狄斯学院、彭兰德手工艺术学校。她曾带领她的工作室在美国、韩国、日本、委内瑞拉、俄罗斯、英国、德国和意大利等地做讲座。

她的作品多次被私人收藏，同时也被众多博物馆永久收藏，其中包括意大利罗马的梵蒂冈博物馆、纽约大都会艺术博物馆、华盛顿史密森美国艺术博物馆的伦威克画廊、纽约艺术设计博物馆。她获得了许多荣誉，包括华盛顿州美国国家妇女艺术博物馆的终身成就奖。

她是前北美金匠协会董事会成员，彭兰德手工艺术学校理事会成员。她也是美国手工艺协会会员和英国伦敦金匠同业工会荣誉会员。玛丽现居住在北卡罗来纳州罗利市。

玛丽·安·谢尔，母猫与小猫，1998
24K 金、14K 金、925 银、红宝石、手工坠子；浇铸、金银细丝工艺、焊接、镶嵌
塞思·泰斯·路易斯拍摄

艺术品画廊

很长的时间里，金属腐蚀是唯一一项为大众熟知的金属工艺。我们的历史很容易被解读，对其而言，唯一的限制是文明。当文明的标签发生改变，艺术家会考虑是什么因素影响了个人创作目标。那些充满好奇心的艺术家会对这段历史有所贡献，他们敢于探索未知的东西，从时尚和风格中解放出来。接下来展示的艺术家是从这群艺术家中挑选的。他们的作品也部分反映了金属工艺的历史。

现在图像腐蚀和电铸工艺的研究都是基于埃利诺·莫提（Eleanor Moty）的早期研究。琳达·思雷德吉尔（Linda Threadgill）美丽有趣的垂直腐蚀工艺为这项研究添砖加瓦。桑德拉·泽克（Sandra Zilker）采用即时腐蚀打印机以及金属即时绘画丰富了金属图像腐蚀工艺的生动性。PNP 蓝印薄膜原本是用于工业上的金属图像拷贝，但桑德拉·诺布尔·高斯（Sandra Noble Goss）在她的艺术作品中使用这种薄膜作为扫描和激光打印照片腐蚀时的工具。扬·耶格尔斯（Jan Yager）在用液压机进行浮雕金属成型时融合了钢的化学腐蚀和打印技术。海伦·萨菲尔（Helene Safire）制作了腐蚀的银和吹制玻璃首饰系列并在全国展出。芭芭拉·迈纳（Barbara Minor）的作品主要是将珐琅覆盖在多种腐蚀花纹上。埃利诺·S·马歇尔（Eleanor S. Marshall）的作品则有另一种味道，她的作品都是小型的五子棋，材料是腐蚀黄金和白银，这是她小游戏系列作品中的一套。琳达·沃森（Linda Watson）则享受在金属表面作画的纯粹感受，她的作品使用油性记号笔来展现腐蚀图像的特别表面效果。杰基·温特劳布（Jackie Weintraub）用纯银茶杯架叙述了自己的俄罗斯历史故事。卡罗尔·韦伯（Carol Webb）层层叠叠的金属片作品的主要工艺是金属腐蚀工艺。她的作品主要材料是金、银和铜，是图像腐蚀与金属首饰结构相结合的形式。

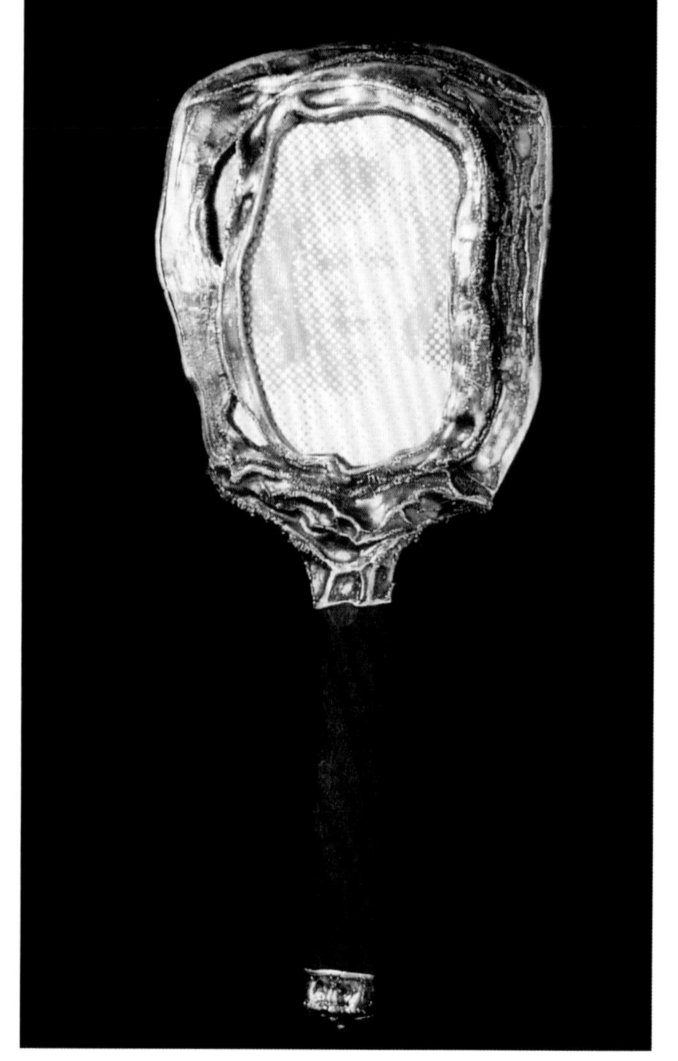

埃利诺·莫提，有肖像的手持镜，1969
35.0cm × 15.0cm × 3.5cm，925 银、紫檀木、玻璃镜；焊接、金属冲压或浮雕、照片电镀、雕花（雕刻）
艺术家拍摄。威斯康星州拉辛艺术博物馆提供照片

埃利诺·莫提，双重图像胸针，1974
7.0cm × 75.0cm × 1.3cm，925 银、石英晶体、黑曜石之星；焊接、照片腐蚀
艺术家拍摄

琳达·思雷德吉尔，花型吊坠，1999
吊坠，7.5cm × 5.1cm，925 银；腐蚀、焊接
詹姆士·思雷德吉尔拍摄。马萨诸塞州剑桥的莫比利亚博物馆提供照片

琳达·思雷德吉尔，方形茶壶，2000
27.9cm × 35.6cm，925 银、人造象牙；腐蚀、焊接
詹姆士·思雷德吉尔拍摄。私人收藏

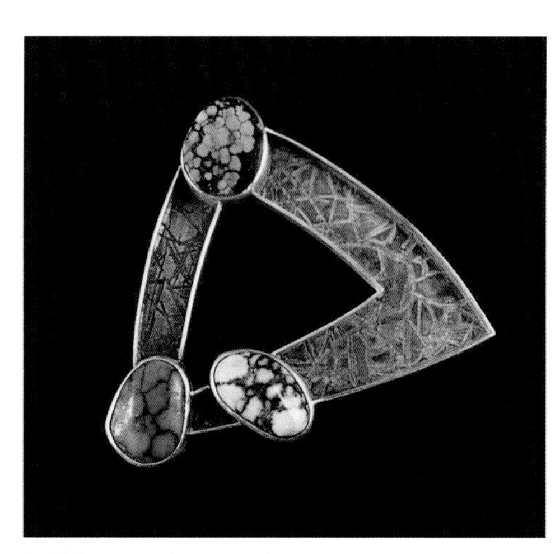

桑德拉·泽克，三角胸针 / 铜锈，2000
6.5cm × 6.5cm × 1.0cm，925 银、紫铜、土耳其石、铜锈；腐蚀、焊接
艺术家拍摄

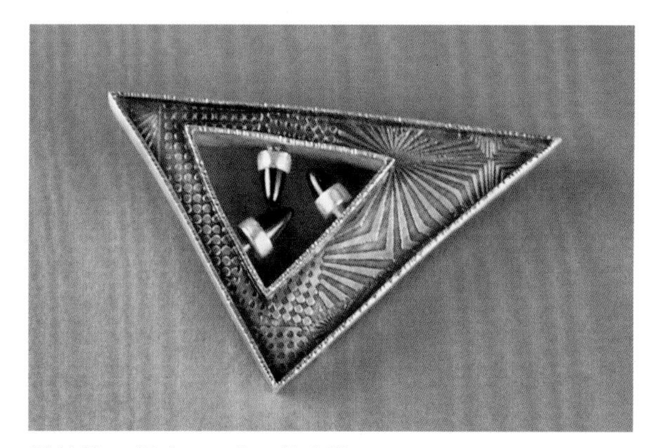

桑德拉·泽克，三位一体胸针 #2，1998
5.0cm × 4.5cm × 1.0cm，925 银、石榴石、紫水晶、碧玺；腐蚀、焊接
艺术家拍摄

桑德拉·诺布尔·高斯，地层化石，2001
4.5cm × 3.2cm，925 银、黄铜、铜锈；腐蚀、铆接、压铸成型
克里斯·洛萨拍摄。由艺术家收藏

扬·耶格尔斯，各种胸针，1988
每件 3.0 ~ 6.0cm，925 银、18K 金；腐蚀、液压、手工焊接
杰克·拉姆斯戴尔拍摄。由艺术家收藏

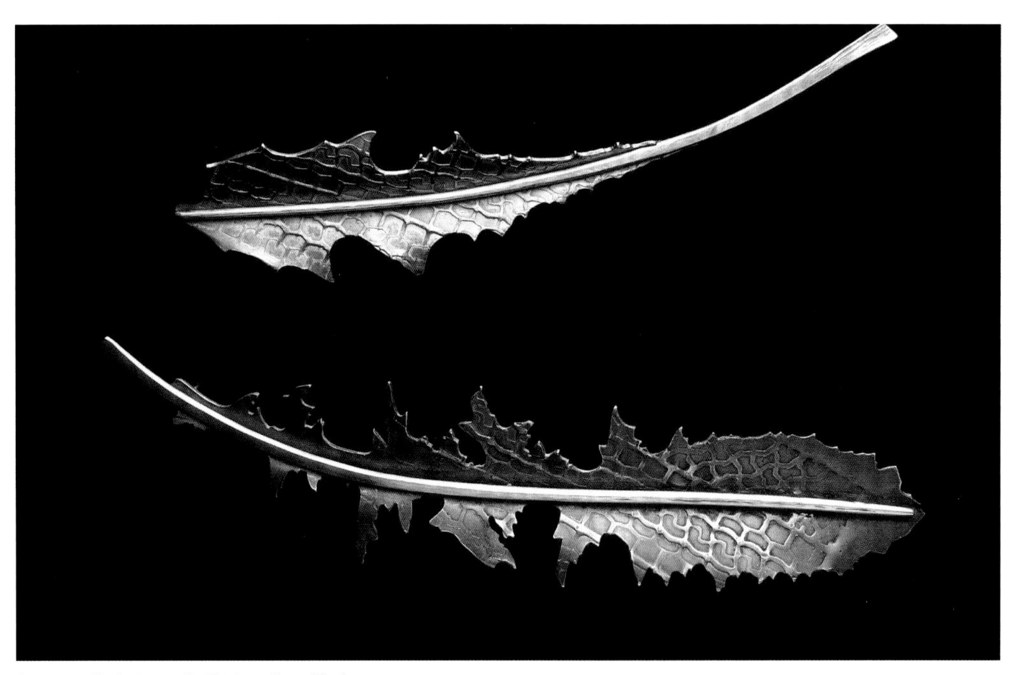

扬·耶格尔斯，车轮纹理蒲公英叶，1997
每件 17.0cm 长，18K 金；腐蚀、液压、手工焊接、氧化
杰克·拉姆斯戴尔拍摄。由瑞香·法拉戈收藏

海伦·萨菲尔，夏天的田野，2004
每枚 5.1×4.4×0.6cm，925 银、玻璃；电镀、腐蚀
瑞克·麦克利里拍摄

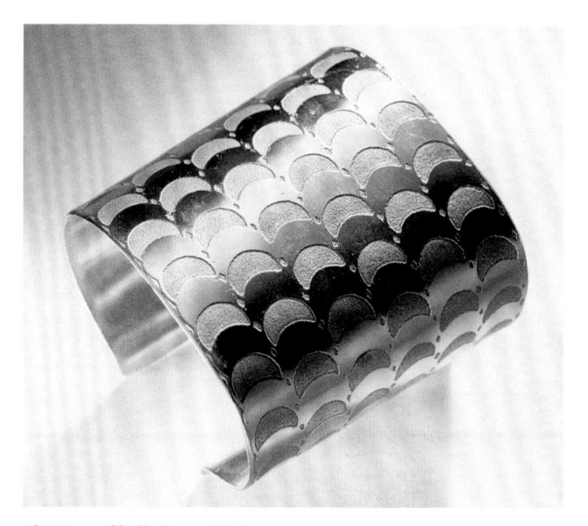

海伦·萨菲尔，群月，2004
7.6cm×5.1cm，不锈钢；图片腐蚀
瑞克·麦克利里拍摄

埃利诺·S·马歇尔，西洋双陆棋游戏棋子和骰子，2002
合起来 3.5cm×3.0cm×5.0cm，打开 6.7cm×3.0cm×0.3cm
925 银、14K 金、18K 黄金板；手工焊接、氧化、酸腐蚀、电镀
林恩·拉克拍摄

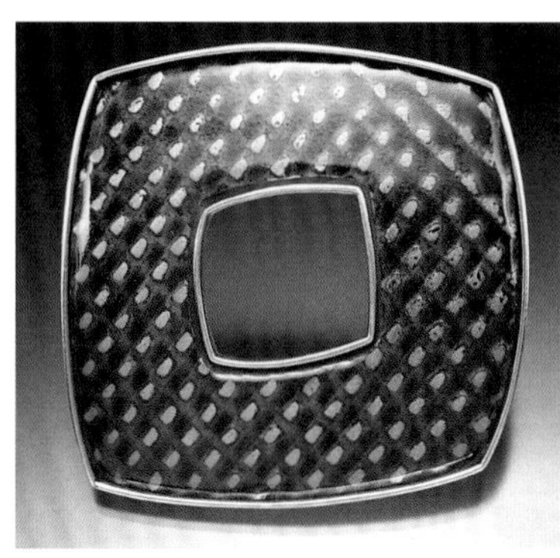

芭芭拉·迈纳，腐蚀方形，2004
14.5cm×14.5cm×14.5cm，紫铜、925 银、透明珐琅；手工焊接、腐蚀、金属成型
拉尔夫·盖博瑞尔拍摄。华盛顿西雅图的法希利珠宝艺术馆提供照片

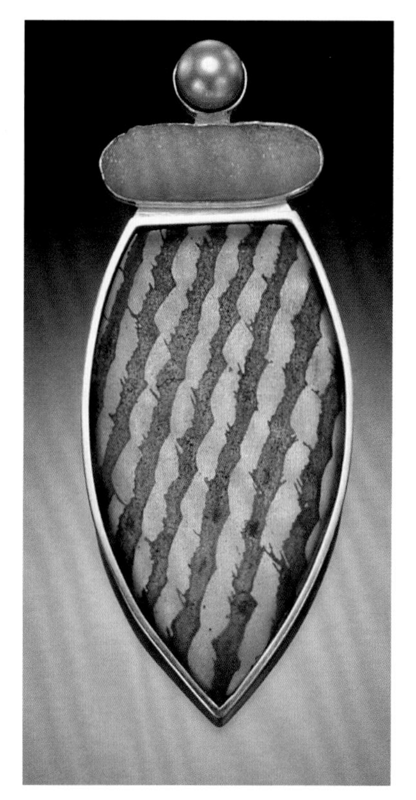

芭芭拉·迈纳，头部、心、精神，2003
16.5cm×12.0cm×1.5cm，银 / 铜双金属材料、925 银、透明珐琅、菱锌、珍珠；手工焊接、腐蚀、金属成型
拉尔夫·盖博瑞尔拍摄。华盛顿西雅图的法希利珠宝艺术馆提供照片

琳达·沃森，腐蚀项链，1974
20.0cm×24.0cm，925 银；手工焊接、铰链、腐蚀
艺术家拍摄

琳达·沃森，柬埔寨吴哥窟，2003
3.5cm×21.5cm×1.0cm，纯银、925 银、纸上绘画、钟表玻璃、母亲的珍珠；腐蚀、手工腐蚀
罗恩·琼斯拍摄

杰基·温特劳布，蜻蜓图案俄罗斯茶杯架，2004
8.5cm×6.5cm×5.5cm，925 银、紫铜、珐琅、拱形、镂空、纯银丝；手工焊接、腐蚀
塞思·泰斯·路易斯拍摄

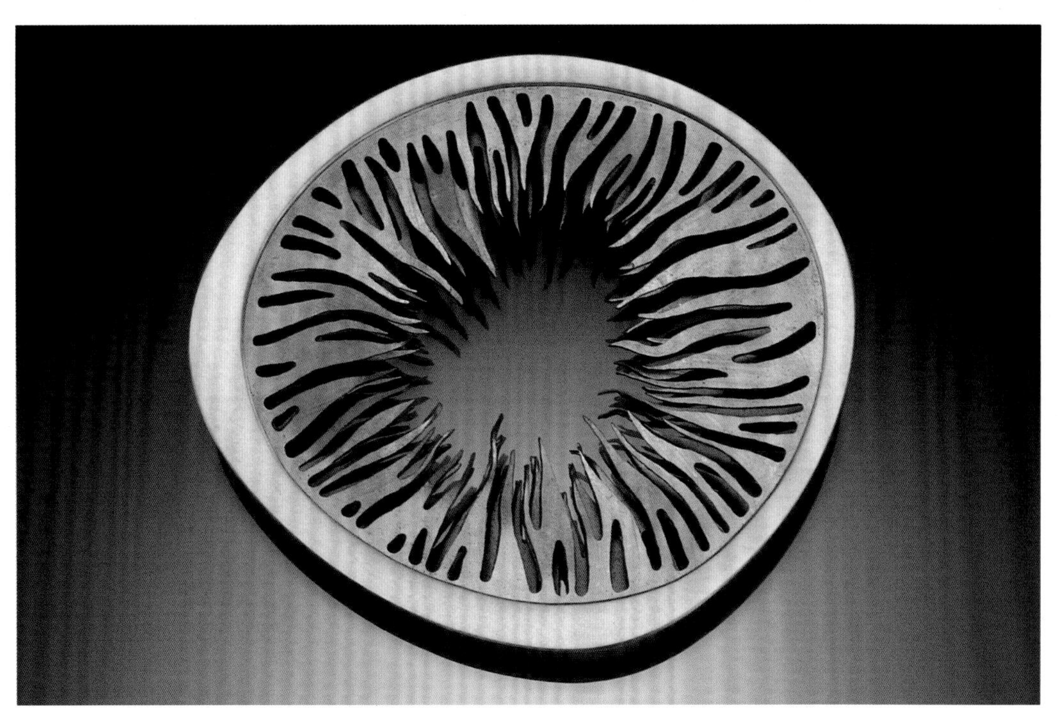

卡罗尔·韦伯，太阳胸针，2004
6.0cm × 6.5cm × 0.5cm，黄铜、22K 金；照片腐蚀、氧化工艺、手工焊接、喷漆封印（保护）
拉尔夫·盖博瑞尔拍摄

卡罗尔·韦伯，花环胸针，2004
7.5cm × 6.5cm × 0.5cm，紫铜、22K 金；手工焊接、照片腐蚀、氧化工艺、喷漆封印（保护）
哈珀·萨夸拍摄

DOUGLAS HARLING
道格拉斯·哈林

造型多样且金光闪闪是道格拉斯·哈林首饰的独特之处。他使用了古老的金珠粒工艺来制作作品，有时将金珠粒作为宝石镶边。通过改变金珠粒的大小、形状和图案，道格拉斯“绘制”了奢华的黄金造型。虽然他用传统工艺制作首饰，但精致不对称的设计却独具当代风格。

道格拉斯·哈林，金桃，2001
7.6cm×7.6cm×2.5cm，22K 金；金珠粒工艺、焊接工艺
汤姆·米尔斯拍摄

道格拉斯·哈林，周日的日常生活，1995
7.0cm×7.0cm×1.3cm，22K金、18K金、14K金；金珠粒工艺、焊接工艺
史蒂夫·布德曼拍摄

独特的结合

在所有的贵金属表面镶嵌工艺中，最神秘最复杂的是金珠粒工艺。金珠粒是一种古老的工艺，是金匠艺术伟大的里程碑之一。这是一种熔融的工艺方法。小的、传统的圆形的贵金属珠粒镶嵌在金属表面，几乎看不到细微的连接。因为珠粒是熔融的，珠粒之间的缝隙没有被焊住。即使是最小的珠粒也保持完整，个个都呈现得很清楚。没有其他工艺可以达到这样的细腻程度，但金珠粒工艺可以达到。它也可以是一种非常灵活的工艺。当代金属工艺那原始的风格、细腻的表面、粗糙的效果，它都可以实现。

我在20世纪90年代早期开始采用金珠粒工艺，当时我在南伊利诺伊大学卡本代尔分校读研究生。我用银箔创作了一系列胸针。它们的表面高度反光，我开始寻找方法来控制它们反光的方式。最初的研究是想寻找一种把金珠粒作为金属绘画的方法。在掌握了工艺之后，我被它迷住了，打算将它做成图形，创造一种"点彩派"的黄金图案。我非常适合传统工艺与传统材料相结合的个人探索。材料和工艺是创作中的重要组成部分，它们的结合是我探索的一部分。

工艺

金珠粒工艺真正的神秘之处不在于它工艺的复杂程度，而在于它制作方式的多样性。如何一个人独立完成比单纯的技术更神奇。通过每一种方式的分步制作让我

道格拉斯·哈林，鸡冠，2000
6.4cm×5.1cm×2.5cm，22K 金、胶状蛋白质、钢丝绳；
金珠粒工艺、焊接工艺
汤姆·米尔斯拍摄

道格拉斯·哈林，撒马尔罕桃心，2001
7.6cm×7.0cm×2.5cm，22K 金；金珠粒工艺、焊接工艺
汤姆·米尔斯拍摄

了解了金珠粒工艺。两个不同的物体可以通过完全不同的方式达到相似的外观（作品的风格是近似的，而先进的技术可以提供一个更清晰的路径）。

要制作金珠粒工艺，需要把金属加热到熔点，熔融后的表面会熔合在一起。加热金属到熔点的过程中是存在风险的，但加入没有被氧化的合金和高温熔剂有助于控制这个过程。可以通过以下方式进行额外的控制，降低金属熔点到一定范围：加入另一种金属，熔成新的合金，这种合金称为低温合金。金或银可以与其他金属结合，生产出熔点低于纯态金属熔点以下的合金。根据这个原则，可以以一个更安全的方式达到传统金珠粒工艺所需的表面熔化条件。制作低温合金最常用的金属是铜。我的工艺方法是一种普通熔融过程，更具体地说，是低温合金熔融。在金和银珠粒工艺中可以使用金铜合金或银铜合金。在这个过程中所加入的铜量很小，不会影响金银的整体纯度。在其他金属中也可以使用相同的方法，但最普遍的珠粒工艺是用黄金。

三个部分

合金熔融珠粒工艺有三个基本部分：添加铜、使用有机黏合剂、减少或限制氧气的总量。任何珠粒工艺过程都需要检验这三部分。它是一个互相影响的系统。三部分中的任何一个部分发生变化，其他部分也需要调整。也就是使用何种金属制作珠粒，加入铜的方式和加热方法都会相互影响。这也是单体金属熔融和加入合金来进行珠粒连接这两种方法会截然不同的原因。然而如果仔细检查三个基本部分，就可以发现它们的共性。

铜

每次熔融最重要的是只能用一种铜。铜的量是关键。量太多可能会珠粒熔融且无法控制，太少的话金属会无法连接。有以下几种不同的方法可以获得铜：

第一种方法是使用铜的化学形态。在古代，地下铜矿如孔雀石就足够了。今天，最常用的化合物是氢氧化铜和碳酸铜。从化工实验室可以得到这两种铜。使用化学形态的铜优点是它的多功能性并且可重复使用。如果珠粒制作是需要实验的或者过程很复杂，额外的铜就需要可以很容易添加进去而且可以被反复融化。我主要用的是氢氧化铜。

另一种方法是电镀铜珠粒。通过将含铜的酸洗溶液（硫酸铜溶液）与珠粒混合，一层薄薄的铜可以直接沉积到珠粒的表面上。这种方法能达到最原始的效果，制作最常见的金珠粒。这种方法主要的缺点是，如果一个珠粒没有焊接好，则必须把它清除并替换一个新的珠粒然后整体加热进行第二次尝试。

一些基材合金已经含有足够的铜可以用珠粒工艺进行焊接，且不添加额外的金属。这种方法通常需要两个步骤：首先削减合金表面的其他金属成分，然后增加镀层厚度，让它产生一个纯金属保护性的表层（削减镀金层是反复加热和酸洗金属，从而留下一层纯金属），之后用热氧化处理珠粒，来形成氧化铜层的合金。如果焊接合金来源是金属内部的铜，焊接合金可以有多种选择，但这需要更多的准备和实验才能完成。

黏合剂

有机黏结剂，或称黏合剂，是造粒工艺中必不可少的。在合金熔合中需要使用黏合剂。有机黏合物燃烧形成碳。碳的作用就像一个原生的熔合焊剂，促使合金的形成。有机黏合剂的另一个优势是，黏合剂可以让金属珠粒黏合到指定位置。胶水有助于多颗金属珠粒的同时焊接加工。琼脂（一种植物胶）和树胶来自植物胶，以及动物脂肪胶，这些都可以使用。我用的是一种液态胶，这种胶水通常在木工商店有售。

道格拉斯·哈林，金银花，1996
7.0cm × 6.4cm × 1.3cm，22K 金；金珠粒工艺、焊接工艺
汤姆·米尔斯拍摄

热量

珠粒工艺的第三个必要因素是减少氧气、空气。在熔化金属时不需要过多的氧气。它会与合金表面的铜结合形成氧化物，会减弱碳作为黏合焊剂的作用。金属表面如果很脏并且缺乏碳，就会阻碍合金形成。减小焊枪的火焰能更好地控制温度。当使用焊枪造粒时，温度必须有几秒钟保持在合金熔点，焊接合金才有可能形成。熔融不会马上发生。更低温度、更软的火焰可以让温度控制在临界熔点。

在各种的造粒方法中，对我来说最合适的是用氧化铜作为铜源，用液体胶作为碳化的黏结剂，并使用高温炉烧制。我使用的炉有一些特点，可以保持在约 1 037.8℃的温度，也可快速变换温度，有一个数字控制器、一个设定按钮和连续温度指示计。由于高温炉的氧气稀薄有可能会影响合金熔融，使用高温炉似乎是一个糟糕的选择。这是一个问题，但造粒是一个灵活的系统，可以对此进行调整。在珠粒工艺中合金中铜的含量必须尽量少，这样可以防止氧化，所以我只能用 22K 金加上最多 4% 的铜。在熔炉中形成合金的温度要高于减少氧气时的温度。然而，用数字温度控制器控制温度可以降低失败的可能性。每一种高温炉都有它的特殊性，可以通过反复试验确定烧结温度和黏结时间。必须通过试验和错误来校准加工过程。

道格拉斯·哈林，石榴，1996
6.4cm × 6.9cm × 1.3cm，22K 金；金珠粒工艺、焊接工艺
汤姆·米尔斯拍摄

一个典型的加热过程中，能够熔融的安全工作温度区间为 30℃左右，加热时间为 3 到 4.5 分钟。加热时间和温度相对应。随着加工品重量的增加，加热时间也要相应增加。珠粒可以熔接在主体上形成珠粒工艺。如果熔融失败，那么可以将时间增加 15 至 20 秒。我一般不会把金属放在炉子里超过 4.5 分钟。一旦达到上限的时间，我会调高 5℃，减少金属放置的时间。用这种方式来回调整时间和温度使我能够将工作温度控制在安全范围内。如果再次添加珠粒，平均一件加工品可能需要 40 到 50 次烘烧。高温炉的主要优点是在多次烘烧时能够保证安全操作。

我的制作过程

我会为每一件作品绘制一系列草稿。这个过程帮助我解决设计中的问题，促使我思考工艺问题。金珠粒工艺可以同时起到装饰性和功能性的作用。一个复杂边框不仅提供了一种审美形式，也规定了边缘的位置。如果金属片上的金珠粒变厚，会增加强度，实际上可以将一整块金属片固定在一起。众多的珠粒叠加后会产生合力。珠粒可以有任何形状或大小，但都有一定的层次结构。大小是相对的。珠粒越小越圆，越容易熔合。就其大小而言，一个小球体比一个大球更容易形成一个牢固的焊接合金。珠粒连接性较强。它们结粒并为彼此提供加固作用。在金珠粒工艺过程中，表面熔化可能会使金属流动，导致珠粒移位。

按照几何形式分组远比随机定位更稳定。按照熔融规则，如果金属互相不接触，它们不会熔合。线或平面用珠粒焊接的方法难以实现全面熔合。当珠粒的长宽成倍数增长，珠粒焊接就会越难。

调色板

我自己制作金珠粒，不是因为我享受它的制作过

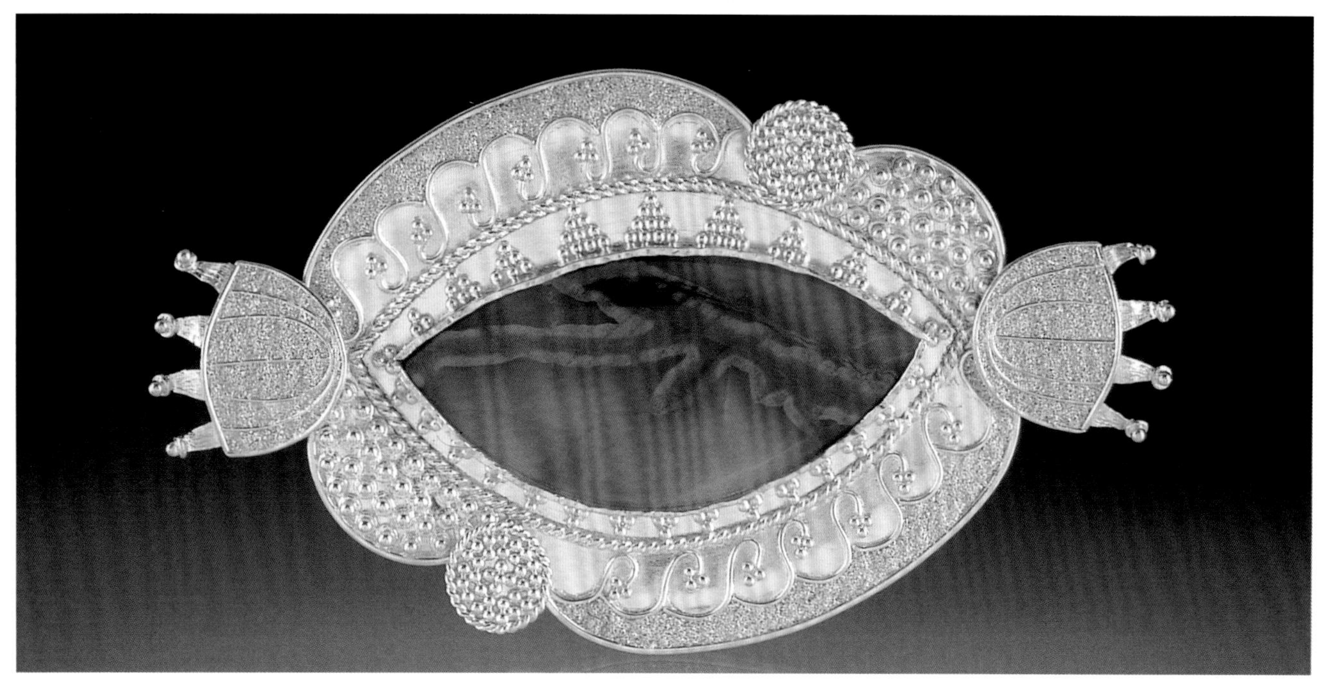

道格拉斯·哈林，毗湿奴的梦，1999
5.7cm×8.9cm×1.3cm，22K 金、舒俱来石；金珠粒工艺、焊接

程，而是从审美上我喜欢它。它们的精细和不规则给金属增加了活力。用焊锡片切割钳将硬化的金属丝切割成均匀的长度。金属丝的尺寸决定了珠粒的大小。把金属丝放入压缩炭块上钻好的洞中，然后用小火制作珠粒。我一次只制作一种大小的珠粒。当珠粒数量足够使用时，用托盘将它们分类并清洗。用手指滚动珠粒去除多余的木炭残渣。

基础镶嵌

当一块金属板上的珠粒都制作好后，就可在金属底板上工作了。所有基础镶嵌应在焊接前完成。珠粒之间的熔合点很小，很容易破。他们根本无法弯曲。我经常用一个更大的底板，在珠粒制作完成后把需要的大小剪下来，有时甚至留下一小块作为把手。在制作珠粒同时，我希望把底板表面也控制在适合的条件下。我用 600 号的金属砂纸来打磨，然后用钢丝绒清理细节。

必须清除底板上任何残留的钢丝毛，工作的区域不能弄脏。用软火焰在底板上烘烧是一个很好的测试。金属表面上有任何火花意味着底板还不够干净，然后用去污粉和水揉搓表面，最后用皂液及细黄铜刷打磨。用刷子打磨时要从一个固定的方向进行打磨，并不只是简单的清理。

解决方案

因为氧化铜溶液的效果更好，如果时间允许，可以每天混合使用它。我先用水稀释隐形液体胶。一份隐形液体胶混合十份水是很好的配方。如果隐形液体胶太稠，燃烧时会起泡，导致珠粒移位。再用四份液体胶稀释混合一份细粉状氢氧化铜。

85% 到 95% 的纯度对于黄金珠粒最合适。因为氢氧化铜不溶于水，所以我需要在使用前搅拌以确保混合均匀。我的配方不精确，所以我常用一个试验样品来测试溶液的有效性。珠粒表面网状结构表明存在过多的铜。如果没有形成完整的珠粒结合成型则表示铜太少。溶液的浓度可以通过胶水和水稀释或加入更多的氢氧化铜来调节。有些珠粒工艺也会要求增加一个高温助熔剂，但使用高温炉操作时可省略这个步骤。在使用化学化合物时增加适当的安全措施是很重要的。

定位

真正开始制作珠粒工艺时需要按照珠粒层次进行加工。长的金属丝，斜面和较大的转折结构是最难熔合的，需要用金工方式最先加工。排布珠粒位置所用的黏合剂是一份隐形液体胶和十份水。如果表面干燥了，应该加水，然后再加铜。干掉的胶水可以作为屏障，防止溶液碰到焊接处。将氢氧化铜溶液搅拌并用精细的天然猪鬃刷加入焊接处。只在焊接处加入适量的溶液，然后让加入溶液的地方完全干燥。不能把整块金属片都浸在溶液里。如果溶液过量了，立即用笔刷和灯芯吸干多余的溶液。一定要清理多余的溶液。金珠基本黏结定位以后，用浸过水的笔刷擦掉溢出的水就很容易了。记住，只有当胶水和铜混在一起，加热时表面才会熔化。

加热

加热过程比较简单。在支架上，放云母隔片或石英垫，沿水平轴放置黏好珠粒的金属片（一块大的金属片可能需要在下一次加热时需要旋转 180°）。支架和云母片等工具体量要尽量小。过多的金属入炉都会影响加热时间。支架放置在炉子的中间，关闭炉门。保持装入过程平稳快速，减少热量的损失。

打开和关闭炉门时，炉内温度会下降，然后在几分钟内回到设定点。到达设定点时，就会开始加热。我会一直观察数字厨房定时器，将它作为一个闹钟用。当设定的时间到了，马上把金属片移走，放在木炭块上来自

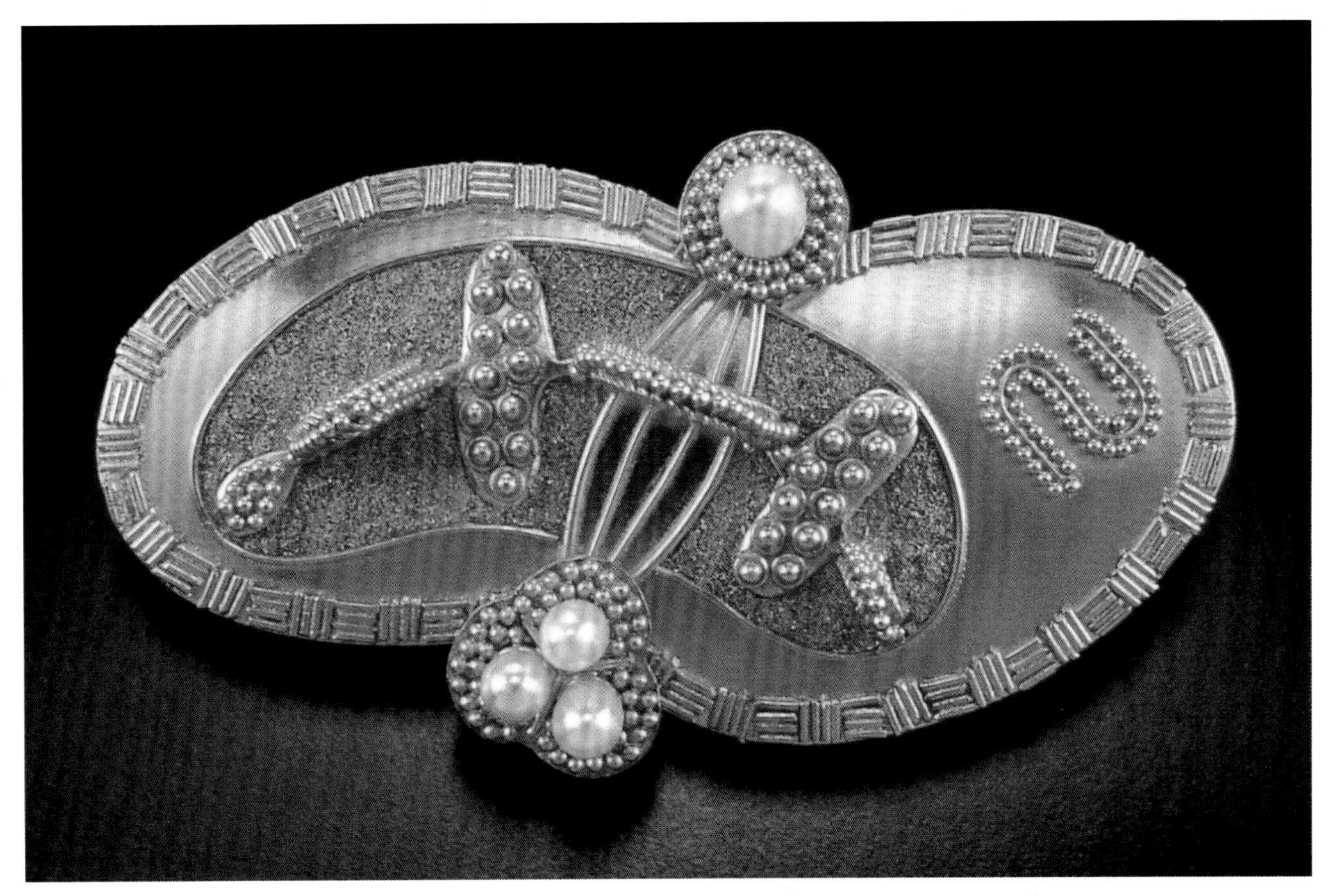

道格拉斯·哈林，跷跷板，2000
3.8cm × 6.4cm × 1.3cm，22K 金、珍珠；金珠粒工艺
汤姆·米尔斯拍摄

然降温。烧好的金属片放在酸洗槽中酸洗，然后用自来水漂洗。轻轻地处理金属片。珠粒可能没有完成真正的焊接，但通常轻轻地固定在金属片上，不会轻易脱落。清理干净之后检查珠粒焊接的牢固度。大部分情况下没有必要重新固定珠粒，除非珠粒太多。

珠粒焊接完成的时候是可以观察到的。如果需要，可以使用放大镜，珠粒会黏结在合金基座上。如果它们被焊接，金属丝看起来几乎一样。如果看不见结粒，那就当珠粒没有形成。重新涂上氢氧化铜溶液，调整加热时间和温度，然后再试一次。一旦出现结粒，用肥皂和铜丝刷往同一个方向进行表面擦拭抛光。表面出现的任何问题都要进行处理。因为小问题通常可以通过抛光打磨或抛光去除，如果不处理，在制作珠粒时可能出现严重的问题。保持金属表面光洁。连续加热需要加入额外的珠粒（加一小勺即可）。我总是先从最大的珠粒开始，然后做更小的尺寸。金粉通常在最后处理。

完成作品

当所有的珠粒工艺制作完成后，进行最后的检查。现在轻敲金属片，检查是否进行了完整的焊接。开始用焊料焊接前，必须结束所有的高温炉烧制。用超精钢丝球擦珠粒顶部，浮石抛光，然后用肥皂和铜丝刷打磨。

14K 或 18K 黄金常被用来制作作品。我特别喜欢 14K 黄金的硬度，可以用它来做背针。我的作品涉及手工制作也涉及部分商业制作。经验表明，比起艺术化的制作，人们对商业制作更加青睐。我会挑选并使用合适的焊接方式。一旦所有的焊接完成，我会在上面镶嵌宝石。通常，使用 22K 黄金制作一个镶口，我尝试使用 28 ~ 26 号规格底板，这样镶嵌宝石时只需要用一点点力，在金属片背后我也制作了一些支撑结构。过多的压力会使底板弯曲，造成重大问题。当宝石镶嵌好以后，整个作品就完成了。

道格拉斯 · 哈林，生长，1995
直径 7.9cm，22K 金、18K 金、14K 金；金珠粒工艺、焊接工艺
汤姆 · 米尔斯拍摄

手工演示

道格拉斯示范了制作珠粒工艺的过程。他混合所需的黏合剂，用金丝制成单个珠粒，制备底板。然后，他展示了如何在底板上安排珠粒位置，在炉中烧制，检查珠粒是否牢固，最后抛光。

1 黏附珠粒的关键成分是氢氧化铜、隐形胶水和水（图中从左到右排列）。

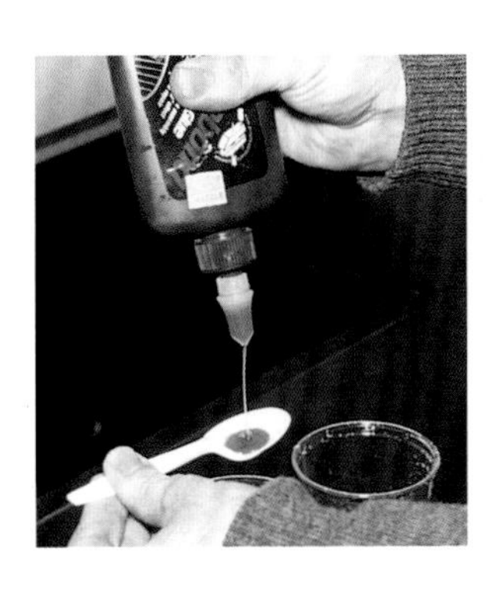

2 用一份胶水与十份水的比例，稀释隐形胶水。

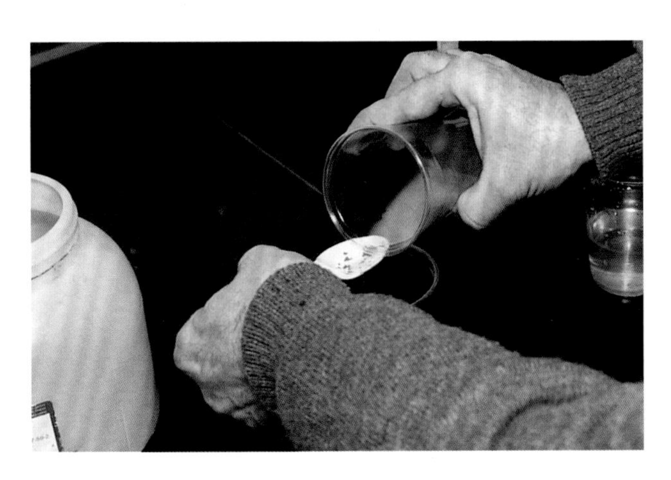

3 在氢氧铜粉中加入稀释的隐形胶水。用一份氧化铜稀释四份胶水。

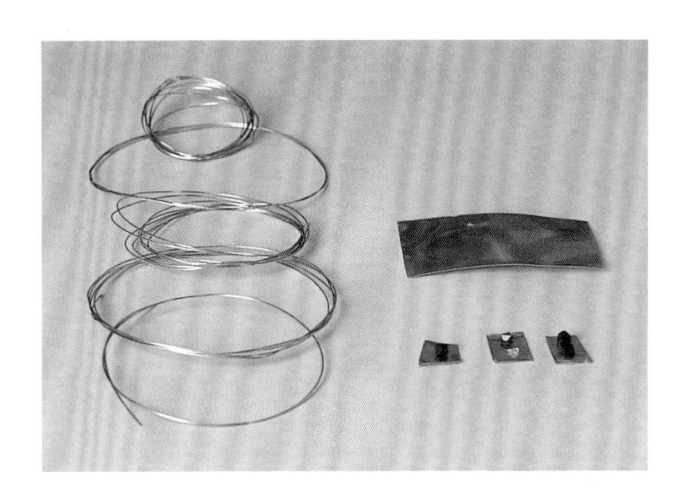

4 这张照片展示了各种规格的 22K 黄金丝和片。

5 焊锡钳用于切割均匀长度的黄金丝。

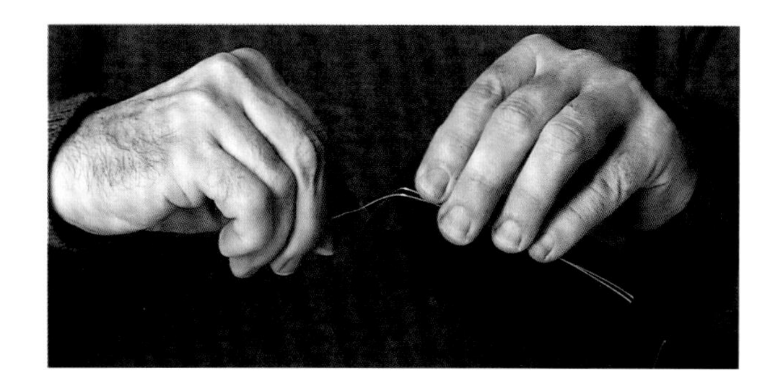

6 用金属丝横向箍住一块压缩木炭块（见图）。再把球形铣刀装在吊机上在炭块上钻孔。

7 将切割好的金属丝置入炭块孔中。

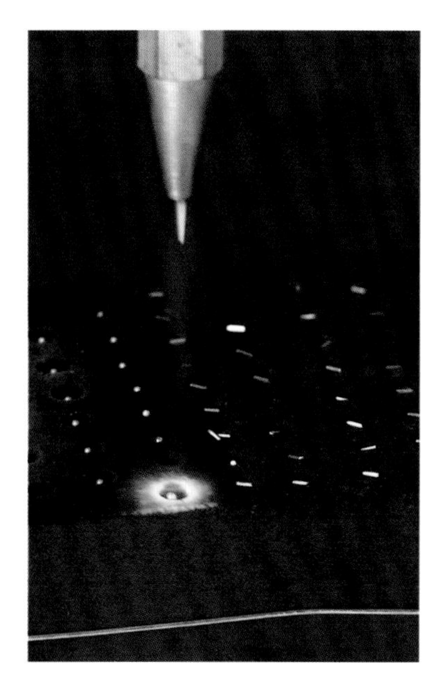

8 用小火头的焊枪将金属丝熔成珠粒。

9 珠粒制作完成后，把它们放到托盘中。

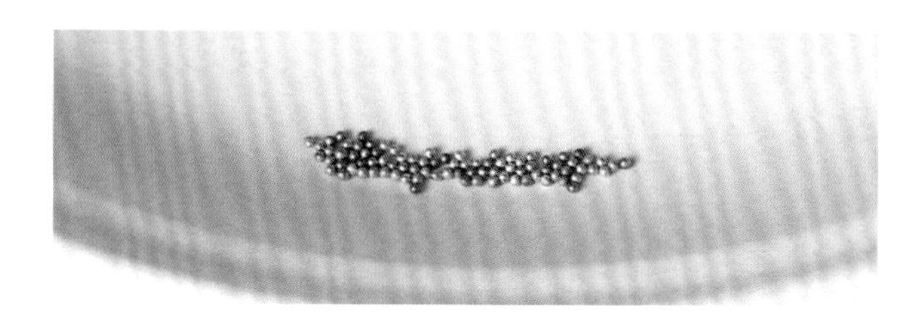

10 将珠粒按照规格分类。

11 用手指折出底板的边缘。

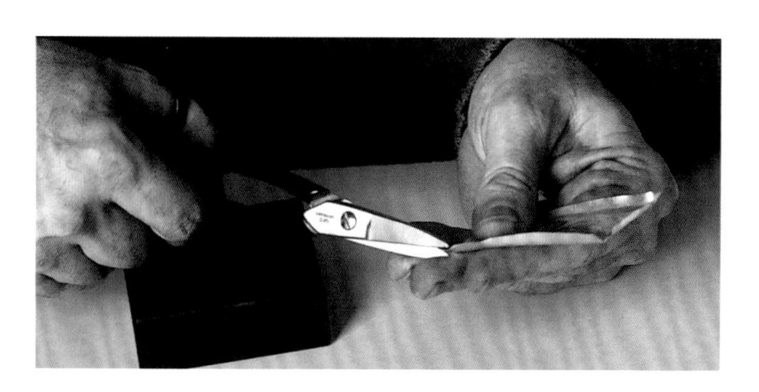

12 用剪刀剪下底板的多余边缘。

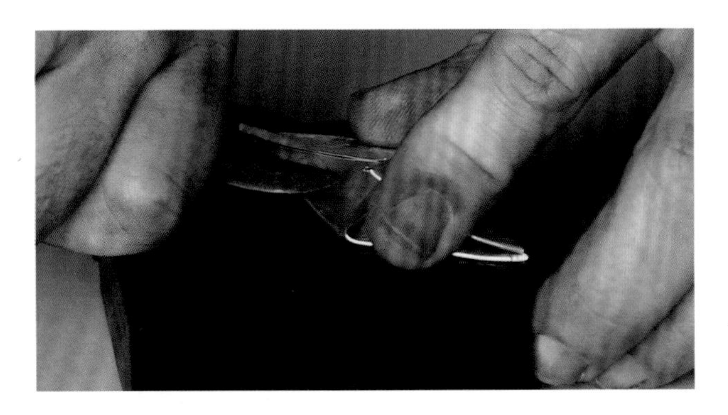

13 如图所示，折叠底板，并打磨边缘。然后把底板打开，以便利用金板折痕。

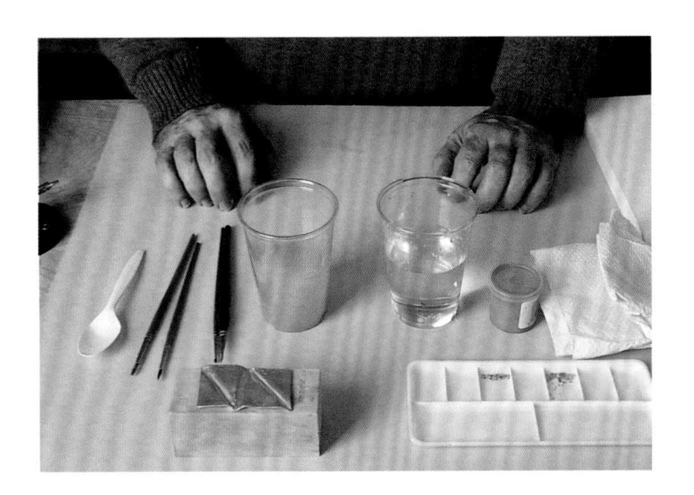

14 这张照片展示了完成以后的底板，进行制作珠粒工艺所需的材料和工具。

15 用湿润的毛笔将珠粒放在勺子上。

16 用精细的笔刷蘸上稀释的胶水把这些珠粒粘在底板上。添加氢氧化铜之前，颗粒会被胶水浸润。

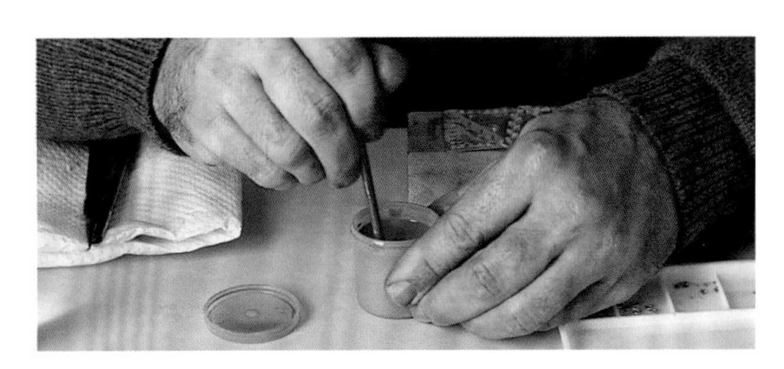

17 为了保证珠粒均匀焊接在表面，搅拌氢氧化铜和胶水混合物。

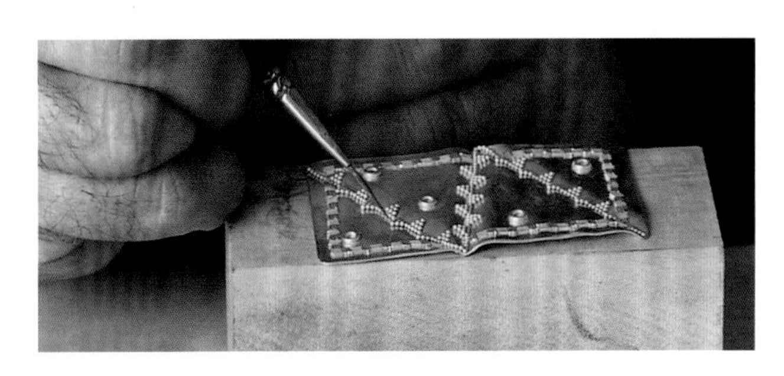

18 将氢氧化铜和胶水混合物小心加入珠粒中。

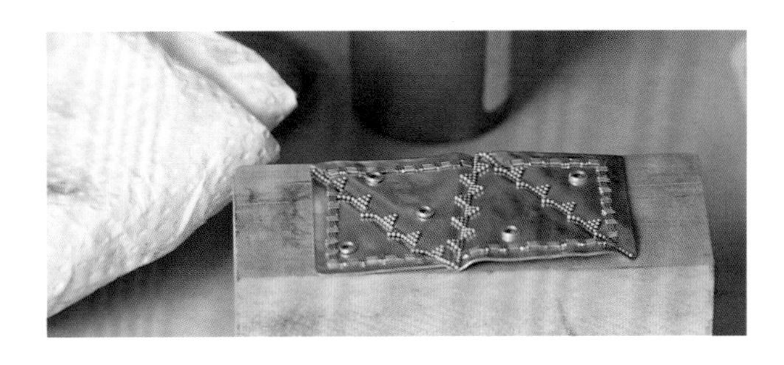

19 等待胶水完全干透。

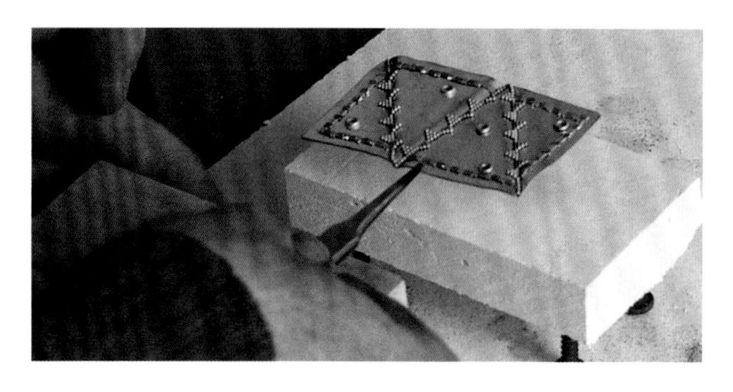

20 将金属片放在焊瓦上。

21 将金属片放到高温炉中，设定温度，加热到995.66℃。

22 时间设定为195秒。

23 烘烧阶段结束时，立即从炉子中取出了金属片。

24 在木炭块上冷却。

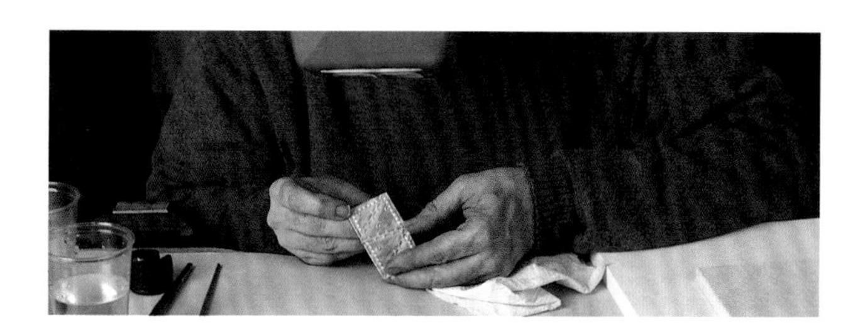

25 检查珠粒是否焊接成功。

26 这张照片显示了在成功焊接之后我用的清理工具。从左到右，分别是细钢丝绒、去污粉、牙刷、液体肥皂和铜丝刷。

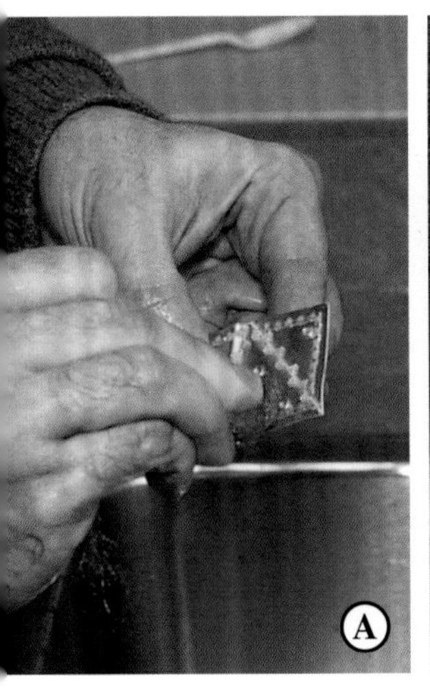

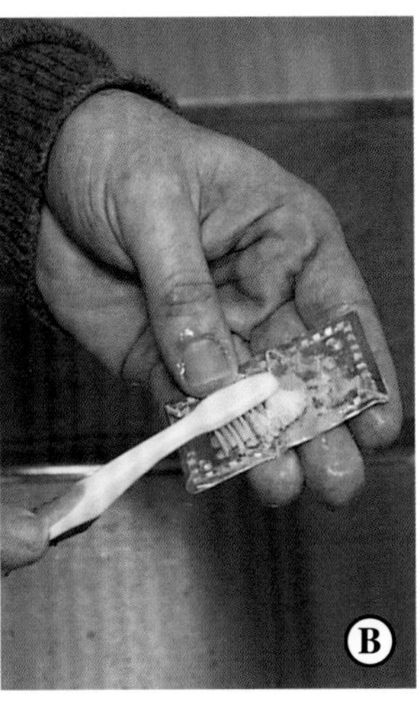

27 用细钢丝绒、液体肥皂和水清理表面（照片A）。然后用金刚砂浮石粉，软毛刷，水清洗表面（照片B）。

28 用小火烧了下整块金属片，检查是否存在的钢丝绒碎屑。最后，我用肥皂和水清洗表面。

艺术家简介

1987年到1988年，道格拉斯·哈林在彭兰德手工艺术学校进行金属研究项目，从那时建立起了与彭兰德的长期联系。道格拉斯在夏洛特市的北卡罗来纳大学获得生物学文科学士学位后成了英格兰法纳姆的西部萨里艺术与设计学院金属工艺的交换生。1992年他获得了南伊利诺伊大学的艺术学硕士学位。道格拉斯目前担任海恩德曼的肯塔基工艺学校的首饰专业负责人并居住在那里。他曾任教于北卡罗来纳大学、西南密苏里州立大学、加费尔班克斯市的阿拉斯加大学。

道格拉斯在美国各地主持了金珠粒工作坊，地点包括新泽林顿的西彼得斯谷工艺教育中心、北卡罗来纳布拉斯敦的约翰C坎贝尔民间学校、北卡罗来纳彭兰德手工艺术学校、田纳西州史密斯维尔的乔·埃文斯阿巴拉契亚工艺品中心、俄勒冈波特兰的俄勒冈艺术手工艺学校、华盛顿的西雅图金属协会、伊利诺伊州卡本代尔的南伊利诺伊大学和格鲁吉亚萨凡纳艺术与设计学院。

道格拉斯曾经参与过多项国际级展览，其中个人展览包括阿肯色小石城的装饰艺术博物馆的展览——“道格拉斯·哈林：我们自己发明的花园”和密歇根皇家橡树锡巴里斯画廊的79元素展览。最近的展览包括北卡罗来纳夏洛特手工艺设计博物馆的“手工艺的本质和在彭兰德的经历”和“黄金的艺术”，这是由迈克尔·W·门罗策划的，他曾是仁威克画廊的前馆长。迈克尔的作品被是北卡罗来纳夏洛特手工艺设计博物馆和印第安纳埃文斯维尔艺术技术博物馆收藏。

另外，道格拉斯获得了南方艺术联合会/美国国家艺术基金会和北卡罗来纳艺术家奖金。

他的作品曾在众多的出版物中刊登，包括《珐琅艺术》《手工艺的本质和在彭兰德的经历》《美国金匠》《宝石》和《美国手工艺》杂志。

艺术品画廊

最让我感到荣幸的是能成为彭兰德手工艺术学校的一分子。在那里我开始了工艺之旅。我曾经对金属工艺很感兴趣，却没有真正实践的机会，于是我开始去寻找这样的机会。当敲开彭兰德的大门，我并不只是窥看工艺的各种可能性，更感受到了学校同仁的欢迎，他们为我提供了丰富的知识、谈话，我们之间结下了深厚的友谊。

在彭兰德手工艺术学校所提供的许多礼物中，最重要的是它提供的高质量的课程——是什么让一个艺术家变得独特，怎样使作品变得特别。学校邀请的艺术家都是真正的大师。他们掌握的工艺都看起来浑然天成。他们的天赋不仅在于如何创造一个作品，更多的是他们能够挖掘出作品的本质。每个艺术家的作品都十分有力量，不仅能够在人群中突显个人，而且能够在周围环境中突显作品。从每一件作品中都能了解艺术家自己所处的时代和环境。艺术可能有一个悠久的历史传统，但它可以存在于任何时间。它传承历史，扎根于现在，展望未来。最后，也是最重要的，是艺术家的自我意识。无论是首饰、器皿，或雕塑，他们在自己的作品中所传递的想法都是独特的。它们比视觉形象更深刻。这是一种把自己的个性投射到作品中的能力，艺术家们会花费一生的时间来实现这个目的。

莎拉·珀金斯，台南的夜晚，2003
11.4cm × 7.6cm × 7.6cm，纯银、珐琅、蓝玉髓；浮雕、金珠粒工艺、焊接工艺、珐琅镶嵌
汤姆·戴维斯拍摄

莎拉·珀金斯，铁和丝绸，1996
8.9cm × 8.6cm × 8.6cm，纯银、珐琅；浮雕、金珠粒工艺、焊接工艺、珐琅镶嵌
艺术家拍摄

莎拉·珀金斯，烤架，1996
5.1cm × 5.1cm × 1.3cm，纯银、925 银、珐琅；金属成型、金珠粒工艺、焊接工艺、珐琅镶嵌
艺术家拍摄

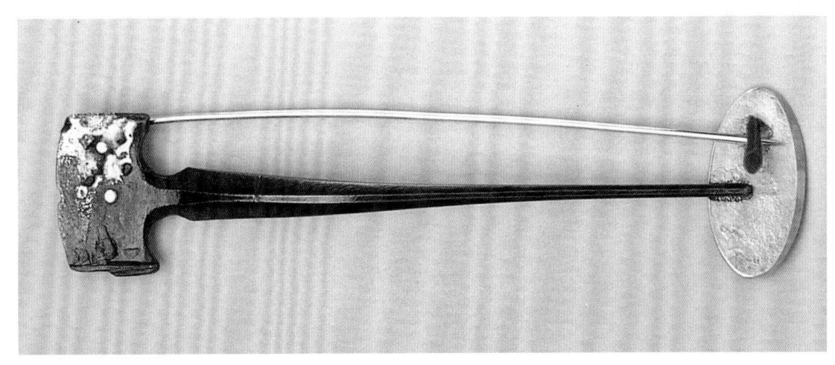

布伦特·L·金顿，无题，2004
2.5cm × 11.5cm，10K 金、18K 金、925 银、钢；焊接工艺
杰夫·布鲁斯拍摄

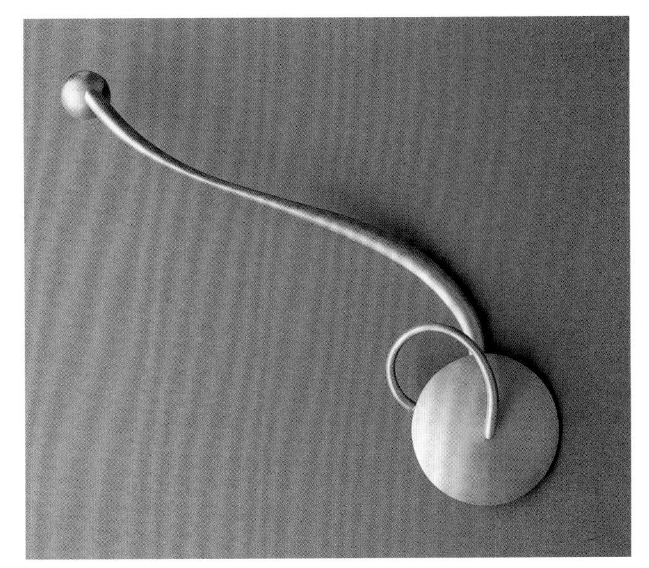

布伦特·L·金顿，W.V. 胸针，1980
10.75cm × 2.75cm，14K 金、18K 金；锻造工艺、焊接工艺
丹·奥佛特夫拍摄

肯特·雷布尔，无题，1997
12.7cm × 6.4cm × 3.8cm，18K 金、月光石、蓝碧玺、猫眼石、粉蓝宝石、钻石、钢；金珠粒工艺、焊接工艺
哈珀·萨夸拍摄

肯特·雷布尔，红宝石珠项圈，2000
中心位置 3.8cm × 2.8cm × 0.6cm，18K 金、红宝石珠；手工焊接、金珠粒工艺、手工编织链
哈珀·萨夸拍摄

肯特·雷布尔，寺庙戒指，2003
3.2cm × 3.8cm，18K 金、冬青玛瑙、粉色尖晶；手工焊接、金珠粒工艺
哈珀·萨夸拍摄

肯特·雷布尔，无题，1999
3.5cm × 4.5cm × 2.5cm，18K 金、蒙大拿蓝宝石、马达加斯加石榴石；焊接工艺、金珠粒工艺
格伦·莱勒切割宝石。哈珀·萨夸拍摄

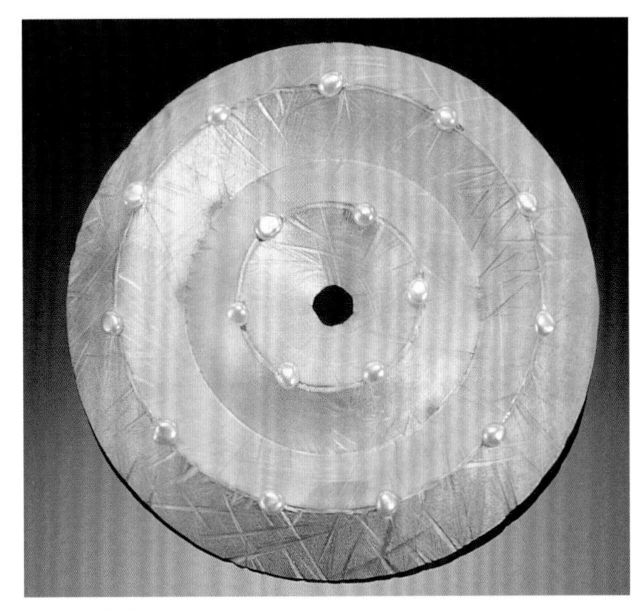

派特・弗林，无题，2000
7.6cm×7.6cm×1.0cm，18K 金、珍珠；组合构造
拉尔夫・盖博瑞尔拍摄

理查德・莫兹利，测试水塔 #2，1992～1993
51.1cm 高，925 银、金、珍珠、发晶；焊接工艺、凸纹冲压工艺、镶嵌工艺
尼尔・皮克特拍摄。康涅狄格州新天堂市的耶鲁大学艺术馆收藏

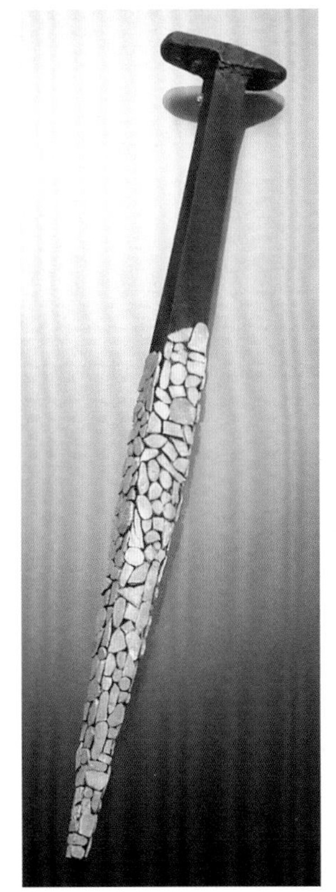

派特・弗林，锋利的钉子，1997
12.7cm×0.6cm×0.6cm，钢、18K 金、铂金；锻造、焊接工艺
拉尔夫・盖博瑞尔拍摄

理查德・莫兹利，无题，1992
27.9cm 长，925 银、黄金、石榴石；焊接工艺、镶嵌工艺
达丽尔・迈耶完成钢上图案焊接
尼尔・皮克特拍摄。蒙特・莱曼夫妇收藏

彭兰德手工艺术学校简介

彭兰德手工艺术学校由露西·摩根（Lucy Morgan）老师建立。她曾经是圣公会教徒学校的老师，教徒学校以前的教学楼现仍为彭兰德手工艺术学校使用。1923 年她组织彭兰德织工为当地妇女推销他们的手工品。她邀请著名纺织专家爱德华·F·沃斯特（Edward F. Worst）教授技术，随后来自全国其他地方的人也开始要求学习这一技艺，彭兰德手工艺术学校因此诞生。1929 年第一批学生来到学校后不久，学校又增加了其他工艺项目并开始筹集资金。在获得了资金之后，学校建筑开始施工。1962 年摩根退休时，在实验性和手工实践领域，彭兰德手工艺术学校已经在国内外获得了很高的声誉。

露西·摩根之后由比尔·布朗（Bill Brown）继任，他是雕塑家、设计师和教师，曾花了 11 年在缅因州的干草堆工艺学校任教。彭兰德手工艺术学校最初效仿这个学校，比尔·布朗吸引了许多著名艺术家、大学艺术系教师来任教。布朗带来了他在新兴工作室手工艺运动中的朋友并形成了一个强大的团体。在他的 21 年任期内，新的材料如铁和玻璃被添加到课程中，学校在春季和秋季开始提供为期 8 周的课程。布朗也开始驻地艺术家项目，为在学校工作的艺术家在提供了廉租住房和工作室。他设立奖学金计划使彭兰德得以更广泛的吸纳优秀学生。

如今，学校已拥有 46 幢建筑，占地 400 英亩。每年约有 1 200 人来彭兰德学习，同时还有 14 000 人次的访问。在画廊和参观中心展示学校艺术家的作品。社区教育计划为数百名当地学童带来第一次手工艺学习经验。

彭兰德没有常备队伍，所有授课老师都是短暂驻地，在授课期间和他们的学生一起住在学校里。学生每次只学习一门课，这可以让他们完全集中精力学习。在两周的课程中获得的想法和信息可能需要一年的时间来吸收和整理。工作室提供书籍和纸张、黏土、草图和绘画、玻璃、铁、金属、摄影、版画、织物、木材和其他材料。

学校也成了一个活跃的手工艺术家交流中心，部分原因是驻地艺术家计划，这促使了许多艺术家定居在该地区。目前学校附近有 200 多家工作室。庞大的工作室数量极大地提高了学生的实战经验。

彭兰德的学生来自各行各业。他们的年纪从 19 岁到 90 岁不等，涵盖从初学者到职业艺术家。一些人将彭兰

德作为激发灵感的隐居处，另一些人将这里作为他们个人创作生活的灵感来源，还有一些人将这里当作一个有益信息交流园地。把他们聚集在一起的是对材料和制作的热爱，以及互帮互助的社区氛围。在这样的环境中工作，人们更加容易专注，也更易获得灵感。

彭兰德手工艺术学校早期的一些简单的价值观逐渐形成一种精神。露西·摩根把它们总结为“创造性的工作和与大家一起共同制造美好事物的快乐”。多年来，这种精神引领了美国工艺的发展并影响了成千上万人。

致　谢

Lark Books出版社很高兴能出版《珠宝——跟大师学习首饰制作》。这是与彭兰德手工艺术学校合作的第3本书。完成这样一个复杂的项目是大家努力合作的结果。有很多非常杰出的人在这本书中做了非凡的贡献，这才让我们能把这本书最终出版。

必须感谢艺术家扬·鲍姆、约翰·科斯韦尔、玛丽莲·达·席尔瓦、道格拉斯·哈林、罗伯·杰克逊、汤姆·麦卡锡、杰米·佩里瑟、玛丽亚·菲利普斯、玛丽·安·谢尔、希瑟·怀特·范·斯托克，他们对这个项目的付出令人钦佩。他们不仅在出版期限的压力下提供书面和视觉材料，还在这个过程中进行了工作坊、讲座、展览，并继续自己的作品创作。他们有努力奉献的精神、极高的天赋和积极的态度，他们都是很好的合作伙伴。

我们感谢艺术家和机构提供的作品照片，他们有趣和鼓舞人心的案例大大丰富了本书内容。

彭兰德手工艺术学校校长吉恩·L·麦克劳克林积极地支持本书，并和彭兰德手工艺术学校其他主要成员一起对本书出版提供了巨大帮助。我们要感谢课程主管戴娜·穆尔（Dana Moore），她在本书出版期间一直承担学校与出版社的联络工作。还有学生事务主任和工作室主任斯黛西·莱恩（Stacy Lane），她承担艺术家联络的工作。公关经理罗宾·德雷尔（Robin Dreyer）、金属工作室协调员苏珊娜·皮尤（Suzanne Pugh）和戴娜·穆尔、斯黛西·莱恩一起，对审稿提供了很多帮助。作为工艺技术顾问的琳达·达尔蒂和汤姆·麦卡锡花时间绘制工艺手稿，我们对此表示感谢。

Lark Books艺术总监克利斯蒂·普费弗（Kristi Pfeffer）设计了本书独特的视觉风格，书中也有来自美国各地的有才华的摄影师的贡献。除此以外，特别感谢助理艺术总监香农·尤克丽（Shannon Yokeley）不遗余力的帮助。

Marthe Le Van

玛莎·勒·范主编

Nathalie Mornu

娜塔莉·莫尔奴副主编

附录：单位对照表

单位（B&S Guage）	单位（mm）	千分比（inch）	分数（inch）	钻头尺寸
0	8.5	0.325	21/64	
1	7.35	0.289	9/32	
2	6.54	0.250	1/4	
3	5.83	0.229	7/32	1
4	5.19	0.204	13/64	6
5	4.62	0.182	3/16	15
6	4.11	0.162	5/32	20
7	3.67	0.144	9/64	27
8	3.26	0.129	1/8	30
10	2.59	0.102		38
11	2.30	0.090	3/32	43
12	2.05	0.080	5/64	46
13	1.83	0.072		50
14	1.63	0.064	1/16	51
15	1.45	0.057		52
16	1.29	0.050		54
17	1.15	0.045	3/64	55
18	1.02	0.040		56
19	0.912	0.036		60
20	0.813	0.032	1/32	65
21	0.724	0.029		67
22	0.643	0.025		70
23	0.574	0.023		71
24	0.511	0.020		74
25	0.455	0.018		75
26	0.404	0.016	1/64	77
27	0.361	0.014		78
28	0.330	0.013		79
29	0.279	0.011		80
30	0.254	0.010		

QUESTION OF SURVIVAL
By M. da Silva
VIRGINIA
RAIL

THE INVISIBLE ME
By M. da Silva
NORTHERN MOCKINGBIRD
Interest Paid on
Savings Accounts

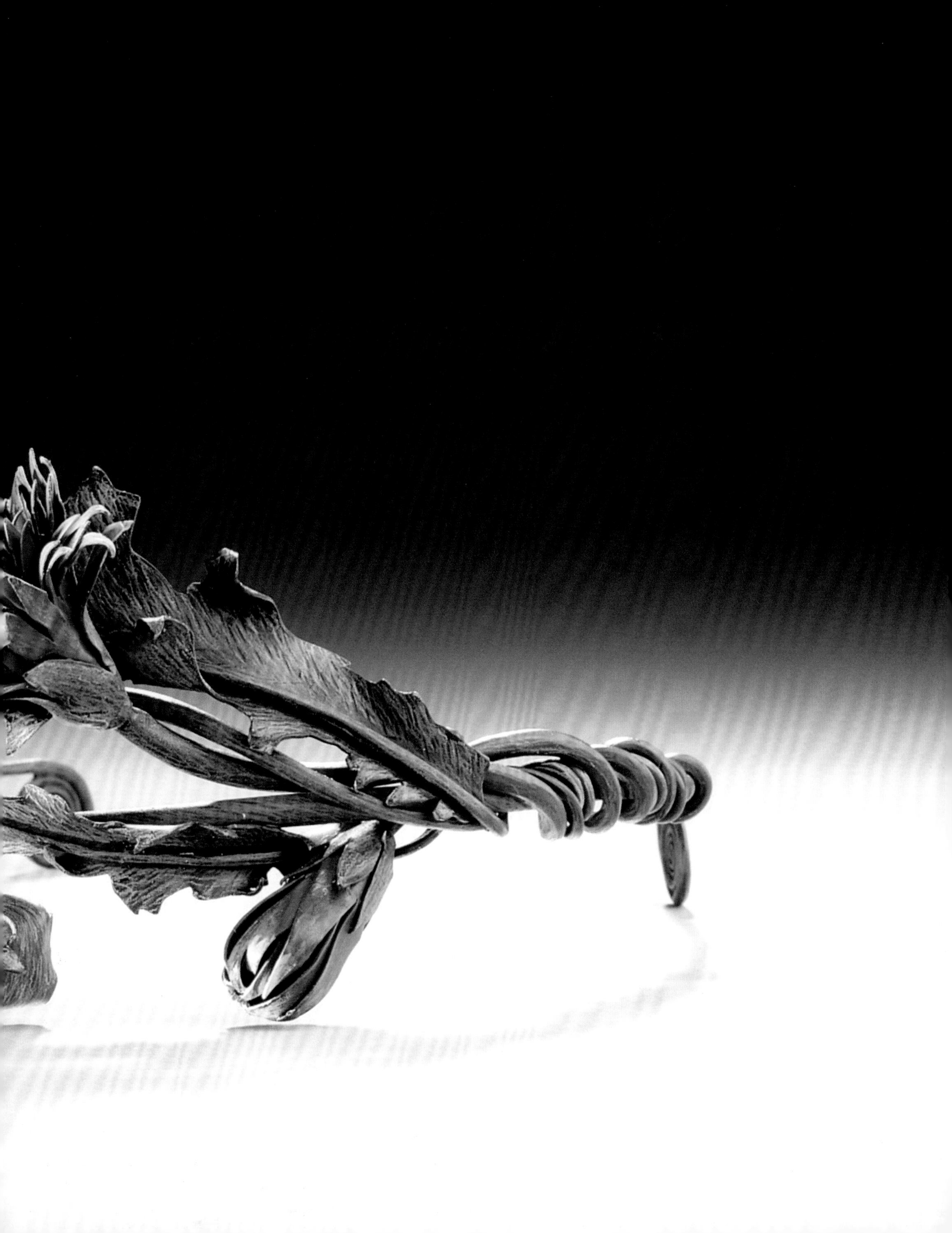